LEGO®-Eisenbahnwelt

Holger Matthes, geboren 1973, hat seine Liebe zum LEGO-Hobby im Jahr 2000 wiederentdeckt. Seitdem sind zahlreiche LEGO-Modelle aus den Bereichen Architektur und Eisenbahn entstanden. Diese Modelle stellt er auf seiner Hobby-Webseite und auf zahlreichen LEGO-Ausstellungen im In- und Ausland vor. Holger Matthes war an verschiedenen LEGO-Projekten beteiligt, z. B. dem Set »Hobby Train« (#10183) und Workshops zum Thema »Power Functions«. In jüngerer Vergangenheit widmete er sich der Darstellung von Bautechniken und digitalem Bauen. Holger Matthes' Handbuch »LEGO-Eisenbahn« ist in 2., überarbeiteter Auflage erschienen und wurde ins Englische, Spanische, Italienische, Chinesische und Russische übersetzt.

Wir hoffen, dass Sie Freude an diesem Buch haben und sich Ihre Erwartungen erfüllen. Falls Sie Anregungen, Wünsche und Kommentare haben, lassen Sie es uns wissen: **service@rheinwerk-verlag.de**.

Informationen zu unserem Verlag und Kontaktmöglichkeiten finden Sie auf unserer Verlagswebsite **www.dpunkt.de**. Dort können Sie sich auch umfassend über unser aktuelles Programm informieren und unsere Bücher und E-Books bestellen.

Autor: Holger Matthes, *eisenbahn@holgermatthes.de*
Lektorat: Gabriel Neumann
Copy-Editing: Claudia Lötschert, *www.richtiger-text.de*
Satz & Layout: Veronika Schnabel, Holger Matthes
Herstellung: Stefanie Weidner
Covergestaltung: Helmut Kraus, *www.exclam.de*
Druck: mediaprint solutions GmbH, 33100 Paderborn

PEFC-zertifiziert
Dieses Buch stammt aus nachhaltig bewirtschafteten Wäldern und kontrollierten Quellen
PEFC/04-31-0810 www.pefc.de

Dieses Buch wurde mit mineralölfreien Farben auf PEFC-zertifiziertem Papier aus nachhaltiger Waldwirtschaft gedruckt. Der Umwelt zuliebe verzichten wir zusätzlich auf die Einschweißfolie. Hergestellt in Deutschland.

Bibliografische Information der Deutschen Nationalbibliothek:
Die Deutsche Nationalbibliothek verzeichnet diese Publikation in der Deutschen Nationalbibliografie; detaillierte bibliografische Daten sind im Internet über *http://dnb.dnb.de* abrufbar.

ISBN Print: 978-3-86490-951-1
ISBN PDF: 978-3-96910-923-6
ISBN ePub: 978-3-96910-924-3

1. Auflage 2023, 1. Nachdruck 2025

dpunkt.verlag ist eine Marke des Rheinwerk Verlags.

Rheinwerk Verlag GmbH • Rheinwerkallee 4 • 53227 Bonn
service@rheinwerk-verlag.de

LEGO®-Eisenbahnwelt

Die 80er-Jahre: Modelle, Landschaften, Sets

Holger Matthes

dpunkt.verlag

Vorwort

Holger Matthes' erstes Buch »LEGO-Eisenbahn – Konzepte und Techniken für realistische Modelle« hat 2016 den Startschuss geliefert und wurde mittlerweile in sechs Sprachen veröffentlicht. Nun wird die Idee verfeinert: Ist der erste Band das Referenzwerk für die 50-jährige Geschichte der LEGO-Eisenbahn, wird nun eine genaue Betrachtung eines kurzen Abschnitts dieser Historie angeschlossen: Hier dreht sich alles um das, was nicht wenige erwachsene LEGO-Fans als den heiligen Gral der Eisenbahn betrachten – die »Graue Ära«.

Das von dieser Produktreihe belegte, relativ kurze Zeitfenster für Neuveröffentlichungen von 1980 bis 1986 schränkt naturgemäß die Schar derer ein, die von Kindesbeinen an mit dieser Bahn in Berührung kamen – die Geburtsjahrgänge der frühen 70er- bis Mitte der 80er-Jahre. Ältere Fans sind in der »Blauen Ära« groß geworden, Jüngere kennen eher die 9-V-Eisenbahn als »Einstiegsdroge«. Allerdings beschränkt sich der Kreis der Fans keineswegs auf die genannte Altersgruppe – diese genießt aber immerhin den »Heimvorteil«, über Erfahrungen aus eigener Kindheit – und idealerweise gut gepflegte Sets! – der hier ausführlich betrachteten Produktreihe zu verfügen.

So ist es nicht verwunderlich, dass Holger (Jg. 1973) mit mir (Jg. 1974) schon seit der frühen Phase des LEGO-Sammelns im Erwachsenenalter in der LEGO-Eisenbahn der 80er-Jahre einen Sektor des Hobbys gemeinsam hatte, der sich sehr gut als ein roter Faden durch die Karriere eines AFOL (*Adult Fan of LEGO*) ziehen kann, obwohl die Anzahl der Sets und Zubehörpackungen vergleichsweise gering ist.

In diesem vorliegenden Buch wird offenbar, was trotzdem an Vielfalt in den Sets dieser Zeit steckt – und warum die Graue Ära an Spielwert (trotz einiger Defizite bei Aufbau und Wartung/Pflege) bis heute nichts von ihrer Faszination eingebüßt hat.

Nicht zu verschweigen ist dabei der Einfluss der LEGO-Minifigur, die 1978 das Licht der Welt erblickte – und die Spielwelten von LEGO erst richtig zu Hochform auflaufen ließ. Die Blaue Ära hatte zu ihrem Ende davon nicht mehr nennenswert profitieren können.

Das Bau- und Ideenbuch #7777 von 1981 ist die kaufbare Illustration dieser Anziehungskraft – als Mischung zwischen Ideenlieferant und Wimmelbuch, sowohl Planungshilfe als auch vielfältige Anregung für hochtrabende Wünsche junger Baumeister war es das perfekte Instrument, diese Magie im Spiel voll zur Geltung kommen zu lassen.

Nicht ohne Grund sind gut erhaltene Exemplare (Gleisschablone nicht ausgeschnitten!) begehrt und auf dem Sammlermarkt entsprechend teuer. Für den Großteil der damalige Besitzer waren die gezeigten Landschaften und Modelle sicher kaum nachbaubar – Holger zeigt mit dem vorliegenden Buch, dass sich so etwas mit der Zeit ändern kann, wenn man die Idee nicht aus den Augen verliert, sondern sogar etwas weiterdenkt. Allemal eine lohnenswerte Perspektive!

Sowohl der Sammler als auch der Modellbauer betrachten jedoch nicht nur vollständige Sets (gut erhalte Baupläne sind ein Muss – gut erhaltene Originalverpackungen jedoch nur mit viel Geduld und Geld aufzutreiben), sondern auch die Details im Kleinen – welche Bauteile wurden mit der Bahn der Grauen Ära eingeführt, welche blieben sogar exklusiv und sind nur in einem oder ganz wenigen Sets je offiziell verkauft worden?

Allein die Dampflok #7750 lässt (auch) unter diesem Aspekt sehr viele Sammlerherzen höher schlagen …

Dieses Buch bietet hierbei erstaunliche Einblicke, denn viele unscheinbare Bauteile gehören ebenso zu den Errungenschaften der Grauen Ära wie die offensichtlichen Vertreter, wie z. B. die Türen und Fenster vieler Züge und Waggons.

Ein Buch von Holger wäre aber nicht vollständig, wenn nicht auch eine Vielzahl eigener Ideen darin steckte, und so wird der Freund des LEGO-Modellbaus auch diesmal mit Bauplänen für Eigenkreationen beschenkt, ebenso wie mit zahllosen Fotos liebevoll geplanter Landschaften und Modelle – alles passend zu den offiziellen Sets dieser Zeit. Wer Holgers Kreationen kennt, weiß, dass die Beschränkung auf die Randbedingungen der 80er-Jahre (Zug-/Waggonbreite sechs Noppen, stark reduzierte Form- und Farbenauswahl bei den Bauteilen) Herausforderung und gelegentlich zu überwindende Grenze zugleich sein kann – die Ergebnisse fügen sich hervorragend in das von LEGO seinerzeit erdachte Konzept ein und bereichern das Spektrum der damaligen Veröffentlichungen ganz enorm.

Wer schon 1980 schwärmend vor dem 16-seitigen Katalog zur Einführung der Grauen Ära gesessen hat, wird dieses Buch lieben. Der Sammler kommt dank der zahlreichen Hintergrundinformationen und Illustrationen genauso auf seine Kosten wie der zeitgenössische Modellbauer. Und wer (wie auch immer das möglich sein soll!) mit der Grauen Ära bisher nicht viel verbinden konnte, wird hier eine Zeitreise von rund 40 Jahren antreten können, die nachhaltig in Erinnerung bleibt.

Egal, wozu du gehörst: Viel Spaß beim Schmökern!

Jan »Jan.K« Katanek

www.flickr.com/photos/56899535@N08/

Inspiration »Graue Ära«

Dass mir die LEGO-Eisenbahn ganz besonders am Herzen liegt, ist vielen sicherlich seit dem Erscheinen meines ersten Buchs »LEGO-Eisenbahn – Konzepte und Techniken für realistische Modelle« bekannt. Als Kind der 1980er-Jahre durfte ich mit »der« LEGO-Eisenbahn schlechthin groß werden: graue Schienen, 12 V und ferngesteuerte Weichen und Signale. Damals kannte natürlich noch niemand den Begriff »Graue Ära«, der sollte sich erst später bilden, als LEGO von erwachsen gewordenen Kindern wiederentdeckt wurde und zum Sammelgebiet mit hohem Suchtpotenzial heranwuchs.

Am Jahresanfang stieg immer die Spannung: Welche neuen LEGO-Sets würde es dieses Jahr geben? Die Frage im Spielwarengeschäft, ob der neue Katalog denn schon erschienen sei, entwickelte sich zum Ritual, und wenn man ihn dann endlich in Händen hielt, konnte man stunden- und tagelang in die neuen LEGO-Welten eintauchen, träumen und endlose Wunschlisten aufschreiben.

Viele meiner LEGO-Wünsche wurden erhört, und ich hatte schon als Kind eine stolze Sammlung rund um die LEGOLAND-Stadt. Besonders gerne habe ich mit der dazu passenden Eisenbahn gespielt. In den Winterferien entstanden so große Anlagen, und meine drei Züge #7740 und später #7735 und #7745 ratterten damals schon ohne Unterbrechung über die Gleise. Schade, dass ich als Kind den schwarzen Dampfloks nicht viel abgewinnen konnte, ich fand sie altmodisch. Den wahren Wert einer #7750 lernte ich erst viel später als AFOL und Sammler kennen. Schnell sprach sich herum, wie viele einzigartige und seltene Steine in der #7750 vereint sind. Gebannt verfolgten wir im Chat von 1000steine.de eine eBay-Auktion einer seltenen, originalverpackten #7750, die am Ende über 4.000 DM einbrachte.

In den Anfängen meines LEGO-Hobbys waren es graue 12-V-Schienen, die ich als Erstes für meine Sammlung nachkaufte. Hatte ich doch das Ende der Grauen Ära miterlebt und war dann froh, dass es doch noch genug Nachschub auf dem Secondhand-Markt gab.

Die Wiederentdeckung der 12-V-Eisenbahn sollte aber noch auf sich warten lassen. Angespornt von vielen Gleichgesinnten entstanden zunächst immer realistischere Modelle, nicht nur von Eisenbahnen, auch Architekturmodellbau steht bei mir hoch im Kurs. Die LEGO-Welten der 1980er-Jahre wurden dabei aber nie ganz aus dem Blick verloren.

So baute ich im Jahr 2010 das Modell des Wasserwerfers WaWe 10000 als klassisches Fahrzeug mit vier Noppen Breite kombiniert mit »modernen« Farben wie Dunkelgrau und Dunkelblau und ein paar fortgeschrittenen Bautechniken.

Während der Arbeit am ersten Buch kam ich dann mit den verschiedenen Eisenbahnsystemen in Kontakt, so auch mit der Grauen Ära. Einmal mehr wurde mir klar, dass dieses System, das am besten durchdachte und ausgereifteste LEGO-Eisenbahnsystem war. Alles passte zusammen, zu Zugsets gab es passende Ergänzungswagen, und durch das zahlreiche Zubehör konnte sich die eigene Anlage nach und nach weiterentwickeln. Die zahlreichen ferngesteuerten Komponenten sind bis heute unerreicht: Modelleisenbahn *made in Billund*.

Inspiriert durch das legendäre Eisenbahn-Ideenbuch #7777 entstanden erste MOCs (*My Own Creation* – Meine eigene Kreation) im »Graue-Ära-Stil«. Damit begann auch eine neue Herausforderung. Dank Bricklink und Co. ist die Frage nach dem Baumaterial nur noch eine Frage des Kontostands. Aber wie baut man heute bewusst im Stil der 1980er-Jahre? Welche Designs sind charakteristisch für diese Zeit, welche Farben gab es damals (und wie viele noch nicht)? Und welche Formen gab es damals eigentlich schon? Wie kombiniere ich diese Formensprache mit der Idee der behutsamen Weiterentwicklung zu eigenständigen MOCs? Solche Fragen und Gedanken haben mich während der Bauphasen der verschiedenen MOCs begleitet, die du in diesem Buch entdecken wirst. Dabei habe ich mich nie strikt nur an den Formen und Farben der 1980er-Jahre gehalten, sondern diese LEGO-Eisenbahnwelt in meinem Sinne weiterentwickelt.

Zeitreise

Besonderen persönlichen Wert haben diese alten Fotos und die Zeichnung meiner großen Eisenbahnanlage, die während meiner Kindheit Mitte/Ende der 1980er-Jahren entstanden sind. Der Containerkran #7823 und die Verpackung des *Light & Sound*-Polizeiautos #6450 lassen auf das Jahr 1986 oder später schließen.

Die eigene LEGO-Sammlung war damals so umfangreich, dass ich die berühmte Anlage mit der gelben Brücke aus dem Ideenbuch #7777 aufbauen konnte. Eine Weiche in luftiger Höhe erlaubte die Abfahrt über eine zusätzliche Rampe. Zahlreiche LEGOLAND-Stadtsets, Umbauten und eigene Kreationen wurden aufgebaut, und meine Züge drehten ihre Runden über das anspruchsvolle Schienennetz.

Die Persil-Waschmitteltrommel als Aufbewahrungsort für unsortierte LEGO-Steine hat die Jahrzehnte leider nicht überdauert, zum Glück aber der Gleisplan, den ich damals gezeichnet habe.

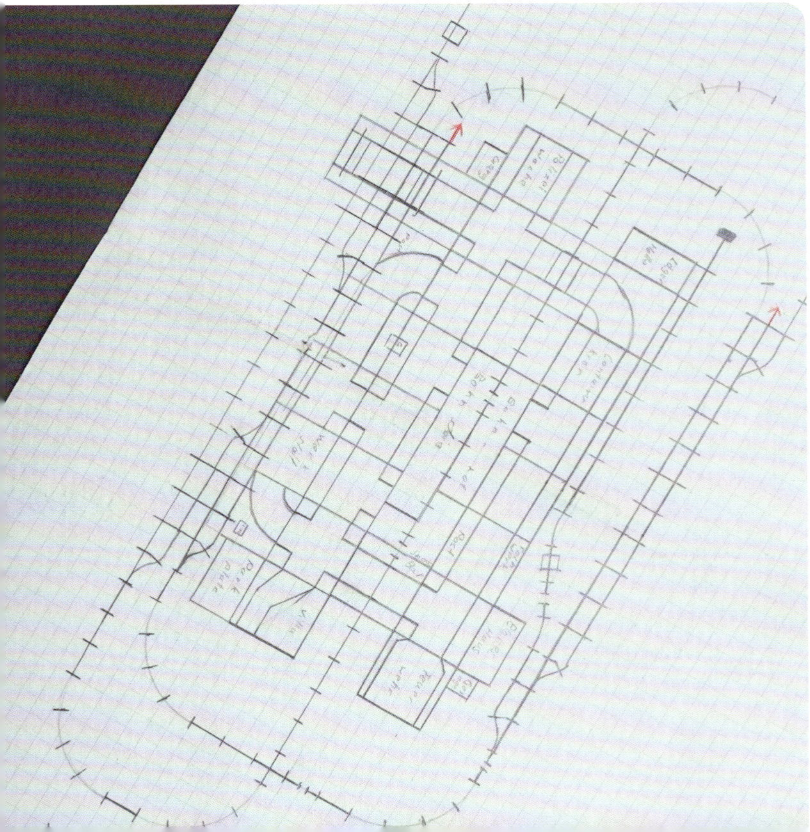

Inhaltsverzeichnis

Über die Farbcodierung findest du die verschiedenen Bereiche in diesem Buch:

- **Setkatalog**
- **MOCs und Bauanleitungen**
- **Kurz erklärt**

DB

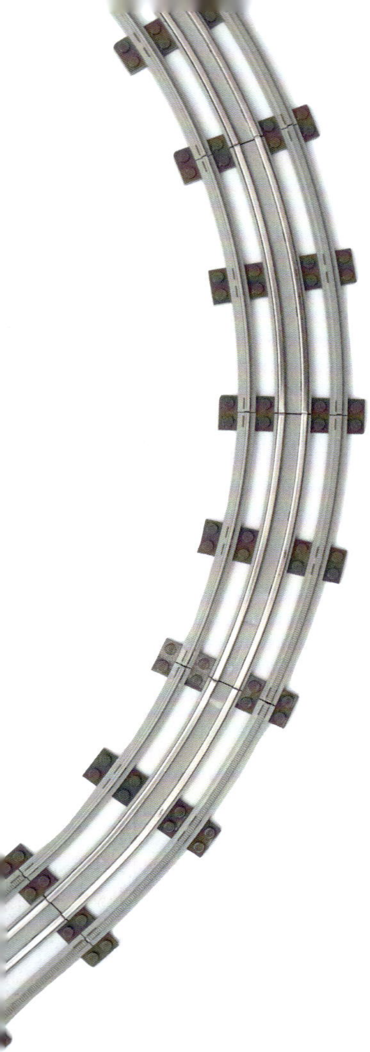

Die Reise beginnt

Wer würde nicht gerne die Welt aus Sicht seiner Lieblingsminifigur erleben? Tauchen wir ein in diese Welt und wechseln wir so die Perspektive: Mein Rucksack ist gepackt, und die Batterien für meine Kamera sind aufgeladen. Meine Reise durch die LEGO-Eisenbahnwelt der sogenannten Grauen Ära kann beginnen. »Graue Ära« bezieht sich auf die Farbe der Schienen. 1980 wurden die blauen Schienen mit weißen Schwellen durch hellgraue Schienen mit dunkelgrauen Schwellen abgelöst.

Am Bahnhof angekommen, entdecke ich einen alten, grauhaarigen Mann. Er werkelt an einem verrosteten Gefährt, das mir durchaus bekannt vorkommt. Das ist die Draisine, mit der er 1981 durch das Ideenbuch, das LEGO unter der Nummer #7777 veröffentlichte, gereist ist.

Er erzählt mir, dass seine Draisine in Vergessenheit geraten ist, moderne Zeiten erlaubten einfach keine muskelbetriebenen Sonderfahrzeuge auf dem Schienennetz. Der Zahn der Zeit hat ganz schön an ihr genagt, der Lack ist ab und Rost macht sich breit. Da am kleinen Güterschuppen kaum noch Warenumschlag stattfindet, hat ihm der Bahnhofsvorsteher erlaubt, dass er seine Draisine auf dem Abstellgleis gleich neben Gleis 1 restaurieren darf.

So wird auch der Kleinstadtbahnhof um eine Attraktion reicher. Nicht, dass er es nötig hätte. Wer alte LEGO-Dampfloks sehen will, der kommt hier voll auf seine Kosten. Regelmäßig starten hier Sonderzüge, gezogen von einer #7750-Dampflok.

Noch luxuriöser ist eine Sonderfahrt im alten Hofzug aus kaiserlichen Zeiten. Seine langen Wagen mit ihrer üppigen Ausstattung werden von einer grünen Mallet-Dampflok auf Geschwindigkeit gebracht.

Meine Reise beginnt aber im Großraumwagen der #7740. Dieser Zug steht noch so prachtvoll auf den Gleisen wie damals in meiner Kindheit. Selbst die nicht ganz ordentlich angebrachten Aufkleber sind noch gut in Schuss. Natürlich könnte ich sie durch neue Repro-Aufkleber ersetzen, aber da hängen zu viele schöne Erinnerungen dran. Auf meinem Reiseplan stehen ein paar eisenbahntechnische Leckerbissen: Hier am **Bahnhof** werde ich mir die Zeit erst mal mit Trainspotting der ganzen bekannten Personenzüge vertreiben. Vielleicht habe ich ja Glück und erwische einen #7745-Zug in den Metroliner-Farben? Auf die grünen Umbauwagen hinter der #7750 bin ich auch schon sehr gespannt.

Erste Station wird der **Güterbahnhof** vor den Toren der Stadt sein. Dort muss Tag und Nacht Betrieb herrschen. Ich bin gespannt, welche Lokomotiven ich dort vor das Objektiv bekomme? Hoffentlich hat die alte Snackbar #675 noch offen, dort soll es die beste Currywurst weit und breit geben.

Weiter geht es nach Bamberg, in der LEGO-Welt existiert dort noch ein riesiger **Ringlokschuppen**, der – so sagt man – allen Dampfloks der Grauen Ära ein Zuhause bietet. Mal überlegen, ob ich alle zusammen bekomme: #7710, #7715, #7722, #7727, #7730, #7750 und … ach ja … #7810. Ob die große Dampflok aus #7777 dort auch beheimatet ist? Ich werde es herausfinden.

Zum Abschluss meiner Reise schaue ich mir noch den neuen Containerkran im **Binnenhafen** an. Der Kran aus #7823 war ja schon immer ein Hingucker, aber am Hafen werden Container vom Wasser auf die Straße oder die Schiene verladen. Am Wasser entlang geht es weiter durch das enge **Flusstal**. Die Höhenzüge bieten spektakuläre Ausblicke auf die neue gelbe Brücke.

Volle Übersicht

Unterwegs werde ich in den Seiten des **Setkatalogs** blättern und mich über alle LEGO-Sets dieser Zeit ganz genau informieren.

Chronologisch werden alle Sets der Grauen Ära nach Erscheinungsjahr und Setnummer aufgeführt und beschrieben. Sogar die damaligen Verkaufspreise sind zu finden, nicht immer auf die Mark (oder den Schilling) genau, aber doch ein gutes Indiz für die Preisgestaltung in den 1980er-Jahren. Die Angaben zur Teilezahl sowie Größe und Gewicht der Verpackung stammen von *www.bricklink.com*. Auch diese sind nur als grobe Orientierung zu verstehen. Verschiedene Onlinedatenbanken zählen die Teile in einem Set nämlich leicht unterschiedlich, und in den seltensten Fällen kann das Gewicht exakt ermittelt werden, da originalverpackte Sets von damals rar sind.

Kurz erklärt

Zwischendurch werden besondere Bauteile und andere **Fachbegriffe** zur Grauen Ära beschrieben. Mal sehen, was sich hinter »6 × 6 Dachelement« oder »Gleisschablone« verbirgt?

Kurz erklärt

Nachgebaut

Wenn ich nach meiner Reise Lust auf den Nachbau einiger Modelle habe, schlage ich die **Bauanleitungsseiten** auf. Diese Bauanleitungen zeigen MOCs, die mir begegnet sind. Ob ich mit dem alten Bauanleitungsstil noch zurechtkomme? Den Luxus mit Teilelisten für jeden Bauschritt gab es damals nur in Bauanleitungen für Technic-Sets, ansonsten musste man schon genauer hinschauen, welche Bauteile in einem Bauschritt benötigt wurden.

Jetzt muss ich aber wirklich einsteigen, der Zug fährt ab …

Gut orientiert

Ein paar praktische Anmerkungen helfen dir, gut mit der Vielzahl an Informationen in diesem Buch klarzukommen.

Vor **Setnummern** steht eine # (Raute), damit kannst du diese Nummern von anderen Zahlen gut unterscheiden.

Teilenummern stehen hinter der Beschreibung des Bauteils in Klammern, ich verwende die Teilenummern von Bricklink. Von manchen Bauteilen gibt es Varianten, die Teilenummern haben dann oft einen Kleinbuchstaben als Ergänzung, zum Beispiel hat die 1 × 1 Platte mit dünnem Ring die Nummer 4081a und die spätere Variante mit dem dickeren Ring die Nummer 4081b. Solche Unterschiede sind aus Sammlersicht wichtig, für MOCs sind solche Varianten meist nicht relevant, und alle bekannten Varianten können verwendet werden.

Noch mehr Zahlen und Buchstaben stehen als **Drucknummern** auf Katalogen. Auch diese schreibe ich in Klammern.

Im Setkatalog sind die Sets der Grauen Ära genau beschrieben. Spannend sind die verschiedenen **Namen**, die auf der Verpackung und in den Katalogen standen. Weil es nicht den einen Namen für ein Set gibt, verwende ich in den Überschriften hinter der Setnummer Namen für die Sets, die ich selbst festgelegt habe.

Über die Jahre konnte ich auch die damaligen **Verkaufspreise** in verschiedenen Währungen, z. B. in D-Mark in Erfahrung bringen. Die Preise variieren, und so findest du manchmal mehrere Preise, zu denen man das Set vor vielen Jahren kaufen konnte.

Alle lieben **Abkürzungen**, so auch wir AFOLs (*Adult Fans of LEGO* – Erwachsene LEGO-Fans). Am häufigsten wird dir in diesem Buch die Abkürzung MOC (*My Own Creation* – Meine eigene Kreation) begegnen. Damit sind eigene Modelle gemeint, die ich mir ausgedacht habe und die es nicht zu kaufen gibt. In meinen großen Dioramen-MOCs findest du aber auch zahlreiche offizielle Sets. Als MOD (*Modification* – Modifikation) werden eigene Umbauten von offiziellen Sets bezeichnet. Ein nachgebautes Set in einer anderen Farbe ist so ein MOD. Auch ein Eisenbahnset, das für ein anderes LEGO-Eisenbahnsystem umgebaut wurde, bezeichne ich als MOD.

Für viele MOCs findest du **Bauanleitungen** in diesem Buch. Die Bauanleitungen sind ganz im Stil der 1980er-Jahre gehalten. Damals gab es noch keinen extra Kasten pro Bauschritt, der die erforderlichen Teile aufgeführt hat. Aber die MOCs sind nicht so kompliziert, und du wirst gut klarkommen. Die Teilelisten findest du auf *www.holgermatthes.de/teilelisten*

Der Reparaturwagen #6671 in schwarz-gelber Farbgebung (als MOD) mit seiner Scherenhub-Plattform bringt den Servicetechniker der LEGO-Eisenbahn hoch zum Lichtsignal #7860. Hier steht eine Auswechslung an, das neue Lichtsignal liegt schon auf einer Palette bereit.

Eine neue Eisenbahn

1980 begann in der LEGO-Welt ein neues Zeitalter. Die neue Eisenbahn erschien, und das Teilesortiment explodierte förmlich. So manch einer von uns wird aus dem Staunen nicht mehr herausgekommen sein, als sie oder er damals durch einen aktuellen LEGO-Katalog blätterte oder mit bettelnden Augen im Spielwarengeschäft stand.

Die neuen grauen Schienen sahen viel realistischer aus als ihre blauen Vorgänger, und in den Zügen und Loks konnten die wenige Jahre zuvor erschienenen Minifiguren Platz nehmen. Das zahlreiche Zubehör ermöglichte eine richtige Modelleisenbahn mit fernbedienten Weichen, Signalen und später einer Entkupplungsanlage und einem Bahnübergang mit beweglichen Schranken und blinkenden Lichtern.

Die Minifigur als Innovationstreiber

Damals war die Zeit reif für eine neue Eisenbahn. Der große Konkurrent Playmobil juniorifizierte im selben Jahr die Spur-1-Lehman-Groß-Bahn (LGB), und LEGO konterte mit seinem neuen Eisenbahnsystem. Allerdings wuchs auch hausintern der Druck für eine neue Eisenbahn. 1978 wurde die Minifigur mit beweglichen Armen und Beinen und dem typischen Lachen im Gesicht auf den Markt gebracht. Von Anfang an war sie auch in Eisenbahnsets zu finden (#164, #165, #166 und #167). Jedoch passten die neuen Figuren nicht so recht in die damaligen Autos, Loks und Züge.

Das Management in Billund erkannte schnell das Potenzial der neuen Figuren, und so durften die Designer ihnen neue Welten erschaffen. Classic Space beförderte die Minifiguren ins All, die gelbe Ritterburg #375 katapultierte sie zurück ins Mittelalter und der irdische Alltag spielte sich in der LEGOLAND-Stadt ab.

Blick zurück: die Blaue Ära

Bekannt als die Blaue Ära war die LEGO-Eisenbahn seit 1966 ein fester Bestandteil im LEGO-Sortiment. Schon damals versprachen die verschiedenen Systeme eine Erweiterbarkeit, ganz wie es die Geldbörsen der Eltern und Verwandten erlaubten. Einfache Züge zum Schieben, der batteriebetriebene 4,5-V-Motor, oder 12-V-Motor mit einem Trafo als Fernsteuerung waren die drei Grundpfeiler. Sogar fernbediente Weichen waren im Angebot. Die blauen Schienen und die weißen Schwellen waren nicht sonderlich stabil und sahen einfach nicht realistisch genug aus.

Blaue-Ära-Sets #166 und #164 mit Minifiguren

Graue Schienen

Das änderte sich schlagartig mit Einführung der neuen Eisenbahngeneration, der Grauen Ära. Spezielle Klipse auf den Schwellen und eine weitere Schwelle in der Mitte der Schienen sorgten für mehr Halt. Ansonsten wurde das Schienenkonzept der Blauen Ära übernommen. So konnten vorhandene Züge und Gleismaterial weiter genutzt und mit dem neuen System kombiniert werden.

Antrieb und Licht

Viel mehr Innovation war auf den Schienen zu finden. Der neue 12-V-Eisenbahnmotor wurde deutlich flacher als sein Vorgänger und passte als dreiachsiges Drehgestell unter eine große Lok. Kleine Loks wurden direkt auf den Eisenbahnmotor aufgebaut. Dabei floss der Strom aus den Stromführungen nicht nur zum Motor, sondern auf Wunsch auch weiter hoch in die Lok, um die Zugbeleuchtung in Gang zu setzen. So etwas war damals nur auf der väterlichen Märklin-Modelleisenbahn möglich. Jetzt plötzlich auch zum Bauen im Kinderzimmer. Premiumsets wie #7740 und #7750 verfügten von Haus aus über eine Zugbeleuchtung, die anderen Loks waren auf den Einbau des Zubehörsets #7861 bestens vorbereitet.

Angekuppelt

Zugräder wurden mehrheitlich schwarz und drehten nun um einen Plastikpin, der in einem 2 × 4 Stein steckte. Dadurch wurde der Rollwiderstand verringert (blieb aber im Vergleich zu den späteren 9-V-Rädern vergleichsweise hoch). Puffer wurden als spezielles Formteil gestaltet, und der drehbar gelagerte Mag-

Große Dampflokomotive #7750 mit Licht und zwei #7820-Wagen

net machte die Farbcodierung der Plus- und Minuskupplungen überflüssig. Drehgestelle ließen sich dank der neuen 4 × 6 Drehplatten mit Pin und der neuen 6 × 28 Eisenbahngrundplatte kompakt bauen, eine Bautechnik, die noch heute in den aktuellen LEGO-Eisenbahnsets zu finden ist.

System im System

Die Idee der Erweiterbarkeit wurde in der Grauen Ära fortgeführt, und so fand man im breiten Sortiment den Schiebezug #7710, den batteriebetriebenen Güterzug #7720, schwerpunktmäßig aber eine ganze Reihe von 12-V-Sets (#7730, #7740, #7750 und #7760). Stromführungen wurden separat verkauft und konnten später in die geraden und gebogenen Gleise eingebaut werden. Nur Weichen und Kreuzungen konnten nicht aufgerüstet werden. Der separat erhältliche Eisenbahnmotor #7865 erlaubte den Umbau der von Hand geschobenen oder von schwachen 4,5-V-betriebenen Loks zu richtigen 12-V-Loks.

Wagen und Infrastruktur

Rollendes Material gab es zusätzlich auch in Form einer kleinen nicht motorisierten Dampflok #7810 und einzelner Wagen (#7814, #7816, #7818 und #7820). Die eisenbahnspezifische Infrastruktur bildeten der Bahnhof #7822 und der kleine Bahnübergang #7834, beide Sets passten bestens zu den damaligen LEGOLAND-Stadtsets.

Zubehör

Zahlreiche silbergrau verpackte Zubehörsets boten die Grundausstattung für Gleise, Weichen und Signale an. In diese Kategorie fielen auch die Erweiterungs- und Umrüstsets zur Motorisierung und Beleuchtung der Züge.

Eine derart große Vielfalt innerhalb der Themenwelt Eisenbahn gab es in den folgenden Generationen nie wieder. Wahrscheinlich erwies sich diese Vielfältigkeit auch als Nachteil und kam beim Kunden nicht gut an. Meist griff man doch gleich zum 12-V-System, und 4,5-V-Sets lagen unverkäuflich in den Regalen.

Neue Teile

Zurück ins Jahr 1980. Dank der neuen Eisenbahntüren und -fenster konnten die Minifiguren nun auch bequem ihren Arbeitsplatz auf der Lok oder ihren Sitzplatz erreichen. Der quer liegende Steg der Glaseinsätze erinnerte an die zweigeteilten Fenster richtiger Eisenbahnwagen, die damals im Regionalverkehr unterwegs waren und noch keine Klimaanlagen kannten. Damit die Kinderhände die kleinen Figuren bis zum Sitzplatz begleiten konnten, wurden die Dächer so gebaut, dass sie leicht abnehmbar waren. Dazu wurde eine lange Platte ohne Noppen erfunden: die 1 × 8 Fliese. Auch viele andere Bauteile, die LEGO-Fans heute ganz selbstverständlich einsetzen, erblickten 1980 das Licht der Welt: runde 1 × 1 Platten als Lichter in transparentem Gelb und Rot, runde 2 × 2 Platten unter dem neuen Sitz für die Minifiguren, als Detail auf dem Dach oder im Schornstein der Dampfloks. Auch das neue 1 × 4 Zaun-/Gitterelement oder die kleinen Leitern wurden zuerst in Eisenbahnsets der Grauen Ära eingesetzt.

Bahnübergang #7834

Triebzug #7725

Kleiner Nachschlag ein Jahr später

Nach der Flut an Innovationen folgten 1981 nur der Triebzug #7725 und die Entkupplungsanlage #7862. Das Ideenbuch #7777 wurde zur Lieblingslektüre damaliger LEGO-Eisenbahnfans (und ist es bis heute geblieben). Alle im Jahr zuvor erschienen Sets waren weiterhin im Handel erhältlich und standen auf den Wunschzetteln vieler Kinder. Insgesamt war das LEGO-Sortiment nicht so vielfältig wie heute, und die Sets blieben für einige Jahre im Verkauf. Heute verschwinden manche Sets schon nach einem Jahr wieder aus den Regalen.

Die zweite Phase

Die ersten Ablösungen im Sortiment erfolgten 1983 mit der zweiten Phase der Grauen Ära. Neue Türen auf Führungsschienen und neue Fingerscharniere waren unter anderem im neuen Güterzug #7727 und im Güterbahnhof #7838 enthalten. Die wenig innovative große rote Diesellok #7755 löste ihre Vorgänger #7750 und #7760 als LEGO-Set mit einzelner Lokomotive ab. Spannender waren die beiden einzelnen Wagen #7815 und #7819, die im gelb-roten Farbschema eine ideale Ergänzung zu Set #7740 boten. Im Zubehörbereich waren die Lichtmasten mit Laternen #7867 die einzige Neuigkeit.

Schlafwagen #7815 und Postwagen #7819

Containerbahnhof #7823

Neues Sortiment in der dritten Phase

Aus Eisenbahnsicht wenig Neues brachte auch die dritte und letzte Phase 1985/86. Das volle Sortiment wurde zwar erneuert, die Konzepte der verschiedenen Sets blieben aber unverändert: Schiebezug #7715, 4,5-V-Güterzug #7722, 12-V-Güterzug #7735 und 12-V-Passagierzug #7745 bildeten die Zugsets. Das ausgedünnte rollende Material bestand aus dem Tankwagen #7813 und dem Kranwagen #7817. Mehr Neuerungen brachten die Infrastruktursets. Der manuelle Bahnübergang wurde modernisiert und erschien als #7835. Wirklich neu waren der mächtige Containerbahnhof #7823 und der Autoverladebahnhof #7839 mit seiner verschiebbaren Plattform und den Versenkungen für die Autoräder im Transportwagen.

Erneuter Systemwechsel

Mitte der 1980er-Jahre kündigte sich bereits der nächste Systemwechsel bei LEGO an. Elektronik mit 9 V Spannung tauchte in *Light & Sound*-Sets und der Monorail auf. Dies war sicherlich einer der Gründe, das 12-V-System nicht weiterzuführen. Über weitere Gründe kann nur spekuliert werden. Die Herstellung der 12-V-Komponenten mit Plastik und Metall war aufwendig und damit kostspielig. Dieses Schicksal ereilte später

Autoverladebahnhof #7839

auch das 9-V-System mit Strom führenden Schienen. Bei allem tollen Modelleisenbahncharakter war die Graue-Ära-Eisenbahn für eine Kinderzimmer-Spielbahn vielleicht doch zu komplex mit dem zeitaufwendigen Auf- und Abbau der Gleise und den vielen Kabeln, die zum Trafo und den zahlreichen Tastern führten. Zudem war das LEGO-Management auf der Suche nach neuen Innovationen, und so verdrängten Ritter und Piraten die LEGO-Eisenbahn so langsam aus den Regalen.

Neue Verpackungsvarianten zum Schluss

Die letzten Sets der Grauen Ära blieben bis Anfang der 1990er-Jahre im Handel erhältlich. Die Einführung des Dualen Systems mit dem Grünen Punkt 1990 in Deutschland sorgte dafür, Styropor aus den Verpackungen zu verbannen. Das dürfte auch der Grund für ein paar neue, veränderte Verpackungsvarianten mancher Sets sein. Sie sind am Copyright ©1989 an der Unterseite zu erkennen.

Das Ende der Grauen Ära

Das Ende der Grauen Ära besiegelte 1991 endgültig die Einführung des neuen 9-V-Eisenbahnsystems. Ein besonderes Faltblatt bewarb damals die Möglichkeit, rollendes Material auch weiter zu nutzen und den neuen 9-V-Eisenbahnmotor auch an 12-V-Zügen zu verwenden. LEGO versprach auch, 12-V-Komponenten noch einige Zeit im Service anzubieten.

Alte (links) und neue (rechts) Verpackungsvarianten für Zubehörsets

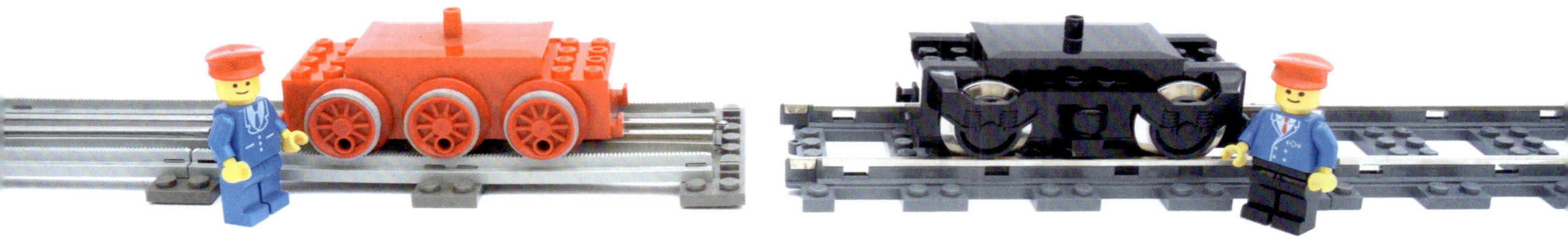

Systemwechsel bei der LEGO-Eisenbahn von 12 V auf 9 V

Zeittafel der Graue-Ära-Eisenbahnsets

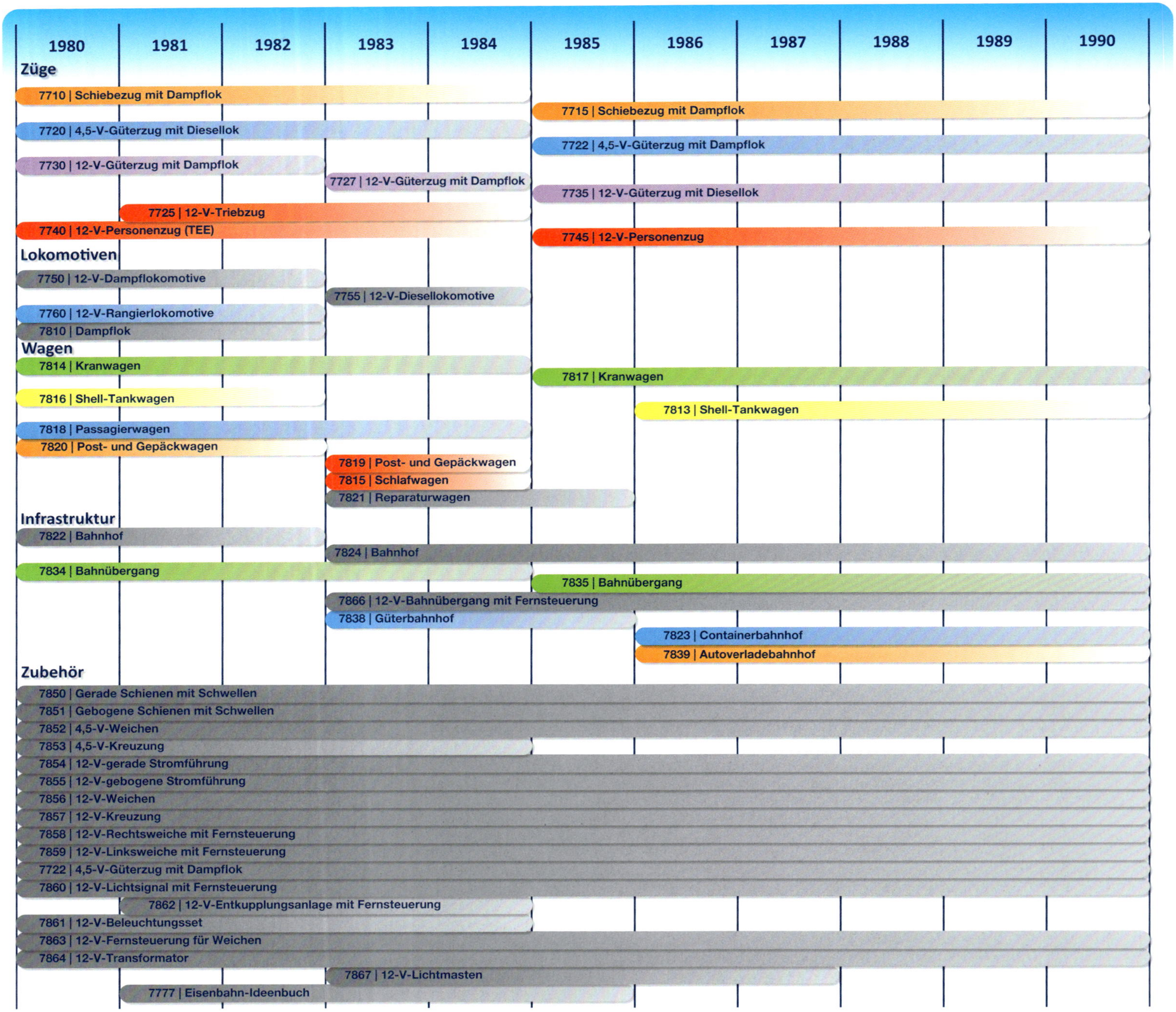

Sammelfieber

Vom Vintageflair, der heute von der Grauen Ära ausgeht, konnte damals kaum jemand etwas ahnen. LEGO war als Sammelthema unbekannt. So wurden Kinder älter, und die LEGO-Eisenbahn wurde verkauft oder im besten Fall für den Nachwuchs im Keller oder auf dem Dachboden eingelagert.

Erst als mehr und mehr Erwachsene LEGO als Hobby für sich entdeckten, entstand auch ein Sammlermarkt für alte LEGO-Sets. Heute gibt es kaum ein LEGO-Thema, das nicht seine ganz speziellen Sammler hat. So steht es auch um die LEGO-Eisenbahn und speziell um die LEGO-Eisenbahn der Grauen Ära von 1980 bis 1990.

Wer früh mit dem Sammeln anfing, konnte noch das eine oder andere Schnäppchen machen. Heute werden alle Sets dieser Zeit (in gutem Zustand, mit ungelochter Bauanleitung und halbwegs ansehnlichem Originalkarton) weit über dem damaligen Neupreis gehandelt. Das Angebot ist überschaubar, aber mit ausreichend Geduld findet man auch heute noch das eine oder andere fehlende Set für die eigene Sammlung.

Heutige Preise

Preisaussagen zu aktuellen Sammlerpreisen mache ich bewusst in diesem Buch nicht. Der Zustand der angebotenen Sets variiert zu stark, als dass ich eine sinnvolle Preisspanne nennen könnte. Dies würde nur dazu führen, dass vermeintlicher Schrott für noch mehr Geld angeboten wird. Sinnvoller ist es, selbst den Markt auf eBay, eBay-Kleinanzeigen, Bricklink und Co. sehr lange zu beobachten und ein Gefühl für die aktuellen Preise zu bekommen. Zu teure Angebote bleiben lange stehen, Schnäppchen (von denen der Verkäufer nicht ahnt, was sie wirklich wert sind) sind blitzschnell verkauft. Für ungeöffnete Zugsets der Grauen Ära werden mittlere vierstellige Eurobeträge aufgerufen – wenn es solche Angebote überhaupt gibt.

Neueinstieg in die Graue Ära?

Ob sich ein Neueinstieg in die LEGO-Eisenbahnwelt der Grauen Ära für kleine und große LEGO-Fans ohne Bezug zur damaligen Zeit lohnt, möchte ich bezweifeln. Gut erhaltene Sets muss man auf dem Secondhand-Markt geduldig suchen und dann mit einem ordentlichen »Nostalgie-Aufschlag« bezahlen. Die brüchigen Schwellen und Schienen eignen sich heute nicht mehr für den schnellen Auf- und Abbau und rufen dadurch einigen Frust hervor. Hier ist das aktuelle Eisenbahnsystem von LEGO deutlich besser geeignet. Der klassische Baustil der Loks und Wagen der 1980er-Jahre kann auch in modernen Powered-Up-Zügen umgesetzt werden.

Unter Sammlern begehrt: ungeöffnete Tütchen eines alten LEGO-Sets

Idealer Zustand: verschweißte Sets #7815, #7817 und #7820

7710 | Schiebezug mit Dampflok

Erscheinungsjahr:	1980
Name (Verpackung):	Zug ohne Motor
Name(n) (Kataloge):	Personenzug mit Haltestelle (ohne Motor) | Personenzug mit 2 Wagen | Personenzug (4,5 V oder 12 V Motor kann eingebaut werden) mit 2 Wagen, Bahnsteig, Schienenkreis u. Personal
System:	4,5 V
Neupreis:	65,90 DM/470 ÖS
Altersempfehlung:	ab 6 Jahre
Verfügbar bis:	1984 (Nachfolgeset: 7715)
Kategorie:	Zugset mit Schienen
Teilezahl:	412
Figuren:	2 Eisenbahner, 3 Fahrgäste
Verpackung:	Aufklappschachtel mit Klarsichtfolie und seitlichem Pappeinschub mit Kunststoffeinsatz (Größe: 39 × 23 × 7,8 cm)
Bauanleitung:	DIN-A5-Hochformat, geheftet, 24 Seiten, Anleitungen für Haupt- und Alternativmodell, Gleispläne, Motoreinbau
Aufkleber:	1 Bogen (die spätere Version enthält mehr Städteverbindungen-Aufkleber)

Der Personenzug besteht aus einer sehr einfachen, kleinen schwarzen Dampflok und zwei baugleichen Personenwagen. Als Einstiegsset in die LEGO-Eisenbahnwelt ist das Set bewusst einfach gehalten, die Lok hat keinen Motor, aber ein Schienenkreis und ein kleiner Bahnsteig ermöglichen schöne Spielerfahrungen. Der Lokführer kann direkt in seine Lok gestellt werden, Eisenbahntüren fehlen hier. Die Wagen bieten mit den sich öffnenden Türen und dem abnehmbaren Dach schon mehr Spielmöglichkeiten.

Dieser Schiebezug wurde bewusst als »Einstiegsdroge« konzipiert, um einen relativ preisgünstigen Start in die verschiedenen LEGO-Eisenbahnsysteme der Grauen Ära zu ermöglichen: Einfaches Spiel durch Schieben des Zugs war direkt möglich, aber auch die Motorisierung auf 4,5 V oder 12 V war angedacht.

7720 | 4,5-V-Güterzug mit Diesellok

Erscheinungsjahr:	1980
Name (Verpackung):	Batterie-Zug
Name(n) (Kataloge):	Batteriebetriebener Güterzug mit Verladerampe, 3 Waggons, Signal, Traktor, Figuren und Schienenkreis | Batteriebetriebener Güterzug mit Verladerampe | Batteriebetriebener Güterzug mit 3 Waggons, Signal, Bahnübergang, Schienenkreis, Verladerampe, Traktor und Personal
System:	4,5 V
Neupreis:	135,00 DM/945 ÖS
Altersempfehlung:	ab 6 Jahre
Verfügbar bis:	1984 (Nachfolgeset: 7722)
Kategorie:	Zugset mit Schienen
Teilezahl:	418
Figuren:	3 Eisenbahner
Verpackung:	Aufklappschachtel, Styropor, mit Innenschalen (2-mal transparent, 2-mal grün) und Kunststoffabdeckung (Größe: 57,8 × 23,4 × 9,2 cm, Gewicht: 1700 g)
Bauanleitung:	DIN-A5-Hochformat, geheftet, 24 Seiten, Anleitungen für Haupt- und Alternativmodell, Erklärung Signal und Fahrtrichtungsumkehr, Gleisplan, Motoreinbau
Aufkleber:	1 Bogen

Der Güterzug bestehend aus einer Lok mit 4,5-V-Motor, einem Batteriewagen, einem offenen Pritschenwagen (mit Minibagger) und einem offenen Güterwagen mit Bremserhäuschen. Dieser Wagen ist 18 Noppen lang und damit um zwei Noppen länger als die typischen zweiachsigen Wagen der Grauen Ära. Dazu kommen noch ein 4,5-V-Signal und ein kleiner Bahnübergang, die schon in den 1970er-Jahren verwendet wurden. Die drei Figuren, eine Verladerampe und ein Schienenoval runden dieses Set ab.

Das Bauanleitungsheft enthält neben dem Hauptmodell zwei weitere Bauanleitungen für eine kleine (bunte) Dampflok und eine kleine rote E-Lok. Bei ihr kommt der aus Platten gebaute Pantograf in Gelb zum Einsatz. Diese einfache, aber realistische Bauform wird in der Grauen Ära in mehreren Modellen verwendet: #7725, #7740 und bei der E-Lok aus #7777.

7730 | 12-V-Güterzug mit Dampflok

Erscheinungsjahr: 1980
Name (Verpackung): Elektrischer Güterzug
Name(n) (Kataloge): 12 V Güterzug mit Tenderlokomotive | Güterzug 12 Volt | 12 Volt Güterzug mit Tenderlok, 3 Spezialwaggons, Gabelstapler, Schienenoval und Personal
System: 12 V
Neupreis: 127,00 DM/129,98 DM/138,50 DM/ 1060 ÖS
Altersempfehlung: ab 8 Jahre
Verfügbar bis: 1982 (Nachfolgeset: 7727)
Kategorie: Zugset mit Schienen
Teilezahl: 511
Figuren: 2 Eisenbahner
Verpackung: Aufklappschachtel, Styropor, mit Innenschalen (2-mal transparent, 2-mal grün) und Kunststoffabdeckung (Größe: 57,8 × 23 × 9,2 cm, Gewicht: 1718 g)

Bauanleitung: DIN-A5-Hochformat, geheftet, 32 Seiten, Anleitungen für Haupt- und Alternativmodell, Schienenreinigung, Kurzschlusshinweis, Gleispläne und Informationsblatt zur Entstörungsschiene (117983a)
Aufkleber: 1 Bogen

Der Güterzug #7730 ist das Güterzug-Flagschiffset der ersten Phase der Grauen Ära. Von den anderen kleinen Dampfloks der Grauen Ära kann die #7730 ganz einfach anhand des schwarzen Lenkrads vorne am Kessel unterschieden werden. Damit wird wohl angedeutet, dass der vordere Deckel des Kessels an den vielen Vorbildern für Wartungsarbeiten geöffnet werden konnte. Am bulligen Schornstein kommen die neu aufgelegten 2 × 2 Rundplatten zum Einsatz. Der Lokführer hat hinter seltenen schwarzen 1 × 2 und 2 × 2 Fenstern und schwarzen Eisenbahntüren seinen Arbeitsplatz.

Die drei Güterwagen sind auf 6 × 16 Platten gebaut: Der rote, offene, halbhohe Güterwagen hat seitliche Klappen. Der weiße, geschlossene Güterwagen mit dem hinteren Aufsatz erinnert an das Set #147 aus der Blauen Ära, allerdings kommen hier vier große Türen zum Einsatz. Ins Auge fällt besonders der dritte Güterwagen mit den drei gelben Flüssigkeitsbehältern, die einfach, aber effizient aus sogenannten Macaroni-Steinen und dem aus der Classic-Space-Reihe bekannten Konus gebaut sind.

Kurz erklärt

Minifiguren

In den Sets der Grauen Ära arbeiten insgesamt 42 Eisenbahner. Sie tragen alle die einheitliche, blaue Dienstkleidung und eine rote Kopfbedeckung. Mitarbeiter in gehobenen Positionen sind am Torsoaufdruck mit Krawatte (973p18c01 *Blue Torso Suit and Tie Pattern*) zu erkennen. Die anderen Mitarbeiter tragen den einheitlichen blauen Arbeitsanzug (973p26c01 *Blue Torso Patch Pocket Shirt Pattern*). Als Kopfbedeckung kommt die rote Mütze oder der rote Helm infrage. Nur die einzige Mitarbeiterin – im Bahnhof #7824 enthalten – trägt ihr rotes Haar offen. Der Wärter des Bahnübergangs #7834 muss wohl ein freier Mitarbeiter gewesen sein, er hat einen uni-roten Torso ohne Aufdruck, blaue Beine und eine blaue Mütze.

Passend zum jeweiligen Thema des Sets sind weitere Berufsgruppen wie Speditionsmitarbeiter, Köche oder Shell- bzw. Postmitarbeiter und normale Fahrgäste in den Sets der Grauen Ära enthalten.

Die LEGO-Minifiguren haben erst 1978 das Licht der Welt erblickt. Die unendliche Vielfalt von Gesichtsausdrücken und Aufdrucken, wie wir sie heute kennen, war damals noch unbekannt. Der gelbe Kopf mit den zwei Augen und dem lachenden Mund war allgegenwärtig. Individuell bedruckte Köpfe tauchten erst ab 1989 in der Piratenserie auf. Seltene Figuren, die heute teuer gehandelt werden, waren in den damaligen Eisenbahnsets nicht enthalten.

Die Figurenteile wurden über die Jahre weiterentwickelt. Der gelbe Kopf hatte zunächst eine geschlossene Noppe mit LEGO-Aufdruck, lange nach dem Ende der Grauen Ära folgte die Variante mit offener Noppe. Eine genaue zeitliche Zuordnung ist hier leider nicht möglich, beide Varianten waren für eine längere Übergangsphase zeitgleich im Einsatz. Der Torso erhielt ab 1983 innen eine Verstärkung, um den Beinen einen festeren Halt zu geben. Ältere Hände kann man am milchig-gelben Farbton erkennen.

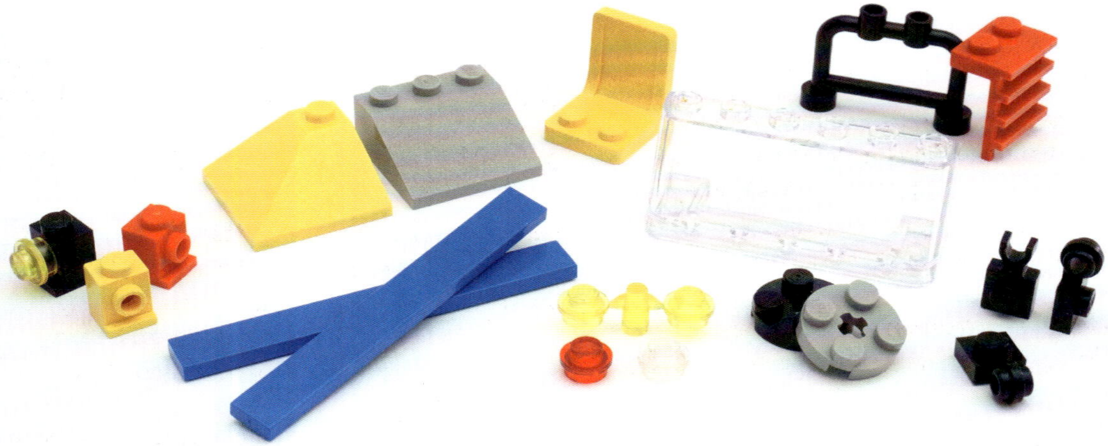

Kurz erklärt

Neue Elemente im Jahr 1980

Die letzten Monate und Jahre der 1970er-Jahre mussten für die LEGO-Designer eine ziemlich spannende und stressige Zeit gewesen sein. Schließlich mussten nicht nur die 28 neuen Sets der Grauen Ära fertiggestellt werden, auch im Bereich der Bauteile standen große Ergänzungen an. Die Set- und Teiledatenbanken von *www.bricklink.com* und *www.peeron.com* erlauben eine Reise in die Vergangenheit. So lässt sich feststellen, dass die neuen Eisenbahnsets nicht nur über viele neue eisenbahnspezifische Teile verfügten, sondern auch über eine Menge von Bauteilen, die man auf den ersten Blick nicht unbedingt dem Thema Eisenbahn zuordnet.

Die Graue Ära erwies sich also als Innovationstreiber für viele – aus heutiger Sicht – »normale« Bauteile. Folgende Bauteile hatten 1980 ihr Debüt in folgenden Graue-Ära-Sets. Die Zahl in Klammern gibt die Teilenummer an:

1 × 1 Platte mit dünnem Ring (4081a)

- schwarz in #7720

1 × 4 × 2 Zaun mit zwei Noppen (4083)

- schwarz in #7720, #7730, #7740, #7814, #7816 und #7822

1 × 1 Platte mit vertikalem Clip (4085a)

- schwarz in #7750 (2 Stück versteckt in der Kabine)

33° 3 × 3 Dachaußenecke (3675)

- gelb in #7740
- rot in #7725 (1981)

Minifigur Sitz (4079)

- hellgrau in #7740
- rot in #7710, #7730, #7740 und #7814
- gelb in #7710, #7818, #7820, #7822 und #7834

33° 3 × 3 Dachstein (4161)

- hellgrau in #7760 (1981 auch in #7725, 2003 dann in #10129)
- schwarz in #7710, #7730, #7810
- gelb in #7740

1 × 8 Fliesen (4162)

- schwarz in #7750
- blau in #7710
- rot in #7818 und #7820
- gelb in #7740

Kleine Leiter (4175)

Dieses Bauteil war im Erscheinungsjahr ausschließlich in Eisenbahnsets zu finden.

- schwarz in #7730, #7750 und #7760
- hellgrau in #7720, #7730, #7760 und #7814
- rot in #7710, #7730, #7750, #7810, #7816 und #7822

1 × 1 Platte rund (4073)

Dieses Bauteil erschien zunächst in den Farben Transparent, Rot-Transparent und Gelb-Transparent in Eisenbahnsets und nicht, wie man vielleicht vermuten könnte, in Classic-Space- oder Stadtsets. In den ersten Jahren waren zwei dieser runden Platten noch mit dem Angussteil aus der Herstellung verbunden (4073c01) und mussten erst vom Endkunden entfernt werden. Die ersten runden 1 × 1 Platten in nichttransparenten Farben wurden übrigens erst 1985 eingeführt (in Rot im Eisenbahnset #7722).

- transparent in #7730 und #7750
- rot-transparent in #7720, #7730, #7740, #7750, #7760 und #7861
- gelb-transparent in #7710, #7720, #7730, #7740, #7750, #7760, #7810 und #7861

2 × 2 Platte rund (4032)

Auch dieses »Allerweltsteil« debütierte mehrheitlich in den neuen Eisenbahnsets

- gelb in #7834
- rot in #7710, #7730 und #7810
- hellgrau in #7740, #7818 und #7820
- schwarz in #7710, #7730, #7740, #7816, #7818 und #7820

1 × 1 Lampenstein (4070)

Natürlich von Anfang an in vielen Auto- und Lkw-Sets zu finden, aber auch in einigen Eisenbahnsets, die 1980 erschienen:

- schwarz in #7710, #7720, #7730, #7760 und #7816
- rot in #7720 und #7810
- gelb in #7730

2 × 6 × 2 Windschutzscheibe (4176)

Passend zur 6-Noppen-Breite der Eisenbahn erschien 1980 auch eine breitere Version der Windschutzscheibe (2 × 4 × 2, 3823, ab 1976), die in Transparent zunächst in #7740 und später in #7725, #7735 und #7755 zum Einsatz kam. Erst 1994 wurde diese Scheibe im Verkaufsstand des Paradisa-Sets #6402 wieder zum Einsatz gebracht.

Gewichtsteine/ Ballast-Elemente

Kurz erklärt

»Die Ballast-Elemente dienen dazu, die Lokomotive schwerer zu machen. Denn eine schwere Lokomotive kann besser ziehen, weil ihre Räder auf den Schienen fester haften.« … so erklärt das Faltblatt zum Motor-Ergänzungsset #7865 die Aufgabe der Gewichtsteine.

Gewichtsteine in der Größe 2 × 6 × 2 wurden 1980 mit der Eisenbahn der Grauen Ära eingeführt. Sie wurden in 12-V-Lokomotiven verbaut, um mehr Gewicht auf den Motor zu bringen, um damit die Traktion zu erhöhen. Der Gewichtstein wiegt ca. 55 Gramm, zwei gleich große normale 2 × 6 Steine kommen auf keine acht Gramm. In den Sets der Grauen Ära wurden diese Gewichtsteine immer paarweise eingesetzt.

Die Datenbank von *www.bricklink.com* kennt zwei Versionen des Gewichtsteins. Die ältere Variante 73090a wurde in drei Farben hergestellt:

- Rot in #7725, #7735, #7740 und #7755 sowie verschiedenen Dacta-Sets und Servicetüten
- Schwarz in #7727, #7730, #7745, #7750 und #7865 sowie im Dacta-Set #1038
- Blau in #7760

Die Variante 73090b ist die jüngere Version. Man erkennt sie an der seitlichen, runden Vertiefung. Diese Version kam ab Mitte der 1980er-Jahre zum Einsatz, nicht nur in Eisenbahnsets, sondern auch in Schiffen und Technic-Sets. Die beiden Zugsets #7735 und #7745 von 1985 können diese Variante enthalten. Die Variante 73090b gibt es nur in Rot und in Schwarz.

MOC | Kleinstadtbahnhof

Kleinstadtidyll im LEGO-Maßstab: Am Bahnhof werden die Personenzüge abgefertigt. Fahrgäste steigen ein und aus. Für alte Dampflokzüge ist der Bahnhof ein beliebter Ausgangspunkt für die vielen Sonderfahrten.

Tradition und Moderne treffen aufeinander, Häuser aus der Gründerzeit und das alte Bahnhofsgebäude erinnern an vergangene Zeiten. Die Fußgängerbrücke mit ihren Fahrstuhltürmen und die Überdachung der Bahnsteige wurden erst in den letzten Jahren im Rahmen der Modernisierungsmaßnahmen ergänzt. Im Hintergrund ragt ein moderner Bürokomplex in den Himmel.

Die Idee zum Bahnhofsgebäude stammt von der roten Version #2150 des beliebten 9-V-Bahnhofsets #4554 von 1991. Das Stellwärterhaus mit seiner gelb-roten Fassade stammt aus dem Ideenbuch #7777.

Bauanleitung | Bahnsteig mit Überdachung

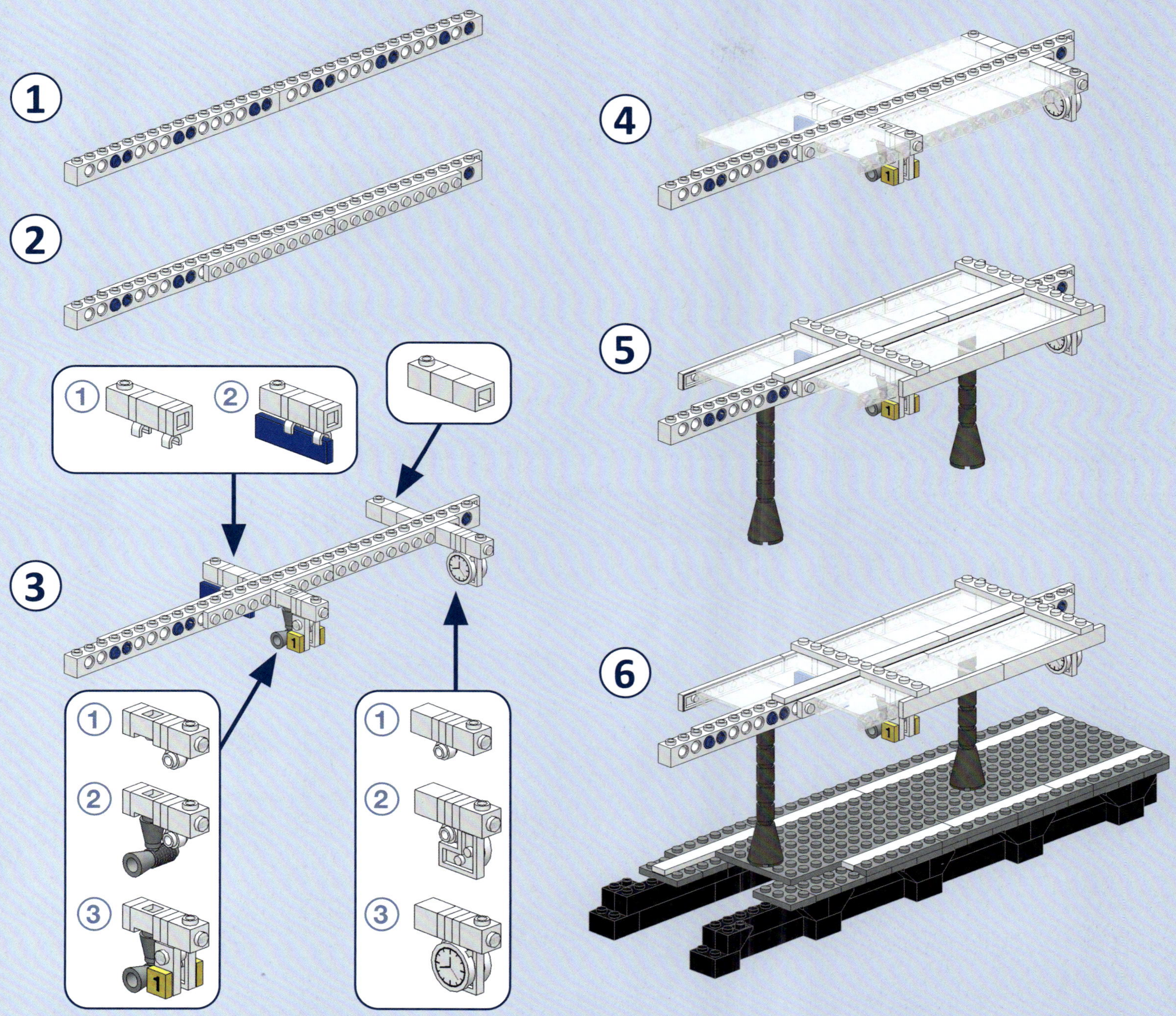

7750

7750
DB

Bauanleitung | »Silberling«-Steuerwagen

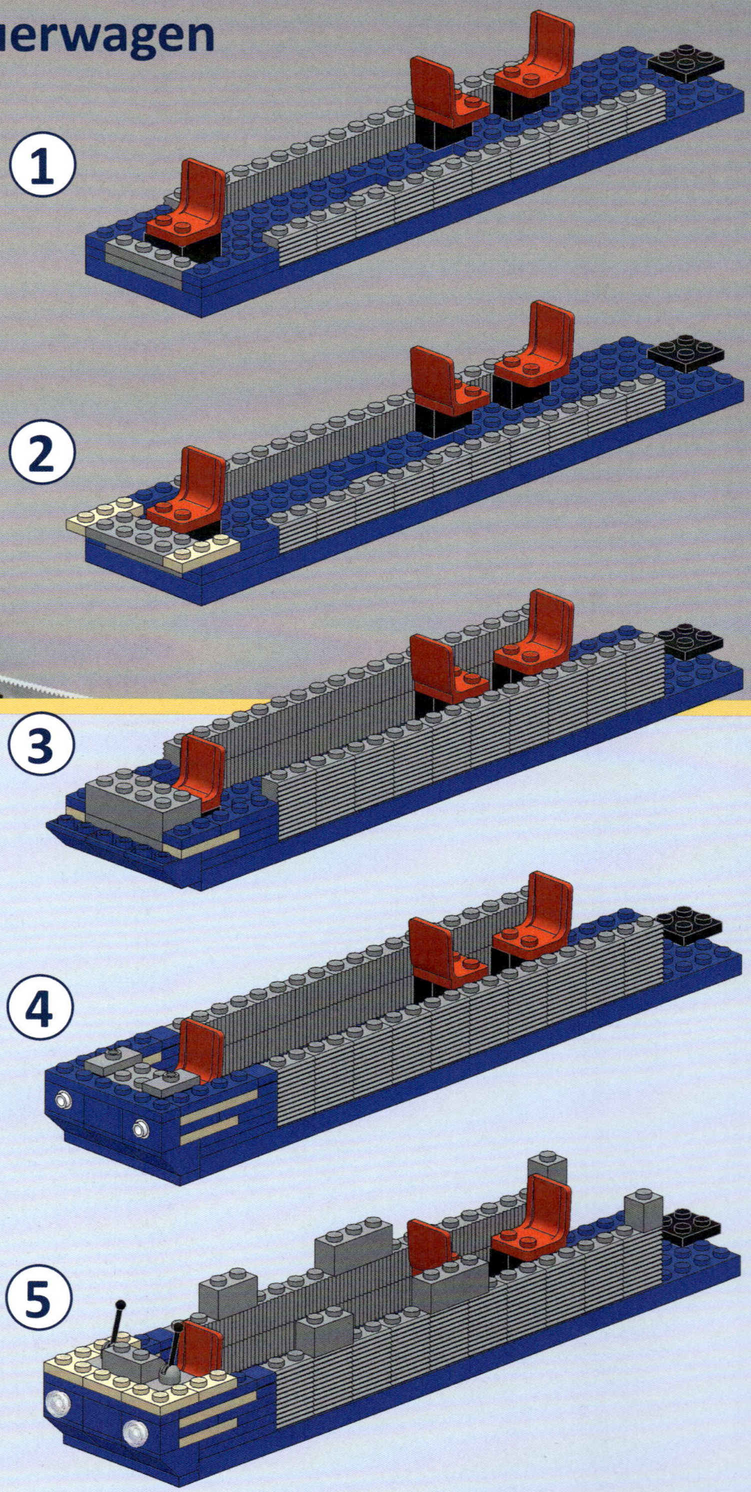

Der unlackierte Wagenkasten der typischen Nahverkehrswagen der Deutschen Bundesbahn brachte ihnen den Spitznamen »Silberling« ein. Solche Nahverkehrszüge, meist mit einem Steuerwagen am Ende, waren in der letzten Hälfte des vergangenen Jahrhunderts eine typische Erscheinung auf Deutschlands Schienen.

Das LEGO-Modell baut auf einer blauen Zuggrundplatte auf und ist in Hellgrau gehalten. Am Steuerwagen setzen beige Steine typische Akzente. Das Drehgestell unter dem Führerstand ist um eine Noppe verlängert, und am Dach kommen abgerundete 2 × 3 Steine zum Einsatz. Der Baustil orientiert sich aber an den klassischen Personenwagen der Grauen Ära.

Als passende Lok kann die #7755 in Blau verwendet werden. Ich habe mich für eine kürzere Variante auf einer 6 × 24 Zuggrundplatte entschieden und meine eigene V-100-Diesellok gebaut.

Teileliste auf *www.holgermatthes.de/teilelisten*

6

7

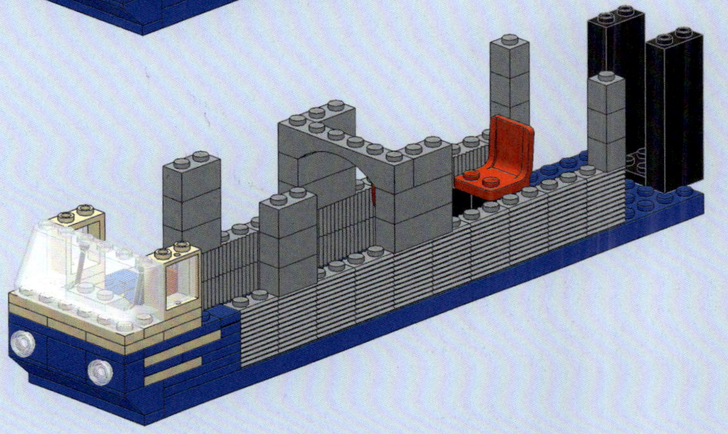

8

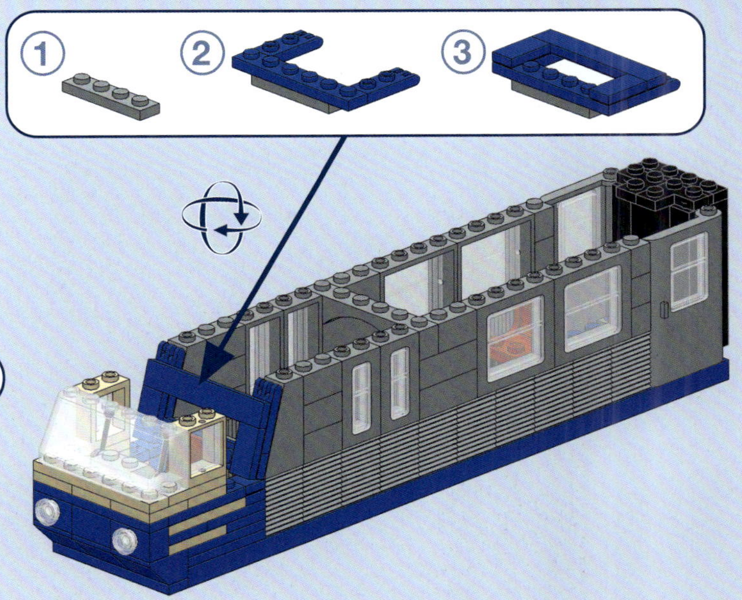

9

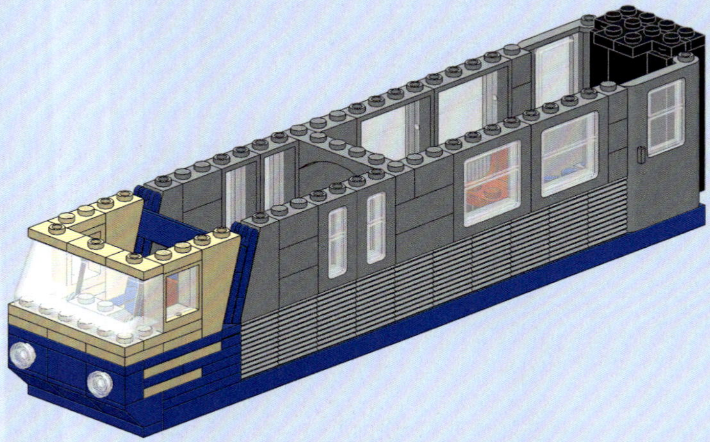

10

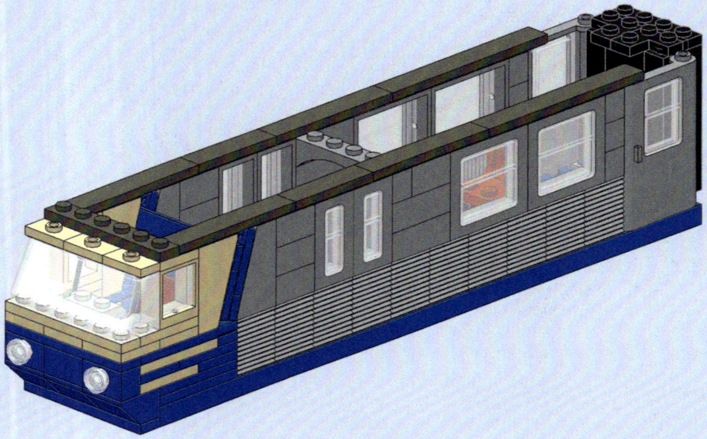

11

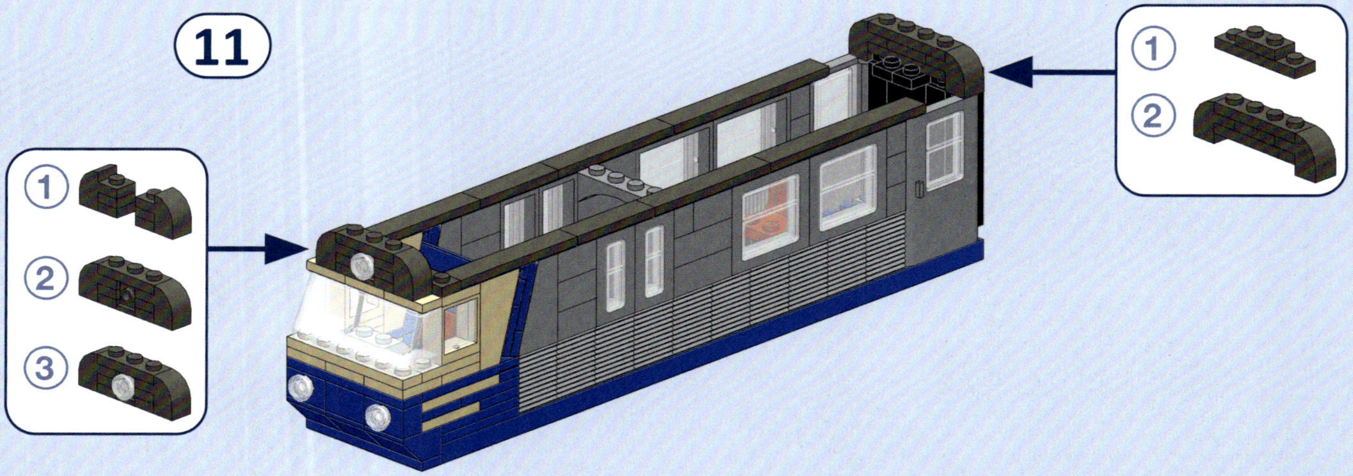

12

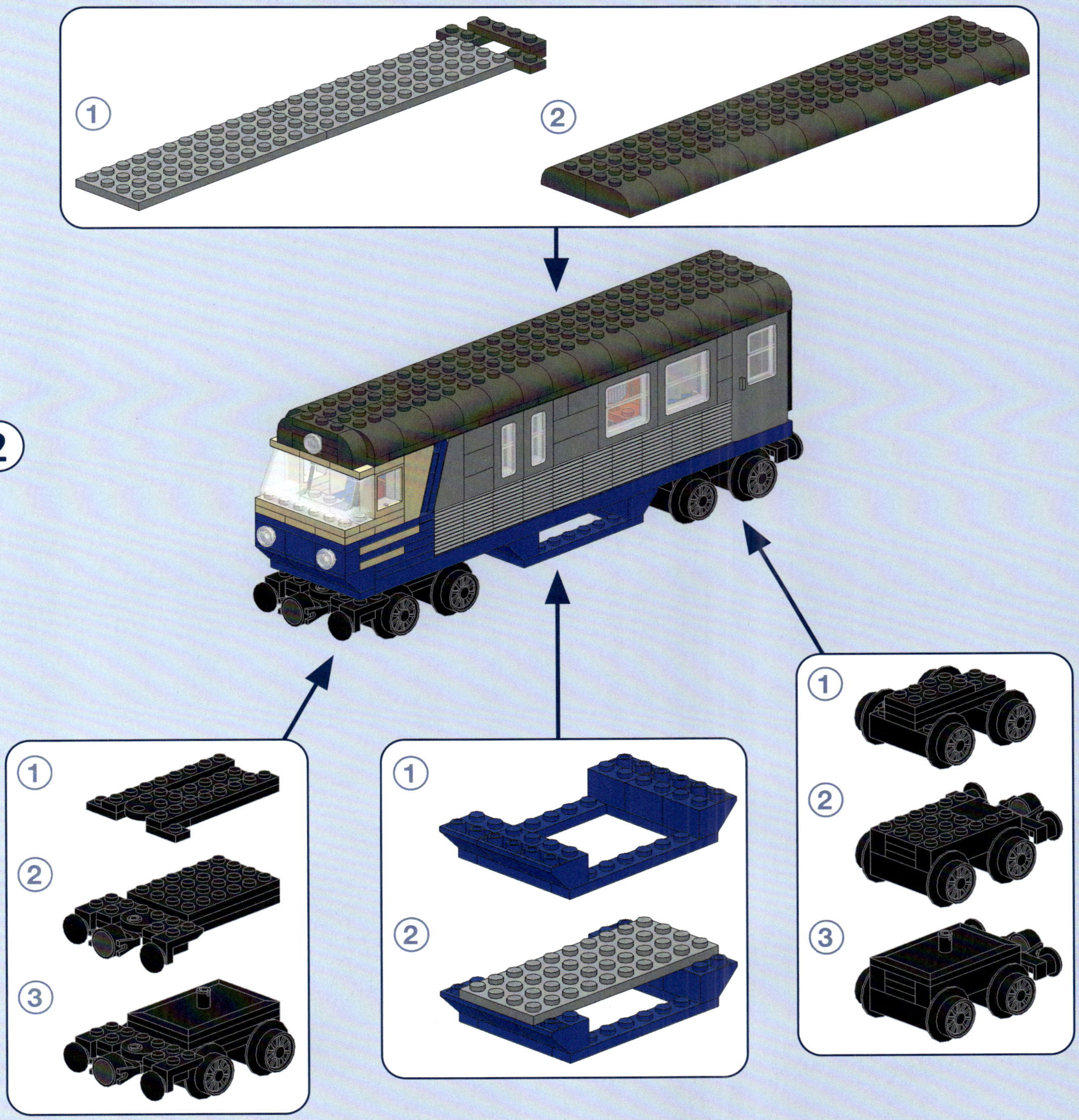

7740 | 12-V-Personenzug (TEE)

Erscheinungsjahr: 1980
Name (Verpackung): Elektrischer Passagierzug
Name(n) (Kataloge): 12 V TEE-Zug | Passagierzug 12 Volt | Trans-Europa-Expreß mit 2 D-Zug-Wagen | 12 Volt Trans-Europa-Expreß (Lok mit Licht), 2 D-Zug-Wagen, Bahnsteig, Schienenoval und Personal
System: 12 V
Neupreis: 170,00 DM/179,00 DM/1460 ÖS
Altersempfehlung: ab 8 Jahre
Verfügbar bis: 1984 (Nachfolgeset: 7745)
Kategorie: Zugset mit Schienen
Teilezahl: 746
Figuren: 2 Eisenbahner, 1 Koch, 7 Fahrgäste
Verpackung: Aufklappschachtel, Styropor, mit Innenschalen (2-mal transparent, 2-mal grün) und Kunststoffabdeckung (Größe: 58,8 × 31,5 × 9,5 cm, Gewicht: 2380 g)
Bauanleitung: DIN-A4-Hochformat, geheftet, 20 Seiten, Anleitungen für Haupt- und Alternativmodell, Schienenreinigung, Kurzschlusshinweis, Gleispläne und Informationsblatt zur Entstörungsschiene (117983a)
Aufkleber: 1 Bogen

Copyright: Werner Brutzer

Der TEE-Personenzug #7740 ist auch über die Eisenbahnersphäre hinaus eins der bekanntesten LEGO-Sets. Mit über 750 Bauteilen war es 1980 das größte LEGO-Set. Die Größe und Ausstattung dieses damaligen Flagschiffsets war beeindruckend: eine E-Lok mit Beleuchtung, ein Passagier- und ein Speisewagen, alle auf der damals neuen 6 × 28 großen Zuggrundplatte aufgebaut. Dazu ein langer Bahnsteig mit Sitzbank und Fahrplan, ein 12-V-Schienenoval und 10 Minifiguren, die im #7740 arbeiten oder reisen.

Das Design und die Farbgebung in Gelb-Rot lassen unschwer die Nähe zum Vorbild, dem damaligen TEE der Deutschen

Bundesbahn (DB), erkennen. Das LEGO-Universum kannte damals noch nicht so viele Farben wie heute, und so wurde die beige-dunkelrote Farbgebung des Vorbilds im Spielzeugmodell in Gelb-Rot umgesetzt. Auch die Formensprache ist deutlich reduziert, aber die Verwandtschaft zur E-Lok der Baureihe 103 ist unverkennbar.

Die Lok und die Wagen haben abnehmbare Dächer, hier kommen die neuen 1 × 8 Fliesen in Gelb erstmalig zum Einsatz. An der Lok werden die neuen Eisenbahntüren mit alten 2 × 2 Fenstern in Gelb und Hellgrau kombiniert. Die gebauten Pantografen sitzen auf roten 1 × 2 Platten, die die Isolatoren darstellen. Dieses einfache Design der Pantografen hat sich in das Gehirn vieler LEGO-Eisenbahn-Fans eingebrannt und ist unverkennbar mit der Grauen Ära verbunden.

#7740 vereint eine ganze Reihe von damals neuen und heute immer noch seltenen Teilen in einem Set. Neu sind damals unter anderem runde transparente 1 × 1 Platten, runde 2 × 2 Platten, die 1 × 8 Fliesen und Sitze für die Minifiguren – alles auch in #7740 zu finden. Einzigartig in diesem Set sind die zehn hellgrauen 2 × 2 Fenster. Die 33°-Dachsteine in der Größe 3 × 3 in Gelb tauchen ab Ende der 1990er-Jahre noch in zwei weiteren Katalogsets auf. Die gelben 33°-Dachaußenecken tauchen erst nach 45 Jahren wieder in Set #75414 auf.

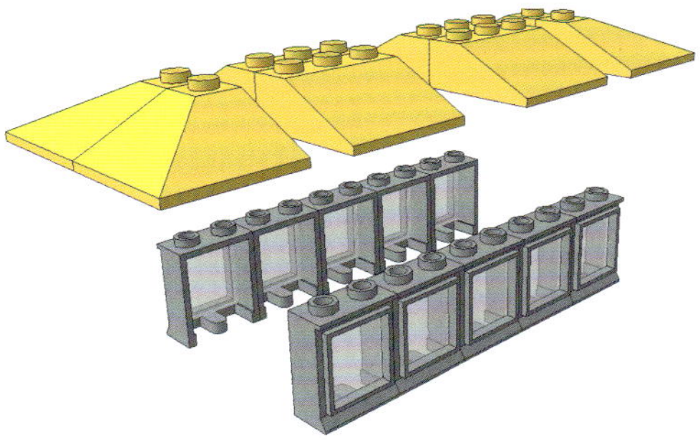

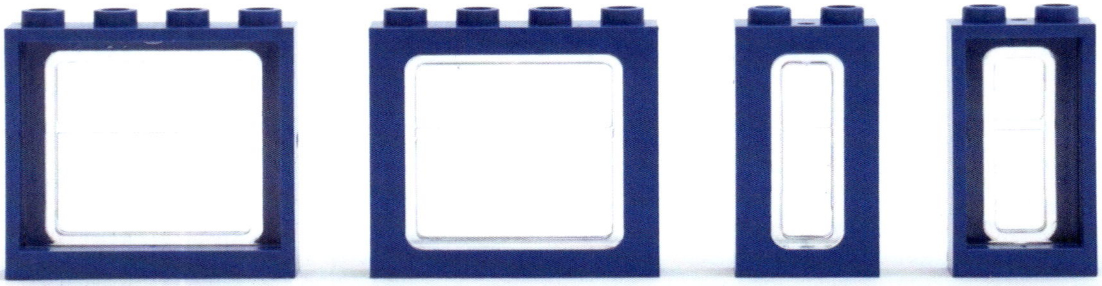

Kurz erklärt

Eisenbahnfenster und Eisenbahntüren

Eine wesentliche Neuerung der Grauen Ära sind die eisenbahnspezifischen Fenster und Türen mit ihrem typischen Glaseinsatz mit den runden Ecken und dem quer liegenden Steg. Die Minifiguren sollten angenehm reisen und bequem ein- und aussteigen können. Diese Fenster und Türen waren in großer Stückzahl in Personenzügen zu finden, kamen aber auch in Güterzügen zum Einsatz. Die Türen, die eine linke (4181) und rechte Variante (4182) kennen, sind aus einfarbigem Kunststoff und teilweise zusätzlich im unteren Bereich mit der Sekundärfarbe des jeweiligen Sets bedruckt. Somit sind diese bedruckten Türen in einem großen Haufen unsortierter LEGO-Steine ein gutes Indiz für ein bestimmtes Eisenbahnset. Die Fenster gibt es in einer vier Noppen breiten (4033) und in einer schmaleren zwei Noppen breiten (4035) Variante. Der jeweils passende Glaseinsatz wird von hinten in die Türen bzw. Fenster eingeklipst.

Diese Bauteile waren zum Teil noch im 9-V-Nachfolgesystem in einigen Sets verbaut. Personenwagen mussten aber immer mehr ohne Türen zum Öffnen und mit Fensterbändern aus Paneelen auskommen. Der Personenwagen des neuen Passagierzugs #60337 verwendet seit langer Zeit wieder richtige Türen zum Öffnen und Schließen. Die Eisenbahntüren und -fenster tauchen in homöopathischen Dosen auch immer mal wieder in anderen Sets auf. Transparente Glaseinsätze sind allerdings schon längere Zeit aus dem LEGO-Programm verschwunden. So waren die Glaseinsätze für Türen (4183) zuletzt 2007 in einem Set enthalten. Der transparente Einsatz (4036) für das schmale Fenster erschien zuletzt 2001 in der Wiederauflage des Metroliners #10001. Der breitere, transparente Fenstereinsatz (4034) war zuletzt 2011 immerhin noch 18-mal im Fahrenden Ritter

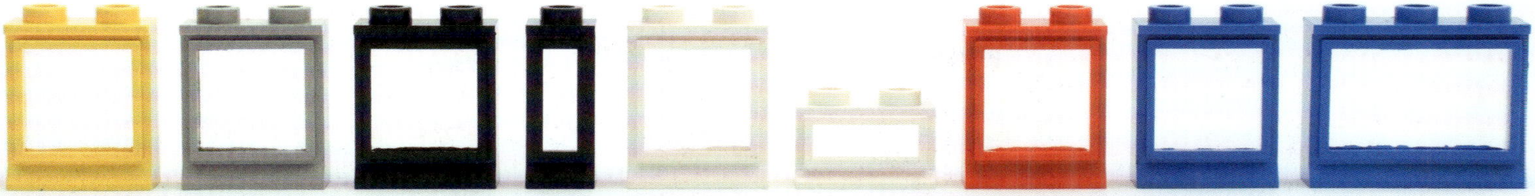

#4866 enthalten. Auf dem Secondhand-Markt sind diese Glaseinsätze mittlerweile sehr teuer, und der Griff zum fernöstlichen Mitbewerber ist nur allzu verständlich.

Klassische Fenster und Türen

Neben diesen eisenbahnspezifischen Fenstern wurden auch ältere Fensterformen aus den 1970er-Jahren weiterverwendet. Einige davon erschienen in Sets der Grauen Ära in exklusiven Farben. Kleine Fenster in den Abmessungen 1 × 2 (29) und 2 × 2 (7026) waren in Schwarz in wenigen Sets mit Dampfloks enthalten, graue 2 × 2 Fenster gab es nur in der Lok aus #7740. In Rot wurde dieses Fenster an der Lok aus #7720 und in Weiß am Güterwagen aus #7730 verwendet. Zwei blaue 2 × 2 Fenster sind in #7760 zu finden. Besonders exklusiv ist das 1 × 3 × 2 große Fenster (31) in Blau. Zwei dieser seltenen Fenster sind ausschließlich in der blauen Rangierlok #7760 enthalten.

Beim Bau des weißen Güterwagens aus #7730 verwendet man zusätzlich zwei kleine 1 × 2 (27) Fenster und die großen Türen (3644) mit ihren vertikalen Rillen. Diese Tür kam anfänglich in Rot auch in #7820 zum Einsatz, bis sie 1983 von den neuen Schiebetüren abgelöst wurde.

Weitere Fensterformen

Als Frontscheibe für viele Lokomotiven wurde die sechs Noppen breite Version (4176) der Standard-Autowindschutzscheibe (3823) der damaligen Zeit verwendet. Die breite Variante fand erst viel später auch in Lastkraftwagen Verwendung, als diese in den 1990er-Jahren über das typische vier Noppen breite Raster für Fahrzeuge hinauswuchsen.

In den Gebäuden der Grauen Ära wurden die jeweils zeitlich verfügbaren Fenster und Türen verbaut, wenn nötig wurden Eisenbahnfenster mit normalen Scheiben eingesetzt (#7824, #7866), später wurde die für den Flughafen-Tower erfundene Scheibe (4872) auch im Kranwagen #7817, im Kontrollhäuschen für den Bahnübergang #7835 und im Autoverladebahnhof #7839 eingesetzt.

7750 | 12-V-Dampflokomotive

Erscheinungsjahr:	1980
Name (Verpackung):	Elektrische Lokomotive
Name(n) (Kataloge):	12 V Schnellzuglokomotive (beleuchtet) mit Schlepptender | Dampflok 12 Volt | 12 Volt Schlepptender – Schnellzuglokomotive mit Licht und Bahnarbeitern
System:	12 V
Neupreis:	85,00 DM/88,00 DM/97,00 DM/750 ÖS
Altersempfehlung:	ab 8 Jahre
Verfügbar bis:	1982 (Nachfolgeset: 7755)
Kategorie:	Lokomotive
Teilezahl:	254
Figuren:	2 Eisenbahner
Verpackung:	Aufklappschachtel, Styropor, mit Innenschalen (2-mal transparent, 2-mal grün) und Kunststoffabdeckung (Größe: 38 × 23,2 × 7 cm, Gewicht: 981 g)
Bauanleitung:	Sonderformat 19 × 29,7 cm, geheftet, 20 Seiten, Anleitungen für Haupt- und Alternativmodell, Schienenreinigung, Kurzschlusshinweis, Gleispläne
Aufkleber:	1 Bogen

Die große 12-V-Dampflok #7750 genießt absoluten Kultstatus und wird heute auf dem Gebrauchtmarkt teuer gehandelt. Dampfloks dürfen in einer Spielzeugeisenbahnwelt nicht fehlen, und so spendierten die LEGO-Designer der Grauen Ära mit der #7750 eine große Dampflok mit Schlepptender als Einzellokomotive. Die vier Achsen der Lok haben keinen Antrieb und sind mit großen 29-mm-Eisenbahnrädern ausgestattet. Für den Vortrieb im LEGO-Modell sorgt der Eisenbahnmotor, der im Tender verbaut ist. Ein reales Vorbild hat die #7750 nicht, gewisse Ähnlichkeiten weist die Mallet-Lok der Harzer Schmalspurbahn auf.

Ihre Größe erfordert eine aus Platten und Technic-Platten gebaute Grundplatte, die große Wassertanks und einen lan-

gen, aus Dachsteinen gebauten Kessel tragen. Die beiden Drehgestelle mit den 29 mm großen Rädern werden von 2 × 8 Technic-Platten gehalten. Vier elegant geschwungene Schläuche, zwei große Dampfdome und die geräumige Kabine prägen das Bild dieser Lok. Einzig der dünne Schornstein aus einem runden 1 × 1 Stein mag nicht so ganz ins Bild passen. Ein funktionsfähiges Licht, wie es von Haus aus 1980 nur noch in #7740 verbaut war, darf natürlich nicht fehlen.

Am Tender fallen die neuen kleinen Leitern ins Auge, insgesamt sechs Stück in Schwarz und Rot werden hier verbaut. Unauffällig sind dagegen die beiden schwarzen Gewichtsteine. Zwei Eisenbahner arbeiten auf der #7750.

Passende Aufkleber mit der Setnummer, dem DB-Keks und den technischen Daten am Tender runden das stimmige Gesamterscheinungsbild ab.

Damit die Bauanleitung ohne Knick am Boden des Styroporkartons Platz finden konnte, wurde ein Sonderformat verwendet. Auf der Verpackung sind weitere Alternativmodelle abgebildet, es bedarf etwas Fantasie, um diese Varianten nur anhand eines Fotos nachbauen zu können. Bemerkenswert an diesen Fotos sind die Prototypen der großen Eisenbahnräder mit sichtbaren Speichen. Diese Vorversion ist nie in Produktion gegangen.

Kaum ein LEGO-Set versammelt so viele seltene und einmalige Bauteile wie die #7750: roter Eisenbahnmotor, rote Puffer, große Eisenbahnräder mit 29 mm Durchmesser, schwarze 1 × 2 und 2 × 2 Fenster, schwarze 1 × 2 Steine mit Kabeldurchführung und zwei rote 4 × 6 Drehplatten mit 7 mm langem Pin.

Erscheinungsjahr und Markteinführung

Kurz erklärt

Die Graue Ära wurde Anfang der 1980er-Jahre nicht zeitgleich in allen Märkten eingeführt. Die D-A-CH-Region (Deutschland, Österreich und Schweiz) sowie Belgien und die Niederlande waren 1980 die ersten Länder, in denen das neue Eisenbahnsystem eingeführt wurde. Die Hauptkataloge anderer Länder wie die der vier skandinavischen Staaten (Dänemark, Norwegen, Schweden und Finnland), Frankreich, Italien, Großbritannien und Australien aus dem Jahr 1980 zeigen noch Sets der Blauen Ära, dort war die Graue Ära erst ab 1981 erhältlich.

Einige Sets der Grauen Ära erschienen in verschiedenen Ländern erst viel später (oder gar nicht). So unterscheiden sich die deutsche (93070 D) und englisch-italienisch-französische Variante (EU III 110179/110279 UK/I/F) des Eisenbahnkatalogs von 1981 darin, dass Sets wie #7730, #7750, #7760, #7810, #7818 und #7820 nur in der deutschen Version des Katalogs aufgeführt sind, was auf die Verfügbarkeit in den jeweiligen Ländern schließen lässt. Eine absolut verlässliche Aussage über die Verfügbarkeit dieser Sets in Großbritannien, Frankreich und Italien lässt sich daraus aber nicht ableiten.

Mit der Neueinführung der Grauen Ära in den europäischen Hauptmärkten erschienen gleich im ersten Jahr 1980 insgesamt 28 der 49 Sets dieser Epoche. Diese große Zahl erklärt sich auch durch das reichhaltige Zubehör wie Schienenpackungen für das 4,5-V- und 12-V-System, das dann über viele Jahre im Programm blieb.

1981 folgten als Nachzügler der ersten Phase der Zug #7725, die ferngesteuerte Entkupplungsanlage #7862 und das Ideenbuch #7777.

Schon 1983 folgte die zweite, kleinere Phase mit einem vollen Sortiment aus neun Sets: Zugset #7727, Diesellok #7755 und zahlreiche Wagen, der ferngesteuerte Bahnübergang #7866 und Gebäude sowie die Lichtmasten #7867.

Weitere sechs Sets erschienen 1985, wieder als volles Sortiment vom Schiebezug #7715 über den 4,5-V-Güterzug #7722 bis hin zu den 12-V-Zugsets #7735 und #7745. Der Kranwagen #7817 und der Bahnübergang #7835 vervollständigten diese dritte Phase.

Zum Ende der Grauen Ära erschienen 1986 noch der zweite Shell-Wagen #7813, der Containerbahnhof #7823 und der Autotransporter #7839.

Einige Sets erschienen 1989 mit gleichem Inhalt, aber in veränderten Verpackungen. Diese Verpackungsvarianten kann man am Aufdruck »© 1989« an der Unterseite gut identifizieren.

Bis zur Ablösung durch das 9-V-System waren die späteren Sets bis ca. 1991 im regulären Spielwarenhandel erhältlich. Bis in die 2000er-Jahre konnten LEGO-Sammler in kleinen, dörflichen Spielzeuggeschäften immer mal wieder nicht verkaufte alte LEGO-Sets aufspüren und ihrer Sammlung zuführen.

Zum Start der Grauen Ära erschien ein eigener LEGO-Eisenbahnkatalog (99780-D bzw. EU II 107581/107681 D/F/NL) mit 16 Seiten

US-amerikanischer Markt

Eine Sonderstellung unter den Verkaufsmärkten für die LEGO-Eisenbahn der 1980er-Jahre nehmen die Vereinigten Staaten von Amerika ein. Dort waren lediglich 4,5-V-Sets erhältlich, 12 V wurde gar nicht angeboten. Das lässt sich vielleicht damit erklären, dass der Universaltransformator #7864 nur für eine Eingangsspannung von 220 V ausgelegt war und nicht für die in den USA üblichen 110 V. Einen auf 110 V angepassten Transformator von LEGO gab es aber nie. Ein anderer Grund für die Nichtverfügbarkeit der 12-V-Eisenbahn könnte eine verweigerte Zulassung als Spielzeug durch die US-Behörden gewesen sein.

Auch der kulturelle Aspekt, dass Eisenbahnen im wirklichen Leben und als Spielzeug für Kinder in den Vereinigten Staaten von Amerika keine besondere Bedeutung hatten, kann eine Erklärung sein, warum das dort angebotene LEGO-Eisenbahnprogramm im Vergleich zu Europa sehr mager ausfiel. Weite Strecken wurden und werden hauptsächlich mit dem Flugzeug zurückgelegt, und einen öffentlichen Personennahverkehr, wie man ihn hierzulande aus Ballungsräumen kennt, konnte sich in den USA gegen die übermächtige Verbreitung des Individualverkehrs nie durchsetzen. Und letztendlich ist der Spielwarenmarkt ein guter Spiegel der Gesellschaft.

Der Vertrieb der wenigen in den USA angebotenen Eisenbahnsets erfolgte über den damals dort schon üblichen direkten Verkaufskanal »*Shop at Home Service*« von LEGO an seine Endkunden. Entsprechende Kataloge, die in der Scan-Bibliothek auf *www.brickset.com* zu finden sind, zeugen davon.

So zeigt beispielsweise der Katalog »*LEGO Battery Operated Train System*« von 1982 nur den Batteriezug #7720, die Wagen #7814, #7818, #7820 und das 4,5-V-Schienenmaterial (#7850, #7851, #7852 und #7853).

Im »*Shop at Home Service*«-Katalog von 1987 werden der 4,5-V-Zug #7722 und die Infrastruktursets #7823, #7824, #7835 und #7839 gezeigt. Wie der US-amerikanische AFOL *jet_flap* berichtet, war er als Kind sehr von den Stromschienen in #7823 und #7839 überrascht und hoffte – nichts ahnend von den 12-V-Sets im europäischen Ausland – auf eine Weiterentwicklung der Antriebstechnik.

Zwei Jahre später schafften es auch der Schiebezug #7715, der Shell-Tankwagen #7813 und der Kranwagen #7817 in den US-Katalog. Kurios ist der Anblick der 12-V-Kreuzung #7857 auf Seite 26 dieses Katalogs. Ende der 1980er-Jahre war die 4,5-V-Kreuzung #7853 schon lange nicht mehr verfügbar und so entschied man sich wohl, das 12-V-Pendant auch in Nordamerika anzubieten. Vielleicht war das auch der Grund, das Verpackungsdesign zu ändern?

Die Sonderstellung des US-amerikanischen Marktes endete mit der Einführung des 9-V-Systems. Ab den 1990er-Jahren war das volle LEGO-Eisenbahnprogramm auch jenseits des großen Teichs auf einem für LEGO immer mehr an Bedeutung gewinnenden Markt verfügbar.

Faltblatt »LEGO Battery Operated Train System« von 1982

»Shop at Home Service«, Katalog von 1989

Bauanleitungen

Kurz erklärt

Neben den Steinen des jeweiligen Sets gehört die Bauanleitung – als Besitzurkunde – mit zu jeder vollständigen Sammlung. Natürlich findet man online Scans oder Downloads zu (fast) jedem LEGO-Set, aber ein Stück geheftetes oder gefaltetes Papier kann das nicht ersetzen. Risse, Knicke oder die leider viel zu oft anzutreffenden Löcher zum besseren Abheften im Aktenordner sind nur einige wertmindernde Faktoren für gebrauchte, originale LEGO-Bauanleitungen.

Die Bauanleitungen der Grauen-Ära-Sets entsprechen ihrer Zeit und sind im Vergleich zu heutigen Bauanleitungen sehr kompakt. Es müssen schon ein paar mehr Steine pro Bauschritt verbaut werden. Der zusätzliche Kasten, der anzeigt, welche Bauteile pro Schritt benötigt werden, ist hier nicht zu finden. Diese Besonderheit blieb zunächst den LEGO-Technic-Sets vorbehalten. Auch Teilelisten am Ende der Bauanleitung waren zu dieser Zeit noch unbekannt.

Oft enthält die Bauanleitung Anleitungen für alternative Modelle und gibt Tipps zum Gleisaufbau, Motoreinbau oder Reinigung der 12-V-Stromführungen. Das häufigste Format sind kleine Hefte im DIN-A5-Hochformat, größere Sets wurden mit Bauanleitungen im DIN-A4-Hochformat ausgestattet. In kleineren Sets und den Zubehörsets sind entsprechend kleinere, gefaltete bzw. geheftete Formate zu finden. Neben der Bauanleitung wurde den Schachteln immer auch ein Faltblatt oder ein Katalog beigelegt.

Bei genauerem Hinsehen entdeckt man unter den Bauanleitungen auch Varianten. Beispielsweise zeigen zwei Bauanleitungen zum Set #7745 unterschiedliche Steckertypen, die an den Kabeln verbaut waren, die durch den Zug führen.

Aufkleberbogen und Marken

Ein Aufkleberbogen war in vielen Sets der Grauen Ära zu finden. Bedruckte, eisenbahnspezifische Steine sind aus dieser Zeit hingegen kaum bekannt. Neben der Setnummer sind Aufkleber verschiedener europäischer Eisenbahngesellschaften die häufigsten Motive. Entsprechend seines Heimatlands konnte man zwischen folgenden Eisenbahngesellschaften wählen: (B), British Rail, DB, DSB, FS, NS, NSB, ÖBB, SBB, SJ, SNCF und VR. Auf denen in Deutschland auf dem Secondhand-Markt angebotenen Aufkleberbögen fehlen in der Regel die DB-Aufkleber. Nur selten findet man noch vollständige Aufkleberbögen. Weitere Aufklebermotive waren Fahrpläne, Kelle, Städteverbindungen und zahlreiche gelb-schwarz gestreifte Sicherheitsaufkleber.

Besonders gefährdet sind Aufkleber, die über mehrere, zusammengebaute LEGO-Teile hinweg geklebt wurden. Wurden solche Modelle nach dem ersten Aufbau wieder auseinandergenommen oder umgebaut, sind die Aufkleber meist verloren gegangen.

Insbesondere die weißen Aufdrucke auf transparenter Folie lassen sich mit einer üblichen Homeoffice-Drucker-Ausstattung nicht selbst herstellen. Hier bietet der Markt aber guten Ersatz, und Repro-Aufkleber sind für nahezu jedes LEGO-Set zu finden.

Weitere Marken, die in Form von Aufklebern auf Graue-Ära-Sets gezeigt werden, sind Shell und die LEGO-eigene Post und Spedition.

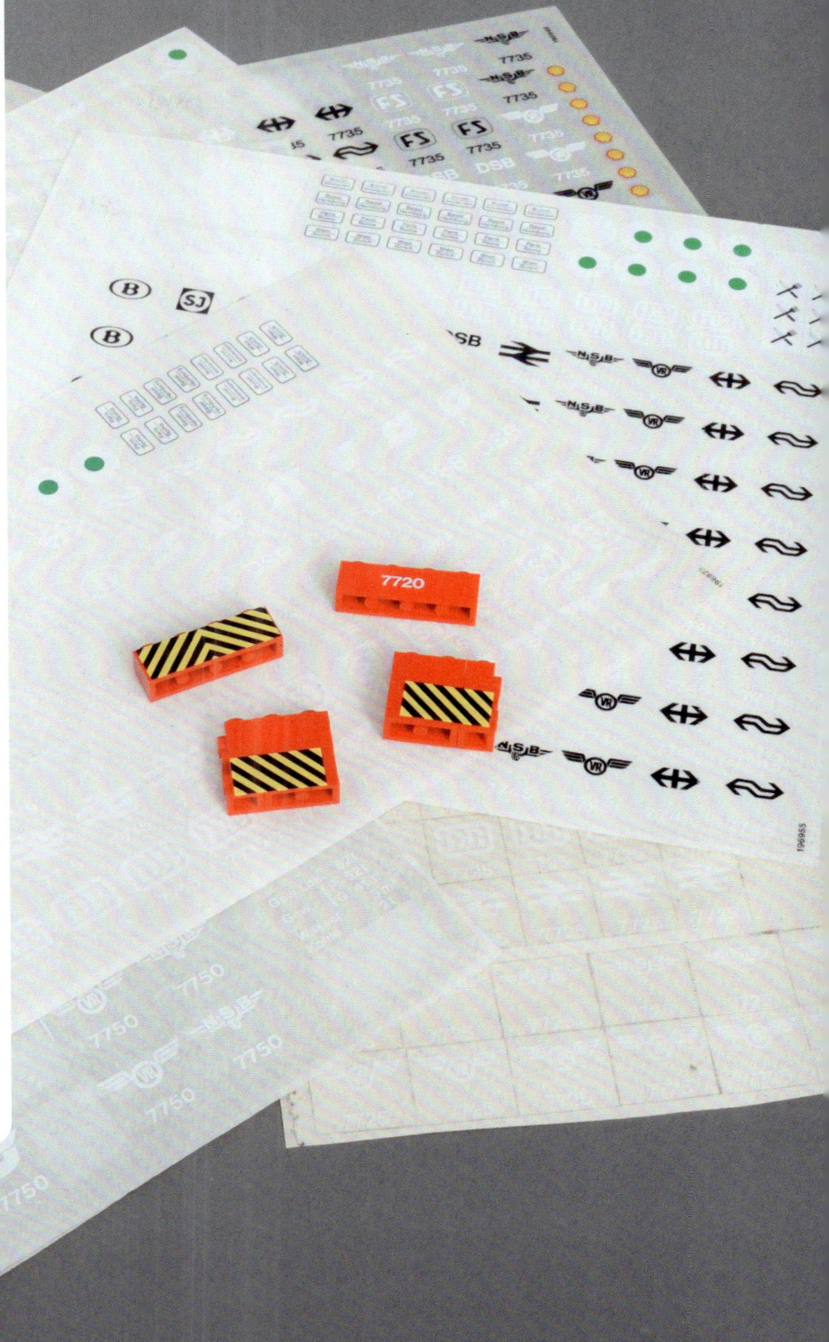

7760 | 12-V-Rangierlokomotive

Erscheinungsjahr: 1980
Name (Verpackung): Elektrische Diesellokomotive
Name(n) (Kataloge): 12 V Lokomotive | Lokomotive 12 Volt, mit Figuren | 12 Volt Diesel-Rangier-Lokomotive mit Lokführer und Mechaniker
System: 12 V
Neupreis: 55,00 DM/59,00 DM
Altersempfehlung: ab 8 Jahre
Verfügbar bis: 1982 (Nachfolgeset: 7755)
Kategorie: Lokomotive
Teilezahl: 144

Figuren: 2 Eisenbahner
Verpackung: Aufklappschachtel, Styropor, mit Innenschale und Kunststoffabdeckung (Größe: 31,4 × 19 × 5,5 cm, Gewicht: 647 g)
Bauanleitung: DIN-A5-Hochformat, geheftet, 16 Seiten, Anleitungen für Haupt- und Alternativmodell, Schienenreinigung, Kurzschlusshinweis, Gleispläne
Aufkleber: 1 Bogen

Als Vorbild der kleinen blauen Diesel-Rangierlokomotive mag die Baureihe V 60 der DB gedient haben: drei Achsen, mit einer Kuppelstange verbunden und ein nach hinten versetztes Führerhäuschen. Damit enden aber schon die Gemeinsamkeiten, und LEGO konzentriert sich auf den Spielzeugaspekt. Hinter den blauen Eisenbahntüren und den blauen Fenstern verrichtet eine Eisenbahner-Minifigur ihren Dienst, der Kollege mit Schutzhelm und nicht beklebter gelber Warnweste findet während des Rangierbetriebs auf einer der vier kleinen Leitern Platz. Die blauen Fensterläden und die gelb-schwarzen Aufkleber rund um die Lichter verleihen dieser kleinen Lok ihren ganz eigenen Rangierlok-Charme.

Kein Set der ersten Phase der Grauen Ära ohne besondere Bauteile! In #7760 sind es die beiden blauen Gewichtsteine und die beiden blauen Fenster in der Größe 1 × 3 × 2, die nur in diesem Set enthalten sind. Das Dach wird aus vier 33° 3 × 3 Dachsteinen in Hellgrau gebaut, diese tauchen ein Jahr später nur noch in #7725 und 2003 noch einmal in #10129 auf.

7810 | Dampflokomotive ohne Motor

Erscheinungsjahr:	1980
Name (Verpackung):	Lokomotive ohne Motor
Name(n) (Kataloge):	Dampflokomotive (ohne Motor) | Dampflokomotive (ohne Motor) mit Lokführer
System:	4,5 V
Neupreis:	29,75 DM/210 ÖS
Altersempfehlung:	ab 6 Jahre
Verfügbar bis:	1982
Kategorie:	Lokomotive
Teilezahl:	91
Figuren:	1 Eisenbahner
Verpackung:	Aufklappschachtel mit abgerundetem Innenkarton (Größe: 19 × 12,7 × 6,3 cm, Gewicht: 297 g)
Bauanleitung:	Faltblatt 13,5 × 13,5 cm (2 × 4 Quadrate), Anleitungen für Haupt- und Alternativmodell
Aufkleber:	1 Bogen

Ohne Motor und Licht war die Dampflok #7810 vergleichsweise günstig, hat aber auch nicht sonderlich viel zu bieten. Die seitlichen, roten Leitern führen jedenfalls nicht in die Kabine, diese wird durch die große hintere Öffnung erreicht. Das Fahrgestell und die Dampfzylinder aus Dachsteinen sind bewusst einfach gehalten, da hier ein Einbau des 12-V-Eisenbahnmotors #7865 vorgesehen war. Ein Eisenbahner als Lokführer gehört zu diesem Set.

Die Verpackung bietet Platz für die zusammengebaute Lok. Sie verwendet den abgerundeten Innenkarton, der ein einfaches Auf- und Zuklappen der Box ermöglicht, ohne diese allzu sehr in Mitleidenschaft zu ziehen.

Einzige Besonderheit aus heutiger Sicht sind die vier schwarzen 2 × 2 Fenster, die den Nachbau aus dem eigenen Teilefundus erschweren und den Preis in die Höhe treiben.

2020 wurde die Lok als Set #40370 zum 40-jährigen Geburtstag der (grauen) LEGO-Eisenbahn neu aufgelegt. Dieses Set wurde als sogenanntes GWP (*Gift With Purchase*) von LEGO verschenkt, wenn man im Aktionszeitraum über einen gewissen Betrag eingekauft hat. Viele der damaligen Bauteile, die aktuell nicht mehr produziert werden, wurden durch aktuelle Bauteile ersetzt, auf die Magnetkupplung wurde komplett verzichtet.

Verpackungen

LEGO hat dem Design seiner Verpackungen in der Vergangenheit große Aufmerksamkeit geschenkt. Es gab noch keine Influencer, die wohlwollend bis kritisch die aktuellen Sets einer breiten Masse vorstellen, und so mussten Kunden im Ladengeschäft mit herausragenden Verpackungen zum Kauf animiert werden. Das LEGO-Logo hatte und hat weltweit einen der höchsten Bekanntheitsgrade für ein Markenlogo und fehlt auf kaum einer Seite der Verpackung.

Die Verpackungen der Eisenbahnsets waren zudem so konzipiert, dass das aufgebaute oder teilzerlegte Set nach dem Spiel wieder darin verstaut werden und die Verpackung als Aufbewahrungsschachtel genutzt

Kurz erklärt

werden konnte. Dies mag erklären, warum auch heute – über 40 Jahre nach Erscheinen dieser Sets – verhältnismäßig häufig originale Verpackungen auf dem Secondhand-Markt zu finden sind.

Die großen Zugsets der ersten Phase (#7720, #7730, #7740, #7750 und #7760 – nicht aber #7710) wurden 1980 in aufwendigen Verpackungen angeboten. Der Deckel der Schachtel konnte geöffnet werden und gab den Blick ins Innere frei. Unter einer verklebten, durchsichtigen Kunststoffabdeckung wurden besondere Bauteile präsentiert, die in Tütchen eingeschweißten restlichen Teile fanden in weiteren Kunststoffbehältern Platz. Die Bauanleitung, der Aufkleberbogen und ein aktueller Produktkatalog lagen vor Beschädigungen geschützt am Boden der Schachtel. Eine Styroporwanne gab der ganzen Verpackung zusätzlich Halt und unterstrich den Anspruch einer Premiumverpackung für ein Premiumprodukt.

Logistisch muss es eine Herausforderung gewesen sein, solche nicht faltbaren, großen Verpackungen vorzuhalten, bis diese schließlich mit den frischen LEGO-Steinen gefüllt wurden. In heutigen, optimierten Produktionsprozessen werden Faltschachteln erst kurz vor der Befüllung aufgefaltet und nehmen vorher wenig Platz in Anspruch.

Styroporeinsätze wurden auch in Zubehörschachteln eingesetzt und dienten hier wohl eher der Aufbewahrung als der Warenpräsentation. Schachteln mit Schuber zum seitlichen Aufschieben oder Deckel zum Aufklappen waren zusätzlich

durch eine Cellophanfolie geschützt und garantierten so die Vollständigkeit der Bausätze bis zur Zerstörung dieser äußeren Schutzhülle.

Immer wieder faszinierend sind die aufklappbaren Schachteln der ersten zusätzlichen Wagensets (z. B. #7816). Durch die abgerundete Innenschachtel klappt der Deckel widerstandsfrei auf und zu. Viel Aufwand für ein verstecktes Detail einer an sich einfachen Pappschachtel. Aber genau solche Details unterstreichen die Besonderheit der Sets dieser Zeit: wohldurchdacht bis in die Verpackung und seitdem in diesem Detailgrad nie wieder erreicht.

7814 | Kranwagen

Erscheinungsjahr: 1980
Name (Verpackung): Kranwagen mit drehbarem Kran
Name(n) (Kataloge): Kranwagen für Gleis- und Brückenbau und 2 Bahnarbeiter | Kranwagen mit drehbarem Kran
System: 4,5 V
Neupreis: 42,00 DM/300 ÖS
Altersempfehlung: ab 6 Jahre
Verfügbar bis: 1984 (Nachfolgeset: 7817)
Kategorie: Einzelwagen
Teilezahl: 105

Figuren: 2 Eisenbahner
Verpackung: Aufklappschachtel mit abgerundetem Innenkarton (Größe: 26 × 12,7 × 6,3 cm, Gewicht: 314 g)
Bauanleitung: Faltblatt 13,5 × 13,5 cm (2 × 4 Quadrate), Anleitungen für Haupt- und Alternativmodell

Ein Eisenbahnkran darf auf keiner Modelleisenbahnanlage fehlen. Auf einer großen 6 × 28 Eisenbahngrundplatte ist ein drehbarer Kran montiert. Während der Fahrt wird der Kranarm von einer speziellen Halterung fixiert, diese nimmt auch den roten Kranhaken auf, und somit ist alles gut und sicher verstaut. Der Arbeitsplatz des Kranführers ist ziemlich luftig, dafür sitzt dieser auf einem roten Minifigur-Sitz, der 1980 ein neues Bauteil war. Von hinten wird er vom ebenfalls neuen Bauteil Schutzbügel mit zwei Noppen geschützt. Vier neue, graue, kleine Leitern erleichtern den beiden Eisenbahnern den Zugang zur großen Plattform.

Ins Auge fallen die beiden damals ebenfalls neuen Gittermasten, aus denen der Kranarm gebaut ist. Zwei Seilwinden sorgen für Bewegung und heben und senken den Kranarm sowie den Kranhaken. Die Seilwinde zur Steuerung des Kranarms ist ziemlich direkt und muss daher mit Vorsicht bedient werden.

Die Bauanleitung und die Verpackungsrückseite zeigen das Alternativmodell eines stationären Krans und einen Flachwagen, der die übrig gebliebenen Teile transportiert. Der Innenkarton ist abgerundet.

7816 | Shell-Tankwagen

Erscheinungsjahr:	1980
Name (Verpackung):	Shell-Tankwagen
Name(n) (Kataloge):	Shell-Tankwagen mit Figur | Shell-Tankwagen | Shell - Allzweckkesselwagen mit Bahnarbeiter
System:	4,5 V
Neupreis:	27,00 DM/190 ÖS
Altersempfehlung:	ab 6 Jahre
Verfügbar bis:	1982 (Nachfolgeset: 7813)
Kategorie:	Einzelwagen
Teilezahl:	112
Figuren:	1 Shell-Mitarbeiter
Verpackung:	Aufklappschachtel mit abgerundetem Innenkarton (Größe: 19 × 12,8 × 6,3 cm, Gewicht: 282 g)
Bauanleitung:	Faltblatt 13,5 × 13,5 cm (2 × 4 Quadrate), Anleitungen für Haupt- und Alternativmodell
Aufkleber:	1 Bogen

Die Idee eines Tankwagens war nicht neu, und so ersetzte #7816 den Shell-Tankwagen #136 aus der Blauen Ära. Abgerundete Steine waren noch nicht erfunden, und so wurde der Kessel aus normalen und negativen 45°-Dachsteinen gebaut. Die roten Leitern, die Verschlüsse aus runden 2 × 2 Platten und die beiden seitlich angebrachten Schläuche sorgen für die Details. Eine Shell-Minifigur mit Shell-Aufkleber auf dem Torso ist als einziges Zubehör enthalten.

Die Kooperation zwischen LEGO und dem Mineralölkonzern Shell bestand noch bis Anfang der 1990er-Jahre. Dann erfolgte die Ablösung durch die Fantasiemarke Octan.

Der Zahn der Zeit nagt bei diesem Set insbesondere an den Aufklebern auf dem Tankwagen und des Torsos der Minifigur. Sets mit einigermaßen farbechten Aufklebern zu finden, ist eine Seltenheit.

7818 | Personenwagen

Erscheinungsjahr:	1980
Name (Verpackung):	Personenwagen mit Türen zum Öffnen
Name(n) (Kataloge):	Passagierwagen mit Fahrgästen | Personenwagen mit Figuren
System:	4,5 V
Neupreis:	30,00 DM/210 ÖS
Altersempfehlung:	ab 6 Jahre
Verfügbar bis:	1984
Kategorie:	Einzelwagen
Teilezahl:	110
Figuren:	2 Fahrgäste
Verpackung:	Aufklappschachtel mit abgerundetem Innenkarton (Größe: 19,2 × 12,9 × 6,3 cm, Gewicht: 315 g)
Bauanleitung:	Faltblatt 13,5 × 13,5 cm (2 × 4 Quadrate), Anleitungen für Haupt- und Alternativmodell
Aufkleber:	1 Bogen

Der Wagen mit der Setnummer #7818 ähnelt den Wagen aus #7710, allerdings kommt hier die Farbgebung Rot-Blau zum Einsatz. Am Dach werden drei neue runde 2 × 2 Platten verwendet. Interessant ist die asymmetrische Anordnung der Türen. Obwohl je eine linke und eine rechte Eisenbahntür enthalten sind, werden die Türen auf beiden Seiten des Wagens rechts neben den Fenstern eingebaut.

Auch in diesem zunächst eher unscheinbaren Set kam 1980 eine ganze Reihe von damals neuen Bauteilen zum Einsatz: schmale und normale Eisenbahnfenster, Eisenbahntüren, rote Eisenbahnräder, Puffer mit Magneten, 1 × 8 Fliesen, runde 2 × 2 Platten und gelbe Minifigur-Sitze.

7820 | Post- und Gepäckwagen

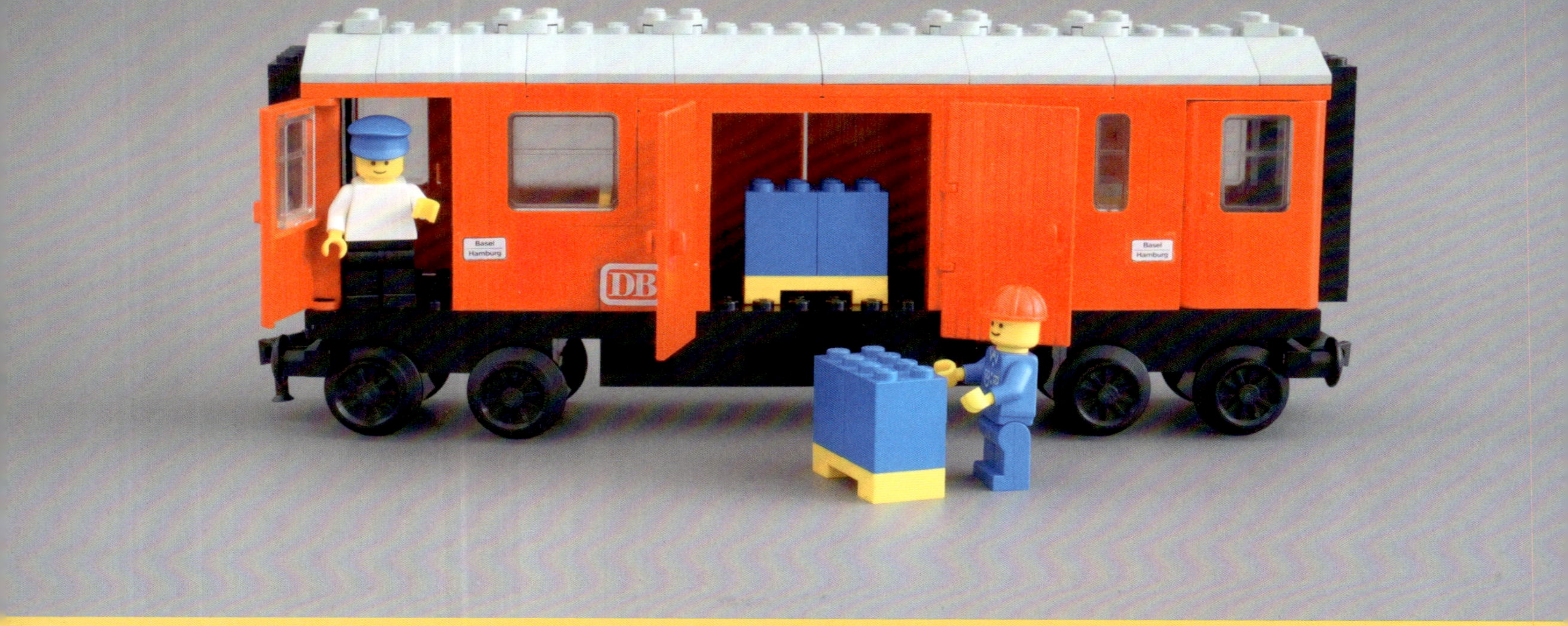

Erscheinungsjahr:	1980
Name (Verpackung):	Postwagen mit Türen zum Öffnen
Name(n) (Kataloge):	Postwagen mit Figuren | Post- und Gepäckwagen mit Frachtgut und Zugbegleitung
System:	4,5 V und 12 V
Neupreis:	42,00 DM/44,95 DM/300 ÖS
Altersempfehlung:	ab 6 Jahre
Verfügbar bis:	1982 (Nachfolgeset: 7819)
Kategorie:	Einzelwagen
Teilezahl:	204
Figuren:	1 Eisenbahner, 1 Postbeamter
Verpackung:	Aufklappschachtel mit abgerundetem Innenkarton (Größe: 26,2 × 12,9 × 6,3 cm, Gewicht: 440 g)
Bauanleitung:	Faltblatt 13,5 × 13,5 cm (2 × 4 Quadrate), Anleitungen für Haupt- und Alternativmodell
Aufkleber:	1 Bogen

Besonderes Merkmal des roten Post- und Gepäckwagens sind die großen seitlichen Türen, die in die passenden 1 × 2 × 1 Halter für Fensterläden oder eben Türen eingeklipst werden. Diese Türform erschien bereits 1976 und blieb dem Teilesortiment bis 2007 erhalten. In der LEGO-Eisenbahnwelt wurde diese Tür aber schon 1983 mit Erscheinen der neuen Schiebetür abgelöst.

Hinter dem großen Fenster verbergen sich zwei normale Sitzplätze, auf der anderen Seite findet man hinter den schmalen roten Fenstern einen gelben Schreibtisch und den direkten Zugang zum Gepäckraum. Das Dach ist zweigeteilt und abnehmbar und erlaubt das Spielen mit den beiden Figuren und den beiden Paletten mit Fracht.

Die DB-Aufkleber werden nicht wie sonst üblich an den Türen, sondern neben den großen mittleren Türen angebracht. Schaut man sich die Fotos auf der Verpackung zu #7820 genauer an, entdeckt man, dass die beiden Räder der Drehgestelle nicht wie in der Bauanleitung zu sehen 2 Noppen Abstand haben, sondern nur eine Noppe.

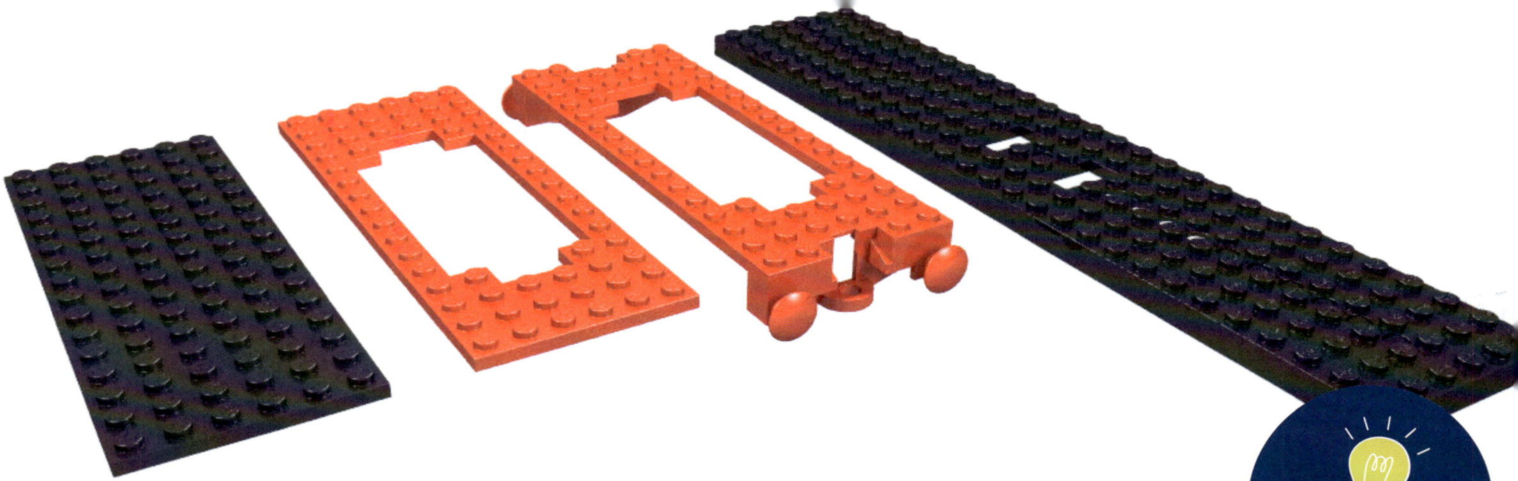

Kurz erklärt

Zuggrundplatten

Damit der Aufbau der verschiedenen Zug- und Wagensets gut gelingen kann, kommt meist eine Grundplatte zum Einsatz, auf die die Lok oder der Wagen aufgebaut wird. Als letzte Bauschritte werden die Räder oder Drehgestelle unter der Grundplatte angebracht. Die Sets der Grauen Ära verwenden dabei folgende Grundplatten:

- 6 × 28 Zugplatte (Teilenummer 4093b/4093d)
- 6 × 16 Platte mit Motorausschnitt und Puffer/Magnethalter (Teilenummer 4178)
- 6 × 16 Platte mit Motorausschnitt (Teilenummer 3058b)
- 6 × 16 Platte (Teilenummer 3027)

6 × 28 Zugplatte (Teilenummer 4093b/4093d)

Die Konstruktion der Drehgestelle und der Unterkonstruktion der großen Wagen wurde standardisiert und ist baugleich in vielen Sets der Grauen Ära zu finden. Den Anfang machten 1980 die Lok und Wagen aus #7740 und die beiden Einzelwagensets #7814 und #7820.

Die Zugplatte wurde speziell für große Loks und Wagen entwickelt und hat eine umlaufende, zwei Platten hohe Kante, die Platte an sich ist nur eine normale Plattenstärke dick. Dieses Prinzip erlaubt es den Drehplatten oder dem 12-V-Eisenbahnmotoren, sich unter der Platte zu drehen, gerade so viel, dass die großen Fahrzeuge durch die engen Kurven und Weichen kommen. Die zahlreichen Löcher in der Mitte der Platte erlauben eine genaue Positionierung der Drehgestelle. In der Mitte findet man zwei Aussparungen, durch die Kabel für Zugbeleuchtungen vom Motor nach oben geführt werden können.

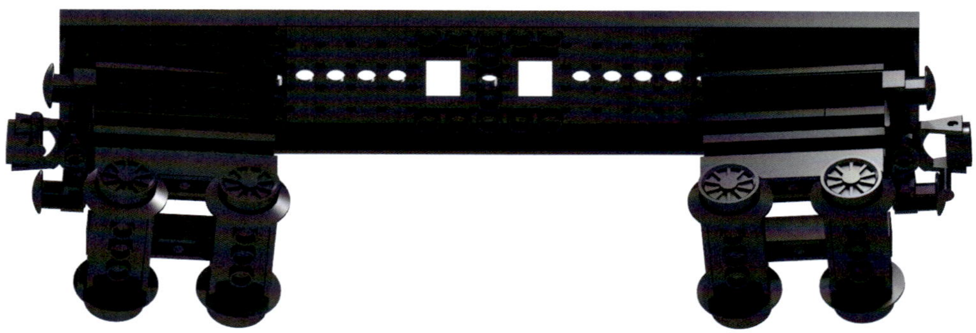

Bricklink unterscheidet diese Zugplatte anhand der Anzahl dieser Löcher und der Form der Aussparung. In den Sets der Grauen Ära waren die Varianten mit zehn (4093b) bzw. elf (4093d) Löchern auf jeder Seite in Schwarz enthalten. In späteren Eisenbahnepochen mussten größere Aussparungen verwendet werden, um die Power-Functions- oder Powered-Up-Kabel mit ihren dicken Steckern durchführen zu können, gleichzeitig wurde die Anzahl der Löcher reduziert. Nach Ende der Grauen Ära wurde die Zugplatte noch weiter in anderen Sets verwendet und in anderen Farben und in einer kürzeren, 24 Noppen langen Variante produziert.

6 × 16 Platte mit Motorausschnitt und Puffer/Magnethalter (Teilenummer 4178)

Die rote 6 × 16 Zuggrundplatte mit Puffern und Ausschnitt für einen Motor wurde 1980 im Set #7810 eingeführt und kam 1985 noch einmal in den Sets #7715 und #7722 zum Einsatz.

Die schwarze Variante dieses speziellen Bauteils war in den Sets #7710, #7720, #7725 und für den Autotransportwagen in #7839 enthalten. Als Servicetüte #1139/#5068 wurde diese Grundplatte zusammen mit zwei Magnetkupplungen angeboten. Im Blue Hopper #4536 aus dem 9-V-System kommt diese Grundplatte ein letztes Mal zum Einsatz, hier erlaubt der Ausschnitt das Entladen des Schüttguts.

6 × 16 Platte mit Motorausschnitt (Teilenummer 3058b)

Die 6 × 16 große Platte mit Motorausschnitt kommt in den Sets der Grauen Ära in Rot in #7727 und in Schwarz in #7735 vor.

6 × 16 Platte (Teilenummer 3027)

Für kompakte Personen- und Güterwagen wird eine reguläre schwarze 6 × 16 Platte verwendet. Die Unterkonstruktion der Räder, Puffer und Magnetkupplungen ist fast überall identisch, und wir Fans dieser Eisenbahnsets können sie ohne Bauanleitung zusammenbauen.

Kleinere Plattengrößen werden in den Sets #7730, #7750 und #7760 für die Loks verwendet.

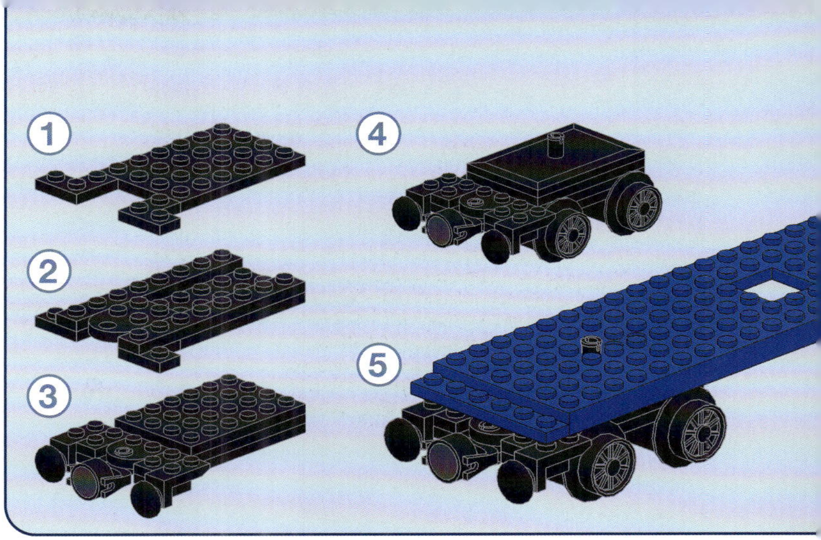

Zuggrundplatten verlängern

Die umlaufende Kante der 6 × 28 Zuggrundplatte verhindert, dass die Drehgestelle weiter auseinander positioniert werden können. Längere Wagen sind so kaum möglich. Die Puffer und Magnetkupplungen können aber weiter außen positioniert werden – wie diese Bauanleitungen zeigen.

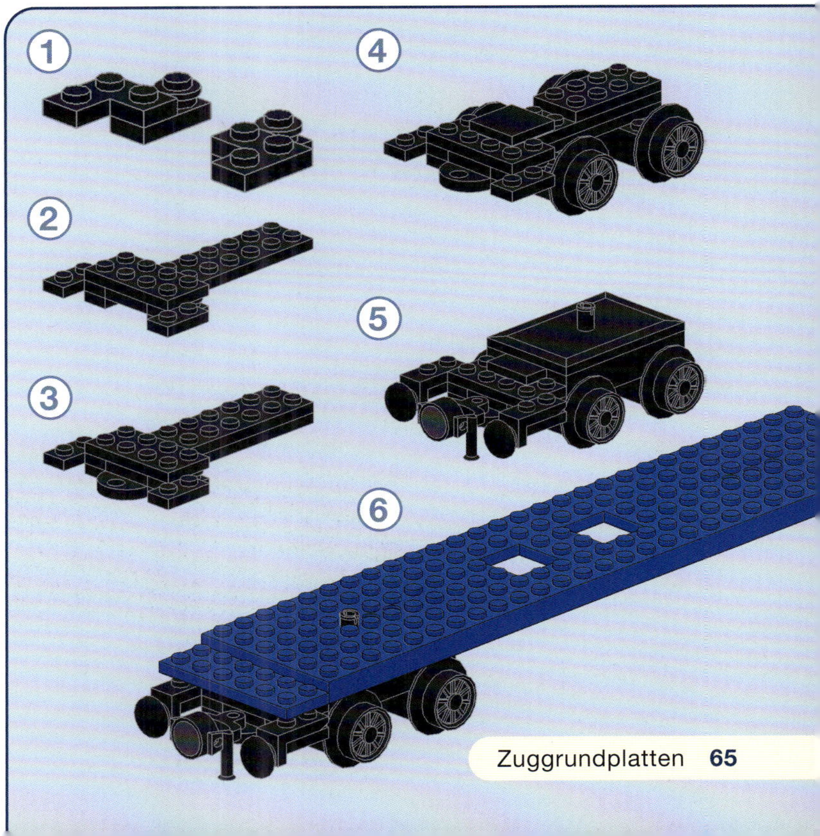

7822 | Bahnhof

Erscheinungsjahr:	1980
Name (Verpackung):	Bahnhof
Name(n) (Kataloge):	Bahnhof mit Brücke, Uhr, Bahnsteig, Lampen und Figuren | Bahnhofsgebäude | Bahnhof mit Bahnsteigen, Brücke, Normaluhr, Warteraum, Lampen, Schienen und Personal
System:	4,5 V und 12 V
Neupreis:	58,00 DM/65,90 DM/470 ÖS
Altersempfehlung:	ab 6 Jahre
Verfügbar bis:	1982 (Nachfolgeset: 7824)
Kategorie:	Infrastruktur
Teilezahl:	372
Figuren:	2 Eisenbahner, 1 Fahrgast
Verpackung:	Schachtel mit bedrucktem Schuber (Größe: 39 × 29 × 5,5 cm, Gewicht: 997 g)
Bauanleitung:	DIN-A4-Hochformat, geheftet, 8 Seiten, Anleitung für das Hauptmodell
Aufkleber:	2 Bögen (1 silbern gänzender Aufkleberbogen mit zwei Ziffernblättern, 1 Bogen mit zwei Fahrplan- und Signalkellenaufklebern)

Das Produktspektrum zu Beginn der Grauen Ära hatte aus dem Bereich Infrastruktur den Bahnhof #7822 und den Bahnübergang #7834 im Angebot. Auffällig ist die Fußgängerbrücke, die über ein Gleis zum zweiten Bahnsteig führt. Hinter der Brücke versteckt sich eine halb offene Gepäckaufbewahrung. Auf der linken Seite neben dem zentralen, überdachten Eingangsbereich befindet sich ein Fahrkartenschalter und ein überdachter Wartebereich. Am gegenüberliegenden Bahnsteig findet man eine Sitzbank, einen Fahrplan und zwei Lichtmasten, an denen jeweils zwei Lampenschirme hängen, die auf den Einbau von insgesamt vier Lichtsteinen warten. Blaue Zeiger und Ziffern auf der Normaluhr mit silbern glänzendem Hintergrund zeigen 10:35:12 an. Der Bahnhof bietet einen hohen Spielwert, wenngleich auch nur drei Minifiguren in diesem Set enthalten sind. Aber die einfahrenden Züge bringen ja genug Fahrgäste mit, die am Bahnhof aus- und umsteigen können.

Bemerkenswert ist die stattliche Anzahl von elf großen, grauen 6 × 24 Platten für Bahnsteige, für die Brücke und für die Flachdächer. Auf der Rückseite der Verpackung sind zwei alternative Modelle abgebildet.

7834 | Bahnübergang

Erscheinungsjahr: 1980
Name (Verpackung): Bahnübergang
Name(n) (Kataloge): Bahnübergang für 4,5 Volt und 12 Volt-Gleise | Beschrankter Bahnübergang mit Wärterhäuschen, Schrankenwärter und Schienen (für 4,5 Volt und 12 Volt Gleise) | Bahnübergang für 4,5 V und 12 V
System: 12 V
Neupreis: 28,50 DM/30,00 DM/31,00 DM/250 ÖS
Altersempfehlung: ab 6 Jahre
Verfügbar bis: 1984 (Nachfolgeset: 7835)
Kategorie: Infrastruktur
Teilezahl: 87
Figuren: 1 Bahnwärter
Verpackung: Schachtel mit bedrucktem Schuber (Größe: 26,4 × 26,2 × 4 cm, Gewicht: 410 g)
Bauanleitung: Faltblatt 13,5 × 13,5 cm (2 × 3 Quadrate), Anleitung für Hauptmodell

Mit dem neumodischen Begriff »Tiny House« kann man das Bahnwärterhäuschen aus Set #7834 beschreiben. Auf einer Grundfläche von nur 6 × 8 Noppen muss der Bahnwärter seinen Dienst absolvieren, immerhin stehen ihm ein moderner Dachstein-Computer und ein bequemer gelber Minifigur-Sitz zur Verfügung. Eine weitere gelbe Sitzgelegenheit lädt vor dem kleinen Häuschen zum Verweilen ein. Der Bahnübergang wird manuell bedient und ist wenig innovativ, hier wurde auf bereits vorhandene Bauteile zurückgegriffen. Eine Weiterentwicklung und Modernisierung erfolgte erst mit dem Nachfolgeset #7835 im Jahr 1985. Die große grüne Zypresse lockert das fade grau der Straße und des Bahnübergangs auf.

Die Verpackung ist für die noch nicht einmal 100 Bauteile verhältnismäßig groß, aber irgendwie muss die 32 × 32 Noppen große Straßenplatte ja auch verpackt werden.

Der Bahnübergang #7834 wird als 12-V-Set geführt, da zwei Stromführungen enthalten sind. Alternativ ist aber auch ein Aufbau für 4,5 V möglich, dazu wird in den Bahnübergang ein graues 2 × 14 Füllstück eingesetzt.

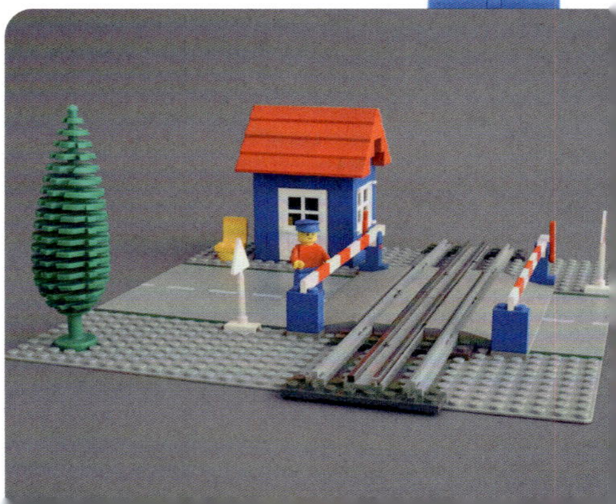

4,5-V- und 12-V-System

Kurz erklärt

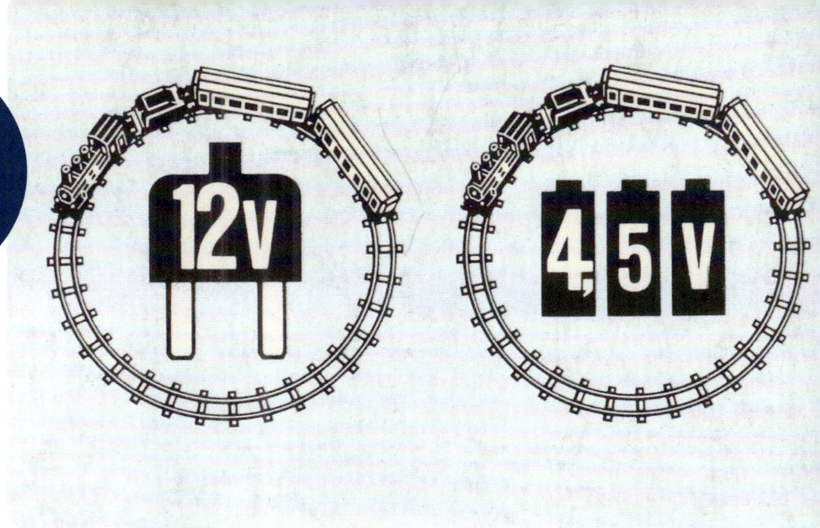

Die Spannung, mit der die Eisenbahnmotoren betrieben werden, ist das Unterscheidungsmerkmal für die drei Antriebssysteme der Grauen Ära. Diese unterschiedlichen Systeme machten sich auch im Preis und in der Altersempfehlung der jeweiligen Sets bemerkbar. Einen ersten und einfachen Zugang zur LEGO-Eisenbahn boten die nicht motorisierten Schiebezüge #7710 und #7715. Mehr Eigenbewegung versprechen die 4,5-V-Züge #7720 und #7722, in denen alte, klobige Motoren aus den 1970er-Jahren mit 4,5 V Spannung zum Einsatz kommen. Die Stromversorgung erfolgt durch drei 1,5-V-Babyzellen-Batterien, die in einem speziellen Batterie-Wagen versteckt sind. Eine Fernsteuerung solcher Züge ist nicht möglich, lediglich der Umschalter und das manuell betriebene Signal sorgen für eine erste spielerische Kontrolle des Zugbetriebs.

Der Schwerpunkt der Grauen Ära liegt auf dem 12-V-System mit seinen vielfältigen Möglichkeiten. Das Streckennetz wird über zusätzliche Stromführungen mit Strom versorgt, der Trafo #7864 regelt dabei die Spannung und somit die Geschwindigkeit der Züge auf der Strecke. Einzelne Züge können nicht separat gesteuert werden, aber Gleissegmente können mit den Unterbrecherschienen aus #7860 stromlos geschaltet werden und ermöglichen somit ferngesteuerten Mehrzugbetrieb. 12 V ist auch die Spannung, mit der Lichter und die kleinen Elektromagneten in den Umschaltern für Weichen, Schranken und für die Entkupplungsanlage betrieben werden. Das breite Zubehörprogramm der Grauen Ära war auf den Umbau der Schiebezüge und 4,5-V-Züge und die Erweiterung des 12-V-Systems ausgelegt.

Das 12-V-System ist dabei abwärtskompatibel, und Schiebezüge bzw. 4,5-V-Züge können auf einer 12-V-Anlage ihre Runden drehen. Auch die älteren, aber vom Antriebskonzept her identischen, 4,5-V- bzw. 12-V-Sets der Blauen Ära können weiterverwendet werden. Einen harten Systembruch gab es erst mit Ende der Grauen Ära und mit der Einführung des 9-V-Systems, auf dem die 12-V-Motoren nicht mehr betrieben werden können. Lediglich die autark operierenden 4,5-V-Züge fahren bis heute auf allen LEGO-Eisenbahnsystemen. Umgekehrt fahren aktuelle LEGO-Eisenbahnen mit Power Functions bzw. Powered Up auf den Schienen der Blauen und Grauen Ära – die Spurweite der Schienen hat LEGO zum Glück nie verändert.

MOC | Güterbahnhof mit Verladekran

Geschäftiges Treiben am Güterbahnhof. Mit dem Verladekran werden Frachtpaletten auf die Güterwagen aus #7727 verladen. Ins Tanklager wird ein gelber Tankwagen aus #7730 rangiert, um gleich frisch betankt zu werden.

Das blau-gelbe Gebäude ist ein MOC und wurde vom Frachtzentrum #6391 und vom blauen Güterbahnhof #7838 inspiriert. Am Horizont zeichnet sich die Skyline der Großstadt ab.

DB

Die Hebebühne kann über LEGO-Technic-Zahnräder und eine Zahnstange bewegt werden.

Bauanleitung | Hebebühne

1

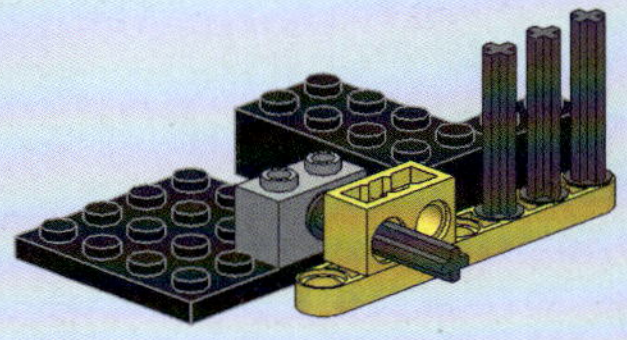

2

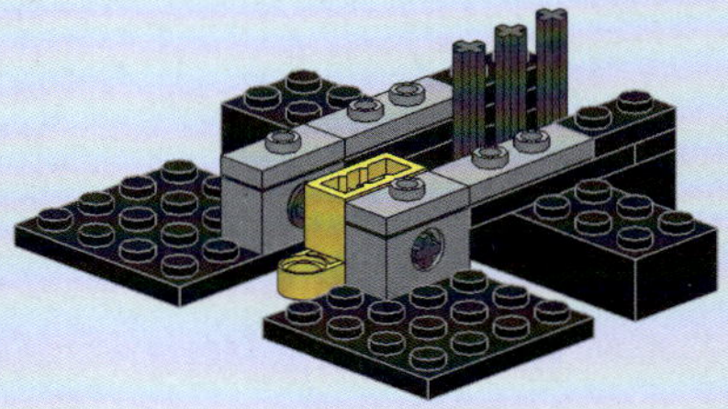

3

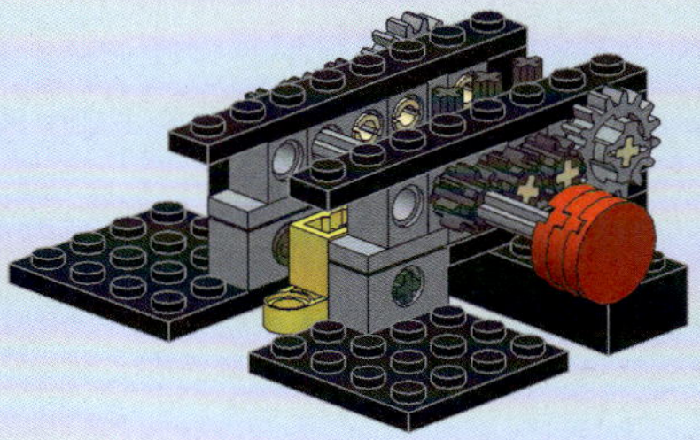

4

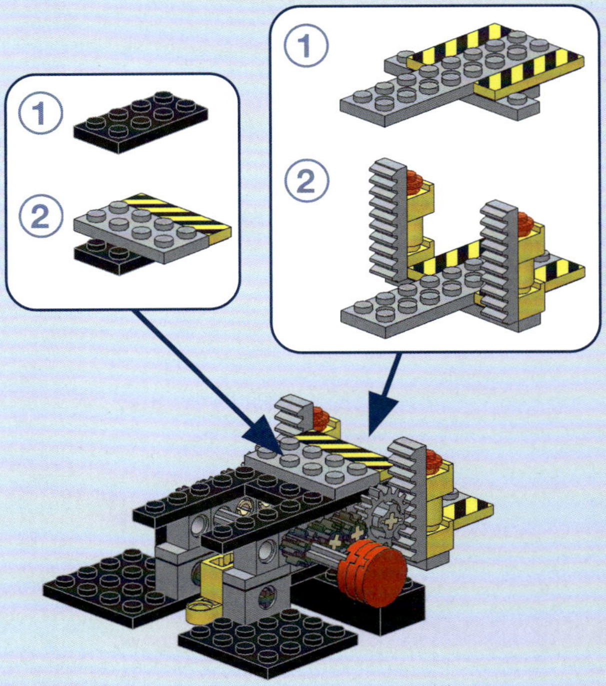

DB
HC 514

LEGO

Shell

SNACK BAR

STOP

Bauanleitung | Diesellok V 36

Die V 36 ist eine Diesellok in Dampflokfarben. Das Vorbild hat seinen Ursprung in den 1930er-Jahren und wurde nach dem Zweiten Weltkrieg als V 36 bei der DB und DR als Rangierlok betrieben. Das LEGO-MOC zeichnet sich durch die Zugbeleuchtung und die abnehmbare Haube mit dem darunterliegenden »Motor« aus. Neben typischen Bauteilen der Grauen Ära kommen vereinzelt auch modernere Bauteile zum Einsatz.

Die klassischen schwarzen Fenster können auch durch günstigere, moderne 2 × 2 Fenster in Schwarz ersetzt werden. Der Umbau von schmalen auf breite Fenster ist einfach zu bewerkstelligen. In leicht abgewandelter Form kommt diese Lok in Rot im Binnenhafen als Rangierlok zum Einsatz. Teileliste auf *www.holgermatthes.de/teilelisten*

2

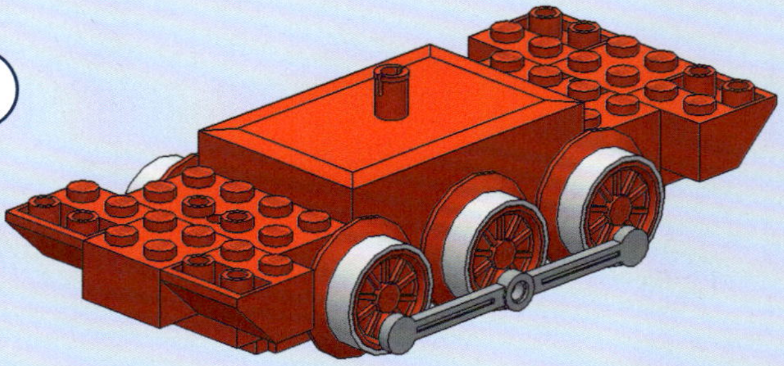

3

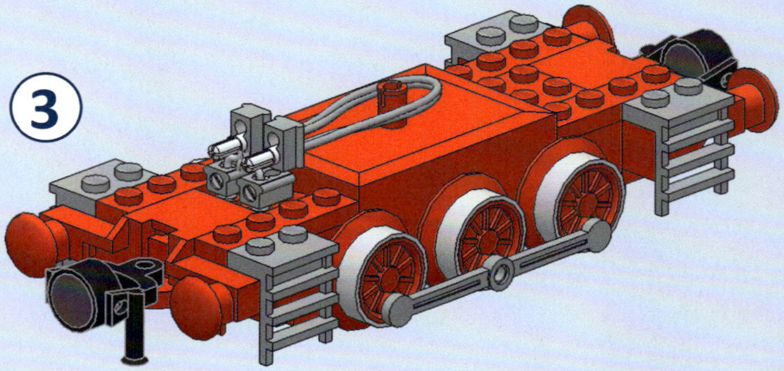

4

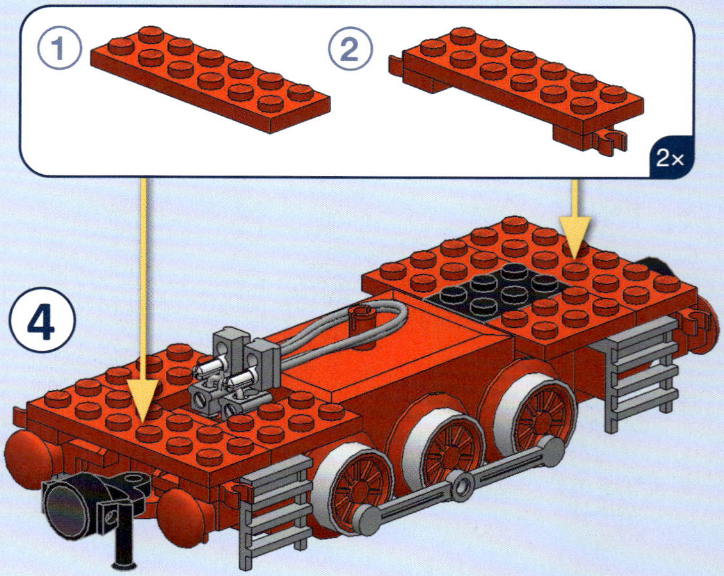

1

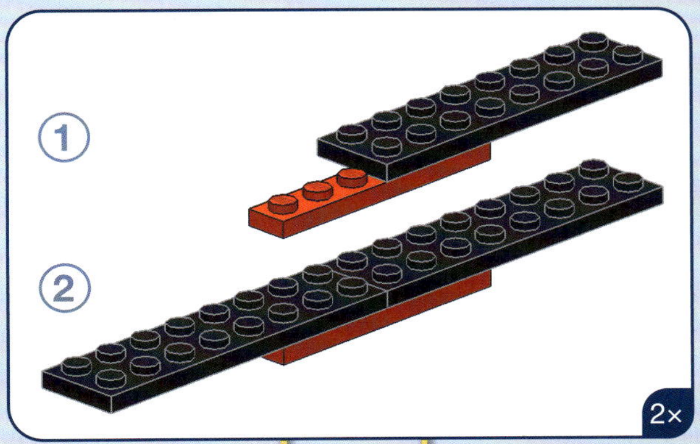

5

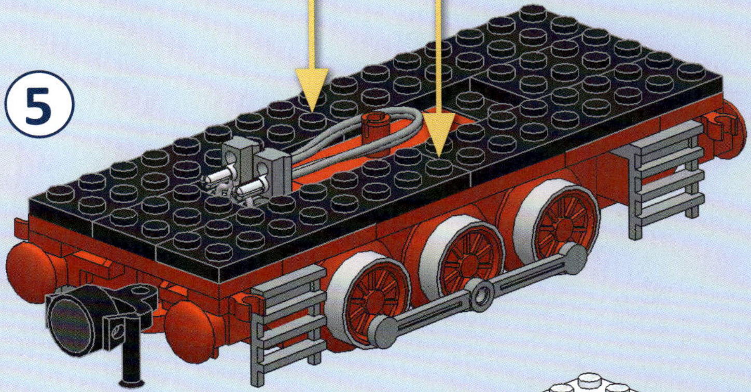

6

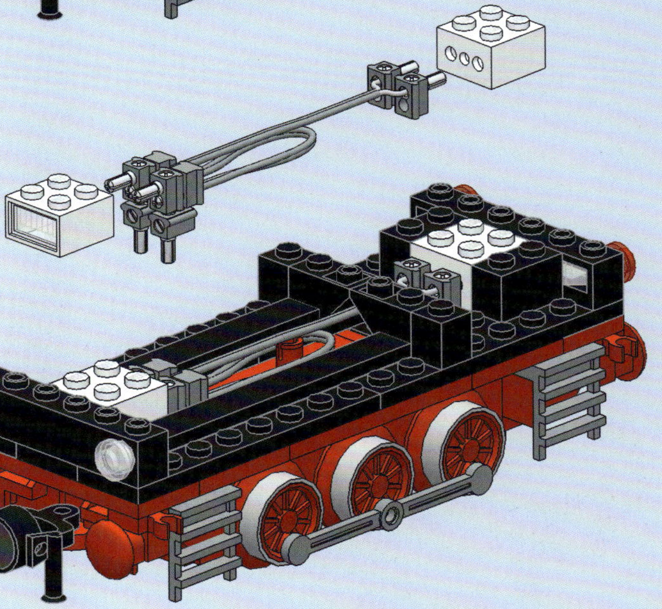

7

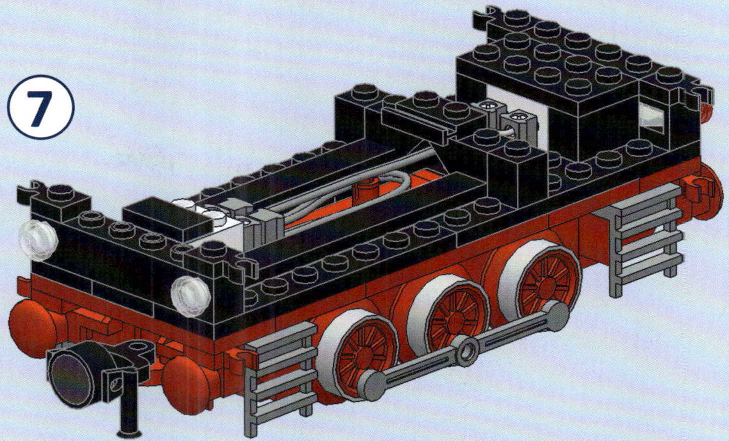

8

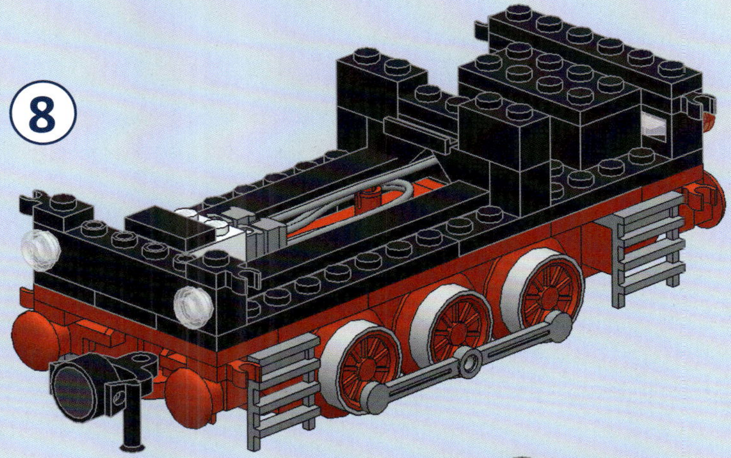

9

10

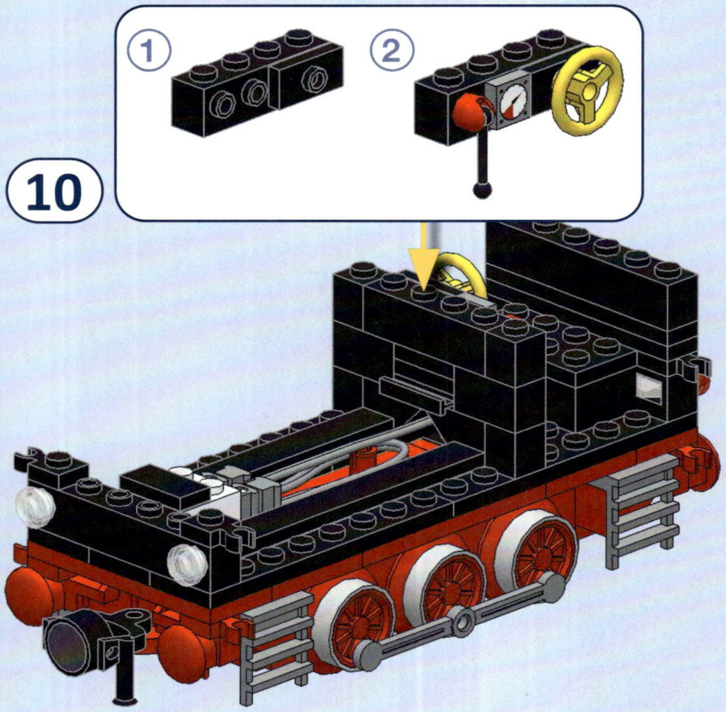

11

12

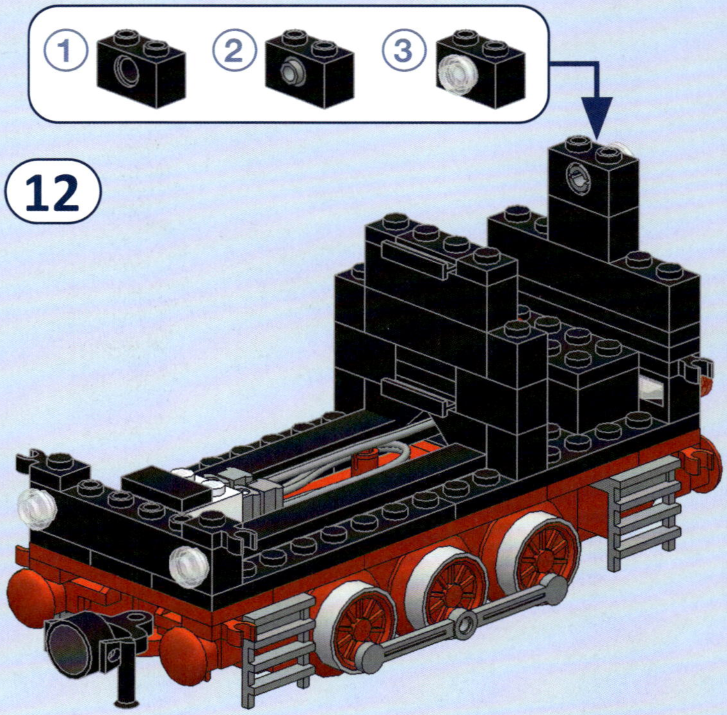

13

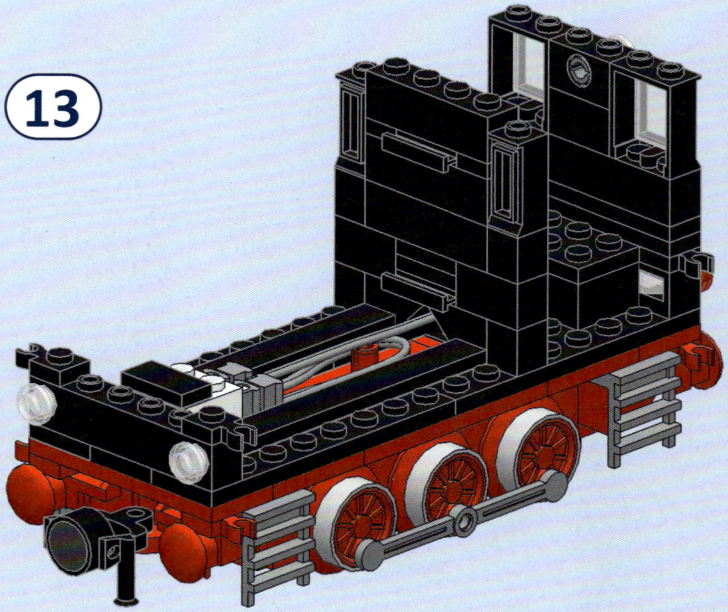

14

16

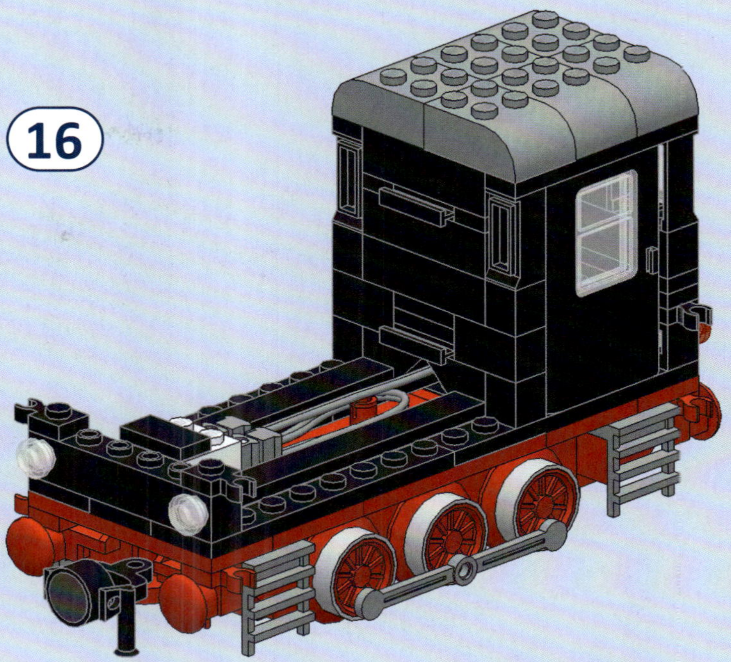

15

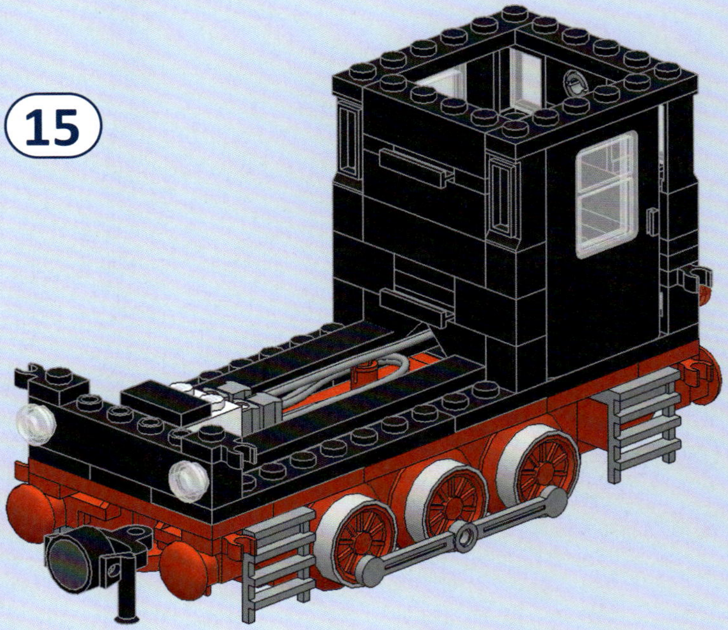

17

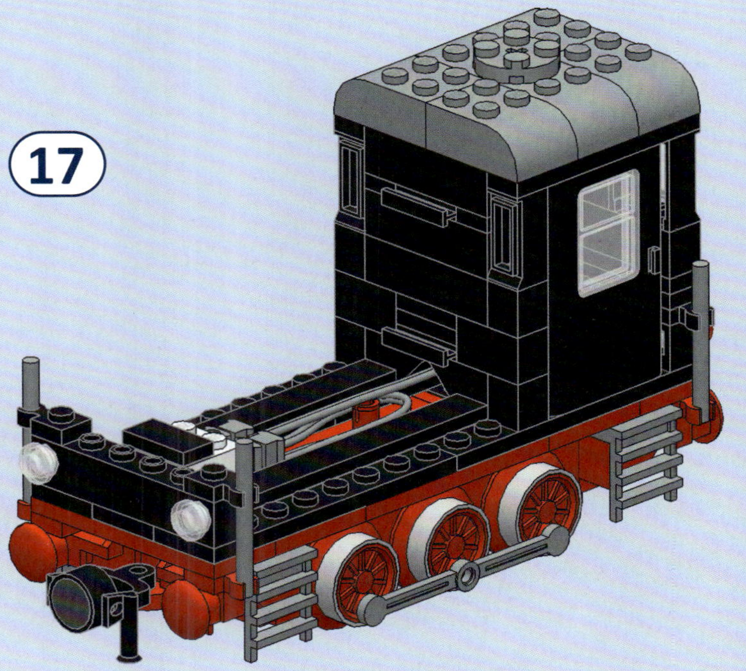

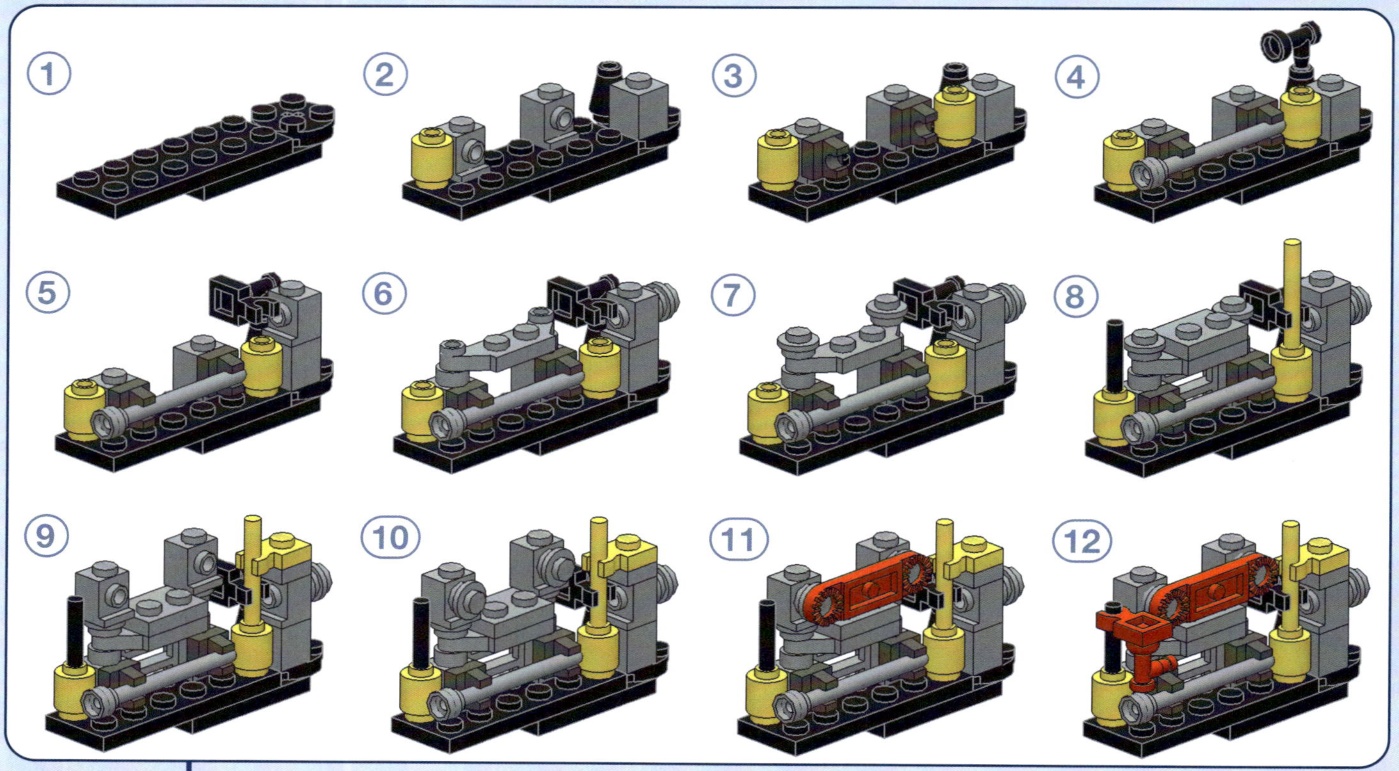

18

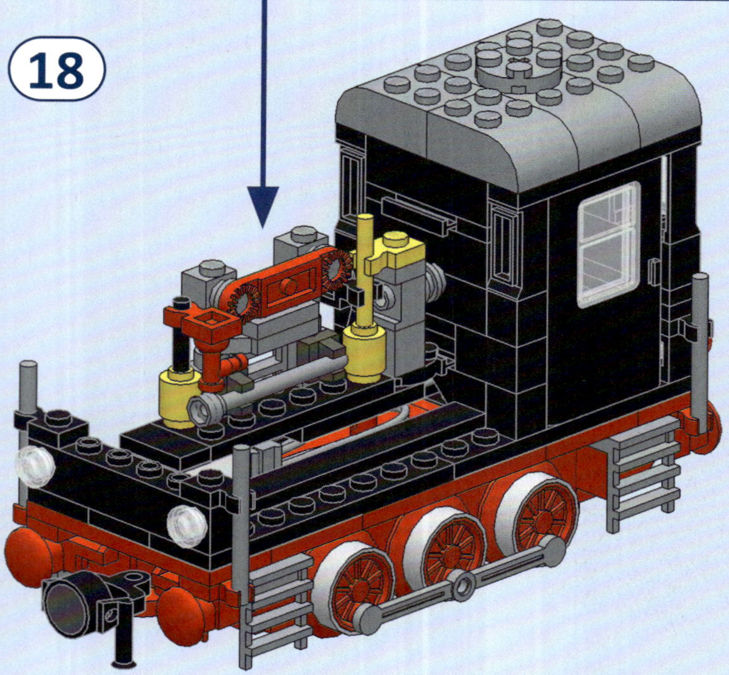

19

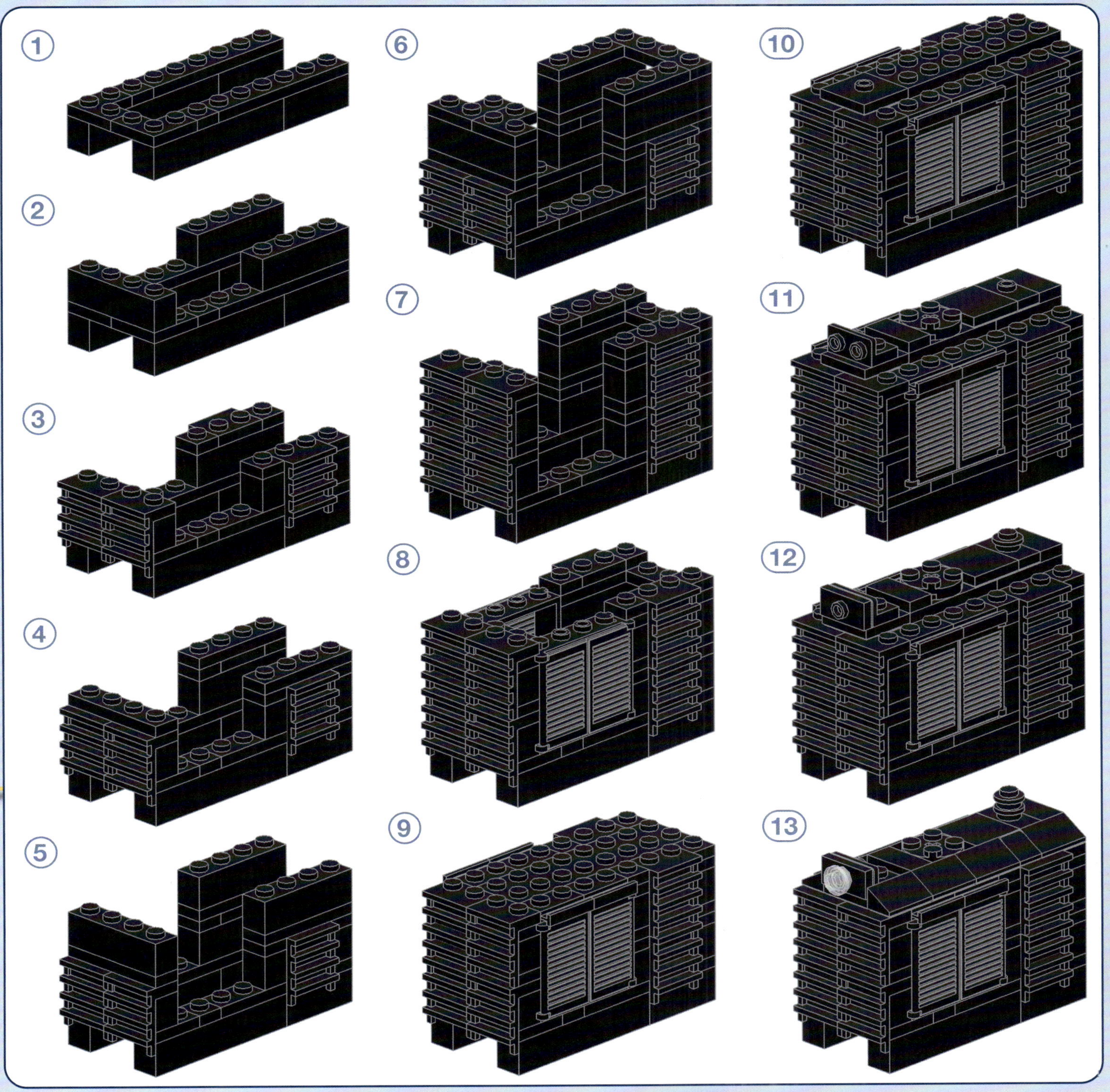
1
2
3
4
5
6
7
8
9
10
11
12
13

7850 | Gerade Schienen mit Schwellen

Erscheinungsjahr: 1980
Name (Verpackung): Gerade Schienen
Name(n) (Kataloge): 8 Paar gerade Schienen mit Schwellen | 8 Paar gerade Schienen mit Schwellen (für 4,5 Volt und 12 Volt Züge)
System: 4,5 V und 12 V
Neupreis: 12,95 DM/85 ÖS/7,00 US$/8,75 US$
Altersempfehlung: ab 6 Jahre
Verfügbar bis: 1990
Kategorie: Zubehör
Teilezahl: 32
Verpackung: Schachtel mit Eindrücköffnung (Größe: 15,8 × 8,2 × 3,8 cm, Gewicht: 102 g)
Bauanleitung: Produktkatalog als Faltblatt (z. B. 1980 Mini Train (EU II 108283))

»Viele Schienenelemente – vielseitiger Ausbau. Die vielen Schienenelemente ermöglichen die unterschiedlichsten Streckenführungen. Die Schienenfarbe ist jetzt hellgrau; die Schwellen sind dunkelgrau. Ein neues Schnappschloß-System hält Schiene und Schwelle fest zusammen.« So beschreibt der Eisenbahnkatalog von 1981 die neuen Schienen und Schwellen. Die Schienen, Schwellen und Stromführungen gehören zweifelsohne zur Grundausstattung der 12-V-LEGO-Eisenbahn.

Mit Einführung der Grauen Ära wurde das Schienenkonzept der Vorgängerära weiterentwickelt. Aus Blau wurde Hellgrau, aus Weiß wurde Dunkelgrau, und die Klipse und die zusätzliche Schwelle in der Mitte der Schienen erlaubten eine stabilere Verbindung als noch zu Zeiten der Blauen Ära. LEGO warb sogar damit, dass man das ganze Schienennetz zum Aufräumen an die Wand hängen kann. Bei einem Schienenoval ist das möglich, aber viel größer darf es nicht werden.

Von den dunkelgrauen Schwellen sind zwei Varianten bekannt: ein alter Typ (767) ohne Aussparung für Kabelführung und ein neuerer Typ (4166) mit Aussparung für Kabelführung. Welche Variante wann in welchem Set verwendet wurde, ist kaum sicher zu belegen, immerhin wurden die Schwellen in 28 Sets der Grauen Ära verwendet.

7851 | Gebogene Schienen mit Schwellen

Erscheinungsjahr: 1980
Name (Verpackung): Gebogene Schienen
Name(n) (Kataloge): 8 Paar gebogene Schienen mit Schwellen | 8 Paar gebogene Schienen mit Schwellen (für 4,5 Volt und 12 Volt Züge)
System: 4,5 V und 12 V
Neupreis: 12,95 DM/85 ÖS/7,00 US$/8,75 US$
Altersempfehlung: ab 6 Jahre
Verfügbar bis: 1990
Kategorie: Zubehör
Teilezahl: 32
Verpackung: Schachtel mit Eindrücköffnung (Größe: 15,8 × 8,2 × 3,8 cm, Gewicht: 106 g)
Bauanleitung: Produktkatalog als Faltblatt (z. B. 1980 Mini Train (EU II 108283))

Die Schienen der Blauen und Grauen Ära wurden aus einzelnen Schienen und Schwellen zusammengebaut, die heute bekannten fertigen Schienensegmente gab es damals noch nicht. Die gebogenen Schienen unterscheiden sich in eine glatte, kürzere Innenschiene und eine längere geriffelte Außenschiene. 16 solcher Segmente bilden einen Vollkreis mit Radius 40 Noppen (R 40). An dieser Geometrie hat sich bis heute nichts geändert.

Eisenbahn-Faltblätter (1980 – 1983)

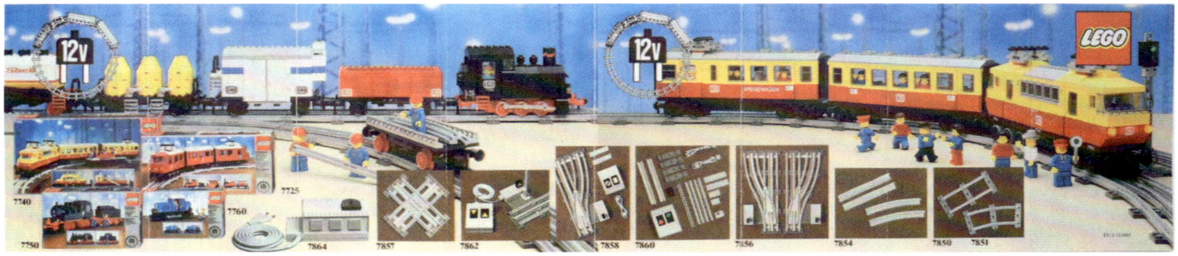

Kataloge, Broschüren und Bauanleitungen – kurz »*Paperware*« – ist ein ganz eigenes Sammelgebiet für viele LEGO-Fans. Und in einer Eisenbahnsammlung der Grauen Ära dürfen die verschiedenen Kataloge nicht fehlen. LEGO-Kataloge haben meist eine aufgedruckte Nummer, mit der die jeweilige Katalogvariante identifiziert werden kann. Diese Drucknummern stehen in Klammern.

In den LEGO-Sets der 1980er-Jahre war neben der Bauanleitung auch immer ein Katalog zum jeweiligen Thema enthalten. Zusätzlich lagen im Spielwarenhandel und in den Spielwarenabteilungen der großen Kaufhäuser der jeweilige Jahreskatalog und themenspezifische Kataloge zur kostenlosen Mitnahme aus.

In kleinen Sets waren entsprechend kleine Faltblätter enthalten. Da der Jahreshauptkatalog meist erst nach der Spielwarenmesse im Februar oder März erhältlich war, bot ein Faltblatt in einem bereits im Januar neu erschienenen Set die erste Möglichkeit, weitere Neuheiten des Jahrs zu entdecken.

Die eisenbahnspezifischen Faltblätter waren meist in den kleinen Zubehörsets wie Schienen (#7850/#7851) oder Stromführungen (#7854/#7855) enthalten. Diese Kataloge waren beidseitig bedruckte Leporellos mit 1 × 4 Rechtecken in der Größe 10,1 × 9 cm. Ein zusätzlicher mittlerer Falz machte das Faltblatt noch kleiner, und so passte es auch in die kleinste Schachtel.

Kurz erklärt

(EU II 108283) von 1980

(EU I 111483) von 1981

(EU 119983) von 1983

Die Faltblätter enthielten keinen beschreibenden Text und mussten somit nicht übersetzt werden.

Mit Einführung der Grauen Ära erschien das Faltblatt (EU II 108283), es ist leicht an der #7750 Dampflok vor zwei Wagen aus #7740 zu erkennen.

Ein Jahr später, 1981, erschienen zwei Eisenbahn-Faltblätter (EU I 111483) und (EU II 111583). Erkennungsmerkmal sind die gelb-rote Lok aus #7740 und die passenden Wagen aus diesem Set. Die Neuigkeiten des Jahrs 1981 sind hier zu finden. Auf der Außenseite wurden #7725 und #7862 ergänzt. Auf der Innenseite musste #7818 dem Ideenbuch #7777 weichen. Auch das Foto mit der Spielszene und den beiden Jungen wurde ausgewechselt.

Da 1982 keine neuen Eisenbahnsets erscheinen, wurde auch kein neues Faltblatt herausgebracht. 1983 erschien dann das nächste eisenbahnspezifische Faltblatt (EU 119983). Die Titelseite zeigt den damals neuen Güterzug #7727, und auch die anderen Neuerscheinungen wie beispielsweise der ferngesteuerte Bahnübergang #7866 sind abgebildet. Aufgrund der kleinen Größe wird auf den Faltblättern nie das gesamte Sortiment abgebildet, vor allem das zahlreiche Zubehör und Sets aus den vorherigen Jahren konnten nicht auf den Faltblättern abgebildet werden.

7852 | 4,5-V-Weichen

Erscheinungsjahr: 1980
Name (Verpackung): Weichen
Name(n) (Kataloge): 2 Weichen für 4,5 Volt | Weichenpaar für Batteriezüge
System: 4,5 V und 12 V
Neupreis: 11,00 DM/100 ÖS/10 US$
Altersempfehlung: ab 8 Jahre
Verfügbar bis: 1990
Kategorie: Zubehör
Teilezahl: 14
Verpackung: Schachtel mit seitlichen Laschen (Größe: 28,5 × 19 × 4,5 cm, Gewicht: 192 g)
Bauanleitung: Produktkatalog als Faltblatt (z. B. 1980 Mini Train (EU II 108283))

Weichen und Kreuzungen konnte man nicht von 4,5 V auf 12 V umrüsten, und so bietet das Zubehörset #7852 eine Rechts- und eine Linksweiche für das 4,5-V-System an. Die 4,5 -V-Kreuzung hat die Setnummer #7853.

Die Weichen und Kreuzungen sind baugleich zu ihren Vorgängern aus der Blauen Ära, lediglich die Öffnungen zur Aufnahme der Klipse der neuen Schwellen wurden ergänzt. Am Weichenstellhebel wird ein schwarzer runder 1 × 1 Stein verwendet. Wie bei den 12-V-Weichen werden auch an den 4,5-V-Weichen weitere Schwellen aus 2 × 6 und 2 × 8 Platten ohne Klipse verbaut.

7853 | 4,5-V-Kreuzung

Erscheinungsjahr: 1980
Name (Verpackung): Kreuzung
Name(n) (Kataloge): Kreuzung für 4,5 Volt
System: 4,5 V und 12 V
Neupreis: 11,00 DM/75 ÖS
Altersempfehlung: ab 6 Jahre
Verfügbar bis: 1984
Kategorie: Zubehör
Teilezahl: 5
Verpackung: Schachtel mit seitlichen Laschen (Größe: 14,2 × 14,2 × 2,5 cm, Gewicht: 45 g)
Bauanleitung: Produktkatalog als Faltblatt (z. B. 1980 Mini Train (EU II 108283))

7854 | Gerade Stromführung (12 V)

Erscheinungsjahr: 1980
Name (Verpackung): Gerade elektrische Schienen
Name(n) (Kataloge): 8 gerade Stromführungen, 12 Volt | 8 gerade Stromführungen für 12 Volt Gleisanlagen
System: 12 V
Neupreis: 12,95 DM/90 ÖS
Altersempfehlung: ab 8 Jahre
Verfügbar bis: 1990
Kategorie: Zubehör
Teilezahl: 8
Verpackung: Schachtel mit Eindrücköffnung (Größe: 15,8 × 8,2 × 3,8 cm, Gewicht: 80 g)
Bauanleitung: Produktkatalog als Faltblatt (z. B. 1980 Mini Train (EU II 108283))

Für gerade 12-V-Gleise wird das Zubehörset #7854 benötigt. Es enthält acht Stromführungen. Auch hier sind wieder zwei Varianten zu unterschieden: eine Stromführung mit Löchern zum Anschluss der Stromeinspeisung und eine ohne diese Löcher. Auch hier ist eine genaue Zuordnung der Varianten zu Sets bzw. zeitlichem Erscheinen unmöglich.

Besondere Varianten der Stromführung sind die Unterbrecherschienen für die ferngesteuerten Signale und die Stromführung mit Aussparung für die Entkupplungsanlage #7862.

7855 | Gebogene Stromführung (12 V)

Erscheinungsjahr: 1980
Name (Verpackung): Gebogene elektrische Schienen
Name(n) (Kataloge): 8 gebogene Stromführungen, 12 Volt | 8 gebogene Stromführungen für 12 Volt Gleisanlagen
System: 12 V
Neupreis: 12,95 DM/14,95 DM/90 ÖS
Altersempfehlung: ab 8 Jahre
Verfügbar bis: 1990
Kategorie: Zubehör
Teilezahl: 8
Verpackung: Schachtel mit Eindrücköffnung (Größe: 14,2 × 7 × 4,6 cm, Gewicht: 83 g)
Bauanleitung: Produktkatalog als Faltblatt (z. B. 1980 Mini Train (EU II 108283))

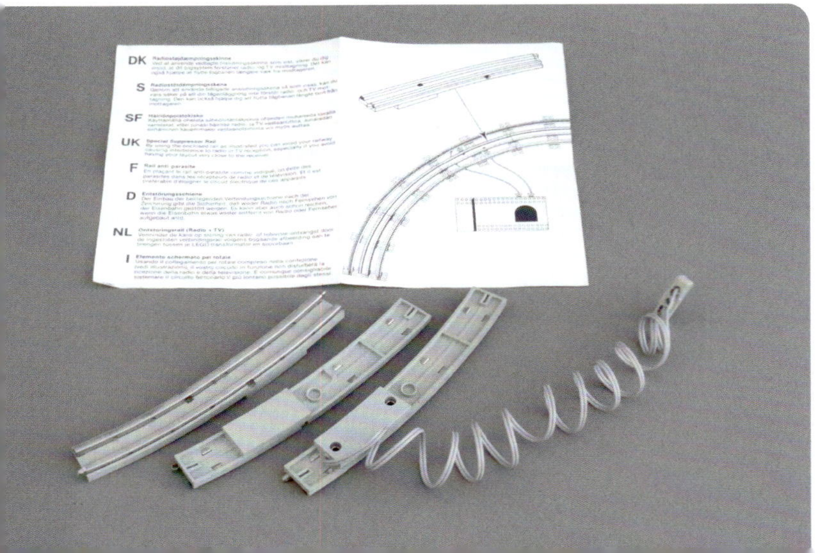

Die Aufrüstung von Kurven zum 12-V-System erfolgte mithilfe der Stromführungen aus Set #7855. Wieder werden zwei Varianten unterschieden: eine gebogene Stromführung mit Löchern zum Anschluss der Stromeinspeisung und eine ohne diese Löcher. Auch hier ist eine genaue Zuordnung der Varianten zu Sets bzw. zeitlichem Erscheinen unmöglich.

Die 12-V-Zugsets, die über ein Schienenoval verfügten, enthielten zusätzlich spezielle Varianten der gebogenen Stromführung. Ein kleines graues Kästchen an der Unterseite der Stromführung ist das Indiz für eine sogenannte Entstörschiene. Das Faltblatt sagt dazu: *»Der Einbau der beiliegenden Verbindungsschiene nach der Zeichnung gibt die Sicherheit, daß weder Radio noch Fernsehen von der Eisenbahn gestört werden. Es kann aber auch schon reichen, wenn die Eisenbahn etwas weiter entfernt von Radio oder Fernseher aufgebaut wird.«*

An der gebogenen Stromführung 2731a/2731b ist zusätzlich ein graues Kabel mit einem breiten Stecker fest mit angeschlossen. Diese Variante wurde einigen Sets #7735 und #7745 beigelegt.

7856 | 12-V-Weichen

Erscheinungsjahr: 1980
Name (Verpackung): Elektrische Weichen
Name(n) (Kataloge): Weichenpaar mit Handschaltung, 12 V | Weichenpaar mit Handschaltung für 12 Volt Züge. Die elektromagnetische Fernsteuerung kann nachträglich eingebaut werden
System: 12 V
Neupreis: 29,97 DM/38,00 DM/245 ÖS
Altersempfehlung: ab 8 Jahre
Verfügbar bis: 1990
Kategorie: Zubehör
Teilezahl: 16
Verpackung: Schachtel mit seitlichen Laschen, Styroporeinsatz; Schachtel mit Eindrücköffnung (Variante »© 1989«) (Größe: 28,6 × 14,4 × 4,9 cm, Gewicht: 240 g)
Bauanleitung: Produktkatalog als Faltblatt (z. B. 1980 Mini Train (EU II 108283))

Der Systemgedanke der 12-V-Eisenbahn zeigt sich auch bei den Varianten, in denen die 12-V-Weichen verkauft wurden. Neben den fernbedienten einzelnen Rechts- bzw. Linksweichen (#7858/#7859) wurden im Set #7856 zwei Weichen mit Handbetrieb angeboten. Bis auf den Umschalter ohne elektromagnetische Schaltung sind sie baugleich zu den fernbedienten Versionen.

Mithilfe des Zubehörsets #7863 konnten die Weichen auf Fernbedienung umgerüstet werden. Preislich war die Kombination #7856 und zweimal #7863 deutlich teurer als zwei fernbediente Weichen #7858/#7859. Nicht ferngesteuerte Weichen ergeben auf einem größeren Layout aber durchaus Sinn: Wenn in Hauptfahrtrichtung zwei Gleise zu einem Gleis zusammenlaufen, ist das Umstellen der Weiche nicht erforderlich.

Das Set #7856 erhielt Ende der 1980er-Jahre eine neue Verpackungsvariante mit veränderten Abmessungen, ohne Styroporeinsatz und ist gut am Aufdruck »© 1989« auf der Unterseite zu erkennen.

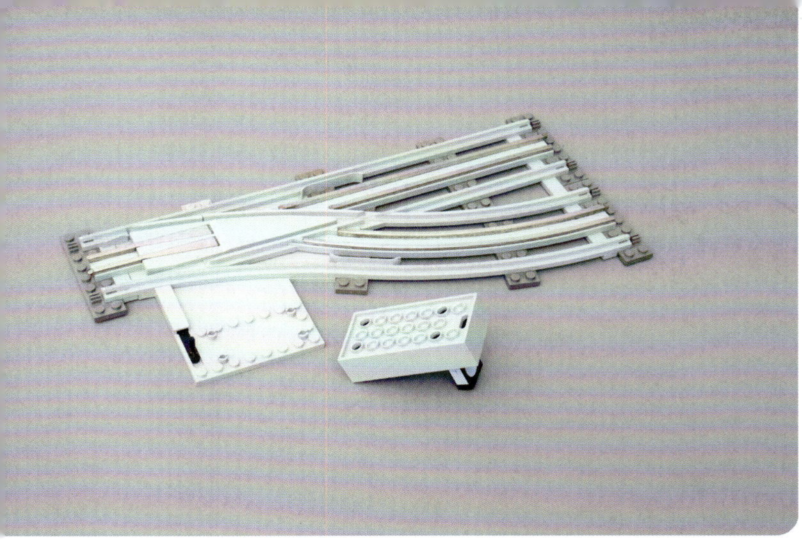

7857 | 12-V-Kreuzung

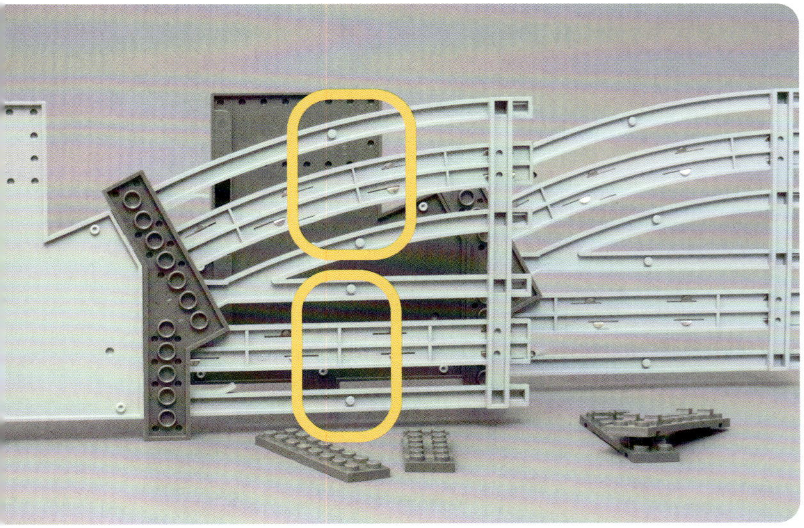

Erscheinungsjahr:	1980
Name (Verpackung):	Elektrische Kreuzung
Name(n) (Kataloge):	Kreuzung 12 Volt | Kreuzung mit Schwellen für 12 Volt Züge
System:	12 V
Neupreis:	14,50 DM/16,00 DM/100 ÖS/8,75 US$
Altersempfehlung:	ab 8 Jahre
Verfügbar bis:	1990
Kategorie:	Zubehör
Teilezahl:	5
Verpackung:	Schachtel mit seitlichen Laschen; Schachtel mit Eindrücköffnung (Variante »© 1989«) (Größe: 14,5 × 14,2 × 2,4 cm, Gewicht: 51 g)
Bauanleitung:	Produktkatalog als Faltblatt (z. B. 1980 Mini Train (EU II 108283))

Hellgraue Besonderheit

Als Fehlfarben- oder Vorproduktionsvariante muss die Rechtsweiche mit hellgrauer anstatt dunkelgrauer Grundplatte (73696c02) angesehen werden. Eine Linksweiche mit hellgrauer Grundplatte ist nicht bekannt. Auf der Unterseite findet man Querstreben an den Stromführungen, die nicht mit den Röhrchen in den Schienen in einer Flucht liegen. Somit können die zusätzlichen Schwellen nicht an der erforderlichen Position angebracht werden. An den regulären Weichen mit dunkelgrauer Grundplatte ist dieser Steg nicht mehr zu finden.

Die Kreuzung konnte nicht umgerüstet werden, und so erschienen 1980 die 4,5-V-Kreuzung #7853 und die 12-V-Kreuzung #7857. Auch hier wurden die entsprechenden Vorgänger aus der Blauen Ära (4,5-V-Kreuzung #155/#159 und 12-V-Kreuzung #756) übernommen und an das neue Schienensystem angepasst. Die Verpackung mit dem Copyright-Aufdruck »© 1989« ist bei gleichem Inhalt fast doppelt so dick wie die vorherige Verpackung.

7858 | 12-V-Rechtsweiche mit Fernsteuerung

Erscheinungsjahr: 1980
Name (Verpackung): Elektrische Weiche (rechts) mit Fernbedienung
Name(n) (Kataloge): Rechtsweiche mit Fernsteuerung, 12 V | Rechtsweiche mit Schwellen und elektromagnetischer Fernsteuerung incl. Schalter und Kabel (für 12 Volt Züge)
System: 12 V
Neupreis: 51,00 DM/58,70 DM/330 ÖS
Altersempfehlung: ab 8 Jahre
Verfügbar bis: 1990
Kategorie: Zubehör
Teilezahl: 12
Verpackung: Schachtel mit seitlichen Laschen, Styroporeinsatz; Schachtel mit Eindrücköffnung (Variante »© 1989«) (Größe: 28,8 × 19 × 4,6 cm, Gewicht: 308 g)
Bauanleitung: Faltblatt 13,5 × 13,5 cm (2 × 1 Quadrate), das Flattblatt ist für #7858 und #7859 sowie #7863 identisch. Es zeigt den Aufbau der elektrischen Weichen sowie die Umrüstung der nicht fernbedienten Weichen #7856 mithilfe von #7863.

Echter Modelleisenbahncharakter kam mit dem fernbedientem Zubehör auf. Prominenteste Vertreter sind die ferngesteuerten Links- und Rechtsweichen #7858 und #7859 und das Lichtsignal #7860. Per Tastendruck wird ein kleiner Elektromagnet im Weichenumschalter bewegt, der dann die Weiche schaltet. Der spezielle 1 × 2 × 2 Stein zeigt die Weichenstellung an. Oft vergessen werden die mittleren Schwellen aus 2 × 6 und 2 × 8 Platten ohne Klipse, die unter die Gleise der Weiche gebaut werden müssen. Sie fallen gerne ab und sind in Secondhand-Angeboten meist nicht mit dabei.

Die Grundplatte, auf die der Weichenumsteller gesteckt wird, wurde im Laufe der Zeit überarbeitet. Die erste Version verfügt noch über vier zusätzliche, spezielle Clip-Noppen, die das Umstellerkästchen beinahe irrevesibel mit der Grundplatte verbinden. Spätere Varianten verfügen daher nur über ein 4 × 8 Rechteck aus normalen Noppen. Der Weichenumsteller und der Taster werden über ein langes Kabel (190 Noppen/150 cm) miteinander verbunden.

Die Zubehörsets #7858/#7859 erhielten Ende der 1980er-Jahre eine neue Verpackungsvariante mit veränderten Abmessungen, ohne Styroporeinsatz und sind am Aufdruck »© 1989« auf der Unterseite zu erkennen.

7859 | 12-V-Linksweiche mit Fernsteuerung

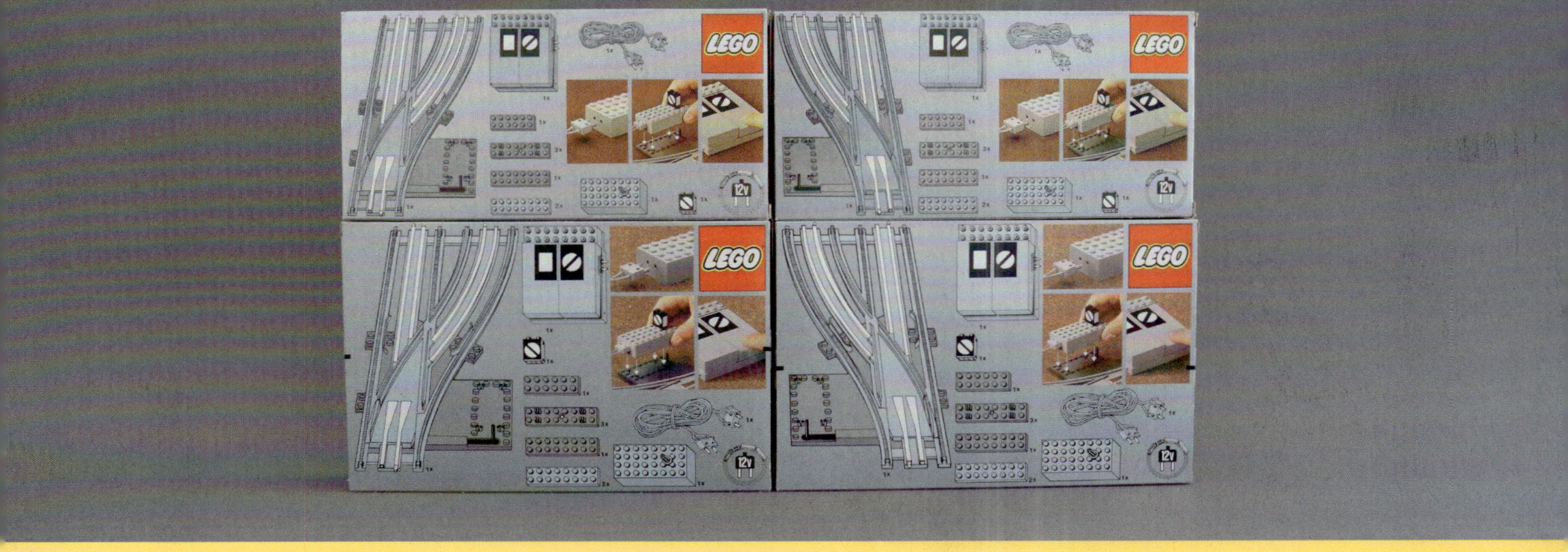

Erscheinungsjahr: 1980
Name (Verpackung): Elektrische Weiche (links) mit Fernbedienung
Name(n) (Kataloge): Linksweiche mit Fernsteuerung, 12 V | Linksweiche mit Schwellen und elektromagnetischer Fernsteuerung incl. Schalter und Kabel (für 12 Volt Züge)
System: 12 V
Neupreis: 51,00 DM/58,70 DM/330 ÖS
Altersempfehlung: ab 8 Jahre

Verfügbar bis: 1990
Kategorie: Zubehör
Teilezahl: 12
Verpackung: Schachtel mit seitlichen Laschen, Styroporeinsatz; Schachtel mit Eindrücköffnung (Variante »© 1989«) (Größe: 28,4 × 14,2 × 4,8 cm, Gewicht: 290 g)
Bauanleitung: Faltblatt 13,5 × 13,5 cm (2 × 1 Quadrate), das Flattblatt ist für #7858 und #7859 sowie #7863 identisch. Es zeigt den Aufbau der elektrischen Weichen sowie die Umrüstung der nicht fernbedienten Weichen #7856 mithilfe von #7863.

Eisenbahnkataloge (1980 – 1986)

Die Eisenbahnkataloge zeigten das gesamte LEGO-Eisenbahn-Sortiment, das im jeweiligen Jahr erhältlich war. Kurze Texte erwähnten die Vorteile der neuen LEGO-Eisenbahn und gingen auf die Besonderheiten ein. Zu Beginn der Grauen Ära im Jahr 1980 bewarb ein nahezu quadratischer (18,5 × 19 cm) Katalog die neuen Sets und das neue Programm. Aufgrund der beschreibenden Texte mussten diese Kataloge übersetzt bzw. mehrsprachig aufgelegt werden. So gab es neben der deutschen Variante (99780-D) auch eine niederländische (99780-NL) und eine dreisprachige Variante (EU II 107581/107681 D/F/NL).

Kurz erklärt

Die Kataloge ab 1981 haben alle das DIN-A5-Querformat. 1981 und 1982 hatten diese Kataloge am Ende eine gelbe Ausklappseite mit Service-Artikeln.

Neben einsprachigen Varianten der Eisenbahnkataloge sind auch viele mehrsprachige Varianten bekannt. Dabei wurden Märkte zusammengefasst, in denen auch die Eisenbahnsets im gleichen Jahr neu erschienen. So lassen sich die Kataloge nicht nur anhand der Sprachen unterscheiden, sondern auch an den abgebildeten Sets. Gute Beispiele sind

Zum Start der Grauen Ära erschien ein eigener LEGO-Eisenbahnkatalog (99780-D bzw. EU II 107581/107681 D/F/NL) mit 16 Seiten.

(93070 D) bzw. (EU II 110181/110281 D/F/NL) von 1981 mit 22 Seiten

(EU III 110179/110279 UK/I/F) von 1981 mit 18 Seiten

(EU II 117781/117881 D/F/NL) von 1982 mit 22 Seiten

(D/A/CH/F/I) 100782/100882) von 1983 mit Seiten

(93280-D) von 1982 mit 22 Seiten

((D/A/CH/F/I) 109782/109882) von 1985 mit 20 Seiten bzw. ((D/A/CH/F/I) 114982/115082) von 1986 mit 20 Seiten

die deutsche (93070 D) und die englisch-italienisch-französische Variante (EU III 110179/110279 UK/I/F) des Eisenbahnkatalogs von 1981. Die Sets #7730, #7750, #7760, #7810, #7818 und #7820 sind nur in der deutschsprachigen Version abgebildet. Daraus lässt sich schließen, dass diese Sets erst später in Großbritannien, Italien und Frankreich erschienen sind.

1982 gab es den einsprachigen Katalog 93280-D in verschiedenen Ländervarianten. Im gleichen Jahr war auch der mehrsprachige Katalog EU II 117781/117881 D/F/NL erhältlich. Davon ist eine rein niederländische, eine skandinavische und eine Variante für Großbritannien, Italien und Frankreich (EU III 117779/117879 UK/I/F) bekannt. Darin wird den Kindern in England zwar die große Dampflok #7750 gezeigt, aber der Zusatz »*Not available in the U.K.*« hat sicherlich für viel Frust auf der Insel gesorgt.

Auch die Kataloge von 1983, 1985 und 1986 gab es in verschiedenen Ländervarianten. Leider fehlt die Jahreszahl auf der Titelseite, aber auf der Rückseite sind die Katalognummer und die Jahreszahl aufgedruckt, und so lassen sich die Kataloge eindeutig identifizieren.

7860 | 12-V-Lichtsignal mit Fernsteuerung

Erscheinungsjahr: 1980
Name (Verpackung): Signal mit Fernbedienung
Name(n) (Kataloge): Ferngesteuertes Lichtsignal, 12 V | Ferngesteuertes Lichtsignal für 12 Volt Züge mit Trennschienen, Schalter, Kabel und Schwellen
System: 12 V
Neupreis: 51,00 DM/58,70 DM/330 ÖS
Altersempfehlung: ab 8 Jahre
Verfügbar bis: 1990
Kategorie: Zubehör
Teilezahl: 20
Verpackung: Schachtel mit seitlichen Laschen, Styroporeinsatz; Schachtel mit Eindrücköffnung (Variante »© 1989«) (Größe: 28,5 × 14,3 × 3,7 cm, Gewicht: 192 g)
Bauanleitung: DIN-A6-Querformat (14,8 × 10,5 cm), geheftet, 12 Seiten, 113483 ©1981, enthält auf Seite 7 und 8 einen Text in acht Sprachen (*Je schneller der Zug fährt, desto größer muß die Distanz zwischen Kontaktunterbrecher-Schiene 1 und 2 sein, um das Anhalten des Zuges zu ermöglichen.*) Auf der Rückseite sind die Sets #7856, #7858, #7859, #7861, #7862 und #7863 abgebildet. Eine frühere Version des Faltblatts, die ab 1980 dem Lichtsignal beigelegt wurde, ist bei Bricklink und Co. unbekannt.

»Die Signale unterteilen den Schienenbereich in unabhängige Sektoren. Wird der Strom unterbrochen, zeigt das Signal Rot an. Züge in anderen Schienenbereichen fahren weiter, weil der Strom dort weiterfließen kann« – so beschreibt der Eisenbahnkatalog von 1981 das Lichtsignal #7860 und seine Funktion. Der Taster zum Lichtsignal vereint zwei Funktionen: Zum einen unterbricht er den Stromkreis der Strom führenden Schienen, dazu wird ein Kabel an der Unterbrecherschiene und auf Höhe

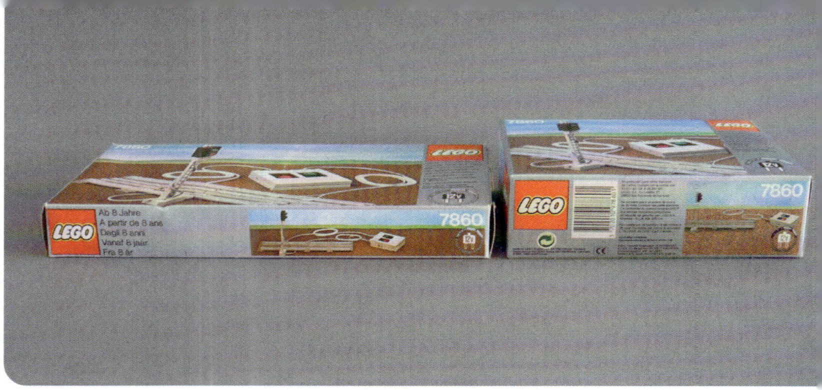

der grünen Taste angeschlossen. Zum anderen schaltet er das rote bzw. grüne Birnchen des Lichtsignals. Dazu wird das zweite Kabel zwischen dem Signalstein und dem zweiten Ausgang auf Höhe der roten Taste verwendet. Das beiliegende Faltblatt zeigt den Aufbau und hilft bei der Fehlerbehebung.

Von der Stromführung mit Unterbrechung sind verschiedene Varianten bekannt: 3242a mit Unterbrechung in der Mitte, aber ohne das schwarze Dreieck, 3242apb01 mit Unterbrechung in der Mitte und mit dem schwarzen Dreieck als Aufdruck und 3242bpb01 als spätere Version mit Unterbrechung am Ende und wieder mit dem schwarzen Dreieck. Die letzte, selten zu findende Variante hat den Vorteil, dass das Kabel nicht um die mittlere Schwelle geführt werden muss.

Auch das Set #7860 erhielt Ende der 1980er-Jahre eine neue Verpackungsvariante mit veränderten Abmessungen, ohne Styroporeinsatz und ist am Aufdruck »© 1989« auf der Unterseite zu erkennen.

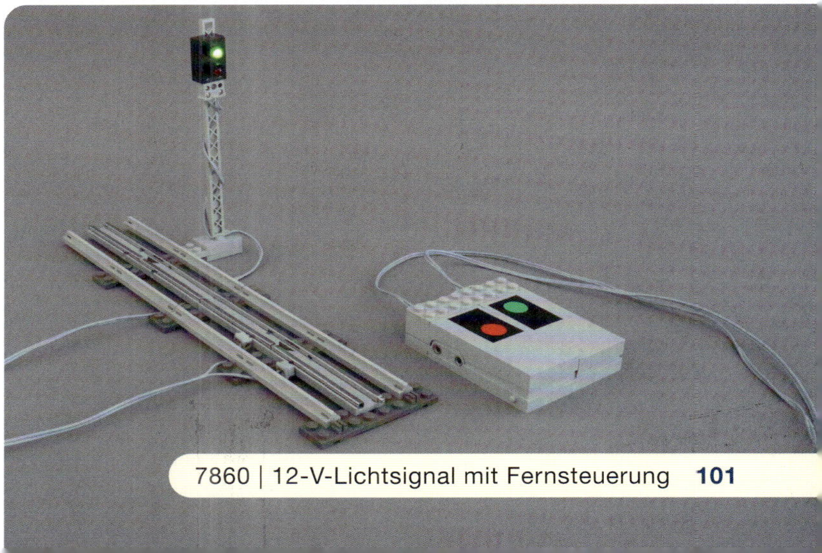

7861 | 12-V-Beleuchtungsset

Erscheinungsjahr: 1980
Name (Verpackung): Zugbeleuchtung
Name(n) (Kataloge): 12 V Beleuchtungsset | Beleuchtungs-Set (12 Volt) für Loks, Waggons, Gebäude usw. (4 Leuchtsteine, Scheinwerfereinsätze und Kabel)
System: 12 V
Neupreis: 24,95 DM/160 ÖS
Altersempfehlung: ab 8 Jahre
Verfügbar bis: 1990
Kategorie: Zubehör
Teilezahl: 24

Verpackung: Schachtel mit seitlichen Laschen, Styroporeinsatz; Schachtel mit Eindrücköffnung (Variante »© 1989«)
(Größe: 14,2 × 9,5 × 4,7 cm, Gewicht: 65 g)
Bauanleitung: Faltblatt 13,5 × 13,5 cm (2 × 1 Quadrate). Eine frühere Version 117581 © 1982 EU II D/A/CH/B/NL zeigt den Einbau der Beleuchtung in den Zug aus #7725 und in ein alternatives Modell aus dem Bahnhof #7822. Eine spätere Version 119982 © 1986 EU II D/A/CH/F/I zeigt den Einbau der Zugbeleuchtung in die Lok aus #7735 und in den Bahnhof #7824.

Sehr praktisch war das Beleuchtungsset #7861. Zwei rote und zwei schwarze Prismenhalter, acht Prismen zum Verteilen des Lichts in die Scheinwerfer, vier Lichtsteine, vier Kabel und ein paar rot- und gelb-transparente Platten – mehr bedurfte es nicht, um noch mehr aus dem Eisenbahnspiel herauszuholen. Flexibel wie das System damals war, konnten die Lichtsteine in Loks oder Gebäude wie die Bahnhöfe #7822 und später #7824 eingebaut werden. Laternenmasten mit Lampenschirmen waren ja schon als Vorbereitung in diesen Sets enthalten. Etwas aufwendiger war der Einbau der Beleuchtung in Personenwagen, da musste das Kabel vom Motor durch alle Wagen verlegt werden. Aber jede Runde durchs dunkle Kinderzimmer hat den Aufwand mehr als entschädigt.

Die erste Version #7861 von 1980 hatte eine flache Schachtel mit Styroporeinsatz, das beiliegende Faltblatt zeigt den Einbau der Zugbeleuchtung in #7725 und #7822. Die spätere Verpackungsvariante ist kleiner, dafür höher. Das spätere Faltblatt zeigt den Einbau der Zugbeleuchtung in #7735 und in #7824. Die Leuchtsteine waren entweder in der Klarglasvariante oder in der Version mit diffusem Glas enthalten. Auch die Steckerform unterlag Änderungen, so waren Kabel mit Einzelsteckern oder kleinen bzw. großen Doppelsteckern in #7861 zu finden. Eine genaue Zuordnung, welche Lichtstein-, Stecker- und Faltblattvarianten in welchen Verkaufsjahren im Set #7861 enthalten waren, ist ohne das Öffnen seltener, originalverpackter Sets unmöglich.

7863 | 12-V-Fernsteuerung für Weichen

Erscheinungsjahr: 1980
Name (Verpackung): Bausatz für Umrüstung auf elektrische Fernbedienung
Name(n) (Kataloge): Elektromagnetische Schalteinheit für Weichen, 12 V
System: 12 V
Neupreis: 32,00 DM/225 ÖS
Altersempfehlung: ab 8 Jahre
Verfügbar bis: 1984
Kategorie: Zubehör
Teilezahl: 6
Verpackung: Schachtel mit seitlichen Laschen, Styroporeinsatz (Größe: 14,3 × 14 × 3,7 cm, Gewicht: 124 g)
Bauanleitung: Faltblatt 13,5 × 13,5 cm (2 × 1 Quadrate), das Flattblatt ist für #7858 und #7859 sowie #7863 identisch. Das Faltblatt 117481, © 1982 D/A/CH/B/NL ist dreisprachig (deutsch, französisch und niederländisch) und zeigt den Aufbau der elektrischen Weichen sowie die Umrüstung der nicht fernbedienten Weichen #7856 mithilfe von #7863. Auf der Rückseite sind die Sets #7856, #7858, #7859, #7860, #7861, #7862 und #7863 abgebildet. Eine frühere Version des Faltblatts, die ab 1980 den fernbedienten Weichen beigelegt wurde, ist bei Bricklink und Co. unbekannt.

Teuer und meist überflüssig war das Set #7863, mit dem eine handgesteuerte Weiche aus #7856 nachträglich auf Fernbedienung umgerüstet werden konnte. Vom Systemgedanken her war das grundsätzlich ein gute Idee, preislich war sie aber nicht attraktiv. Das Set #7863 erschien 1985 mit gleichem Inhalt noch einmal als Servicetüte #1239.

Fernsteuerung

Kurz erklärt

Die Fernsteuerungen für das Lichtsignal #7860, die Weichen #7858/#7859, der Bahnübergang #7866 und die Entkupplungsanlage #7862 machen die LEGO-Eisenbahn der Grauen Ära zur echten Modelleisenbahn und vervielfachen den Spielwert enorm. Einen Zug mithilfe eines Trafos zu steuern, ist keine große Kunst, Kontrolle über das Streckennetz zu ermöglichen, jedoch schon. Fernbediente Komponenten wurden in den nachfolgenden Eisenbahnsystemen ersatzlos gestrichen, heute ist Strom führendes Metall ganz aus den Schienen verschwunden, und die Kontrolle erfolgt mithilfe einer Bluetooth-Fernbedienung oder per App.

Hier zeigt sich einmal mehr der Systemgedanke des 12-V-Systems der Grauen Ära. Links an den Trafo #7864 konnten nacheinander und in beliebiger Reihenfolge die Taster der Fernsteuerung angesteckt werden. Zwei große Tasten mit dem entsprechenden Aufdruck zeigen an, welche Funktion ein Tastendruck auslöst, und das Drucksignal wird im Innern des Tasters in einen elektrischen Impuls umgewandelt, der über ein graues Kabel zum elektromagnetischen Schalter, in die Stromführung oder die Lichtsteine geleitet wird.

Im LEGO-Dacta Set #1039 »*Manual Control Set – I*« aus dem Jahr 1986 ist eine weitere Variante des Fernsteuerungstasters (4707pb05) enthalten, die Aufdrucke zeigen gedrehte Pfeile, und über eine kabelgebundene Fernbedienung wurden 4,5-V-Motoren gesteuert. Dieser Taster ist eine schöne Ergänzung, um den Motor einer Drehscheibe oder andere Antriebe zu steuern.

7864 | 12-V-Transformator

Erscheinungsjahr: 1980
Name (Verpackung): 12 Volt Transformator
Name(n) (Kataloge): 12 V Universaltransformator
System: 12 V
Neupreis: 89,50 DM/92,00 DM/104,00 DM/660 ÖS
Altersempfehlung: ab 8 Jahre
Verfügbar bis: 1990
Kategorie: Zubehör
Teilezahl: 28
Verpackung: Aufklappschachtel (Größe: 18,8 × 16 × 6,5 cm, Gewicht: 1114 g)
Bauanleitung: Quadratisches Faltblatt in mindestens drei Varianten. Dem Transformator #7864 lag zusätzlich ein gefaltetes, einseitig bedrucktes DIN-A5-Blatt (108681) mit Informationen für Eltern bei.

Ohne den Universaltransformator #7864 war der Betrieb der 12-V-Eisenbahnen nicht möglich. Ein Ausgang mit 0 bis 12 V dient zur Versorgung der Stromführungen, damit werden die Züge vorwärts oder rückwärts über die Anlage gesteuert. Im Innern verrichtet ein Stück Elekronik der Firma Bühler ihren Dienst. Bei größeren Gleisanlagen ist es hilfreich, den Fahrstrom an mehreren Stellen einzuspeisen, da durch den Widerstand der Stromleiter doch viel »Saft« verloren geht. Achte dabei aber auf die richtige Polung und vermeide Kurzschlüsse. Ein zweiter Ausgang auf der Vorderseite ist verdeckt und liefert dauerhaft 12 V. Der Sinn und Zweck dieses Ausgangs hat sich mir bis heute jedoch nicht erschlossen. Mehr Bedeutung hat der seitliche Ausgang links. Hier werden nacheinander die ganzen Taster für die fernbedienten Weichen, Signale, den Bahnübergang und die Entkupplungsanlage angeschlossen. Dem Trafo #7864 liegen zwei graue 2 × 4 Platten bei, Sets mit den Tastern enthalten zwei graue 2 × 8 Platten. So lassen sich die Taster sicher miteinander und am Trafo verbauen. Der Drehregler wird über einen Drehknopf, der über eine 2-L-Technic-Achse mit dem Trafo verbunden wird, gesteuert. Dreht man den Drehkopf um, kann er nur so weit gedreht werden, dass 4,5 V abgegeben werden – hilfreich, wenn man 4,5-V-Verbraucher an den Trafo anschließen möchte, um Batterien zu sparen.

Für noch mehr Fahrspaß konnte mit den beiliegenden schwarzen Teilen ein Stellhebel gebaut werden, der seine Bewegung über zwei Zahnräder an den Trafo übergibt. Sonderlich stabil war diese Konstruktion allerdings nicht, da half auch nicht die später verkaufte Variante mit einer zusätzlichen schwarzen 4 × 6 Platte. Diese Veränderung führte dazu, dass verschiedene Verpackungs- und Anleitungsvarianten zum Trafo #7864 zu finden sind. Den Drehknopf gibt es in zwei unterschiedlichen Varianten, die seltenere hat zwei dickere Knubbel an den Enden der unteren geraden Kante.

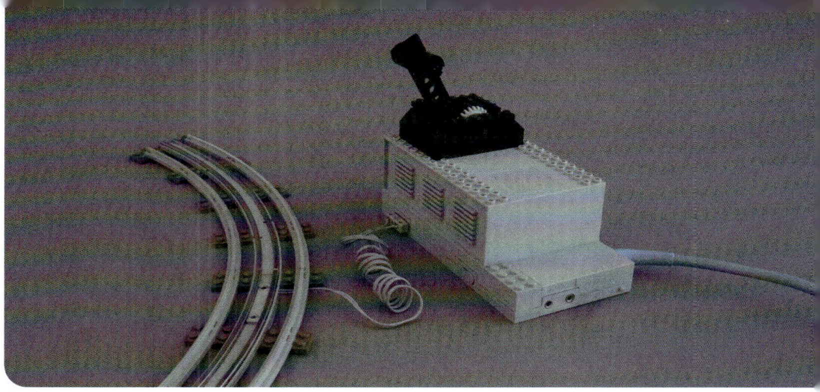

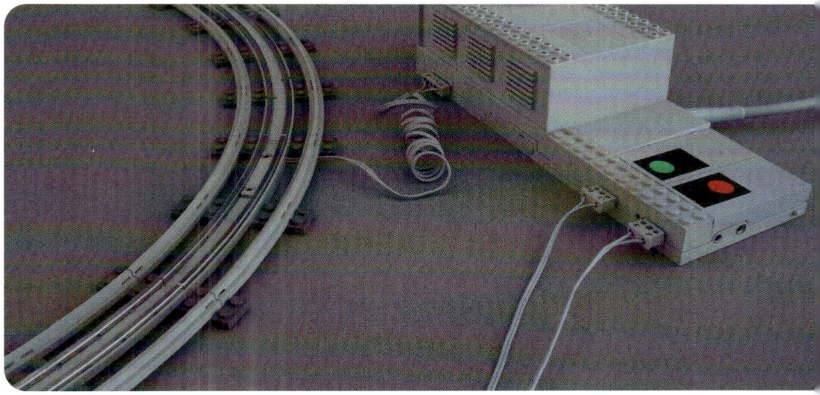

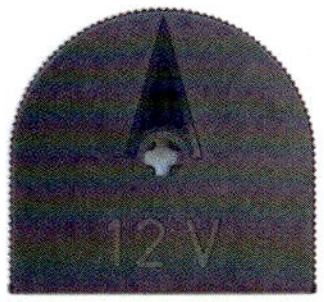

Den Drehknopf gibt es in zwei unterschiedlichen Varianten: mit gerader Unterkante oder mit zwei dicken Knubbeln an den unteren Ecken.

12-V-Eisenbahnmotor

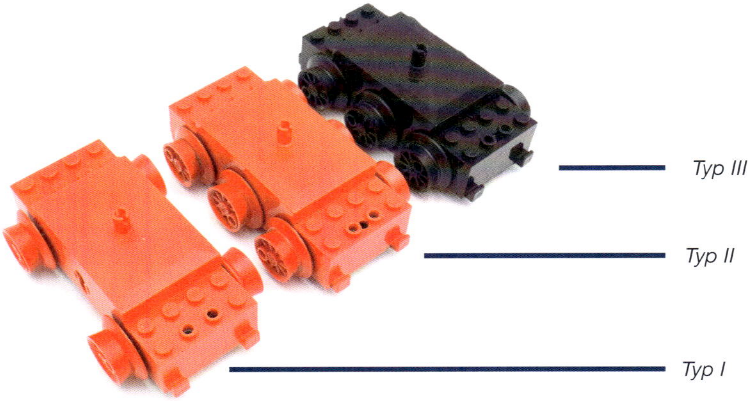

Erfolgsgarant für die 12-V-Eisenbahn der Grauen Ära war der damals neue 12-V-Eisenbahnmotor. Das flache Gehäuse mit seinem in der Mitte installierten Pin diente in großen Loks (#7740, #7745 und #7755) als Drehgestell und fand bequem unter einer 6 × 28 Zuggrundplatte Platz.

»Der neue 12 Volt Motor wurde besonders flach konstruiert, um den LEGO Lokomotiven ein naturgetreues Aussehen zu geben.« So bewarben die ersten LEGO-Eisenbahnkataloge den neuen Motor. Zwei Achsen mit Eisenbahnrädern sind fest mit dem Motorgehäuse verbaut. Zusätzliche, einzelne Räder werden in der Mitte eingeklipst, um ein dreiachsiges Fahr- bzw. Drehgestell zu bauen. In den Sets der Grauen Ära wird der 12-V-Motor immer mit diesen zusätzlichen Rädern verwendet.

An den schmalen Seiten befinden sich – sofern nicht im Laufe der Zeit abgebrochen – vier kleine Haken, die normale LEGO-Bauteile oder den Kupplungshalter aufnehmen. Asymmetrisch angeordnet sind die Stromauslässe, um Kabel für die Beleuchtung im Zug anzuschließen. Auf der einen Seite des Motors ist dieser Auslass an der Seite angebracht, auf der anderen Seite oben, direkt auf zwei Noppen des Gehäuses. Die Form dieser Stromauslässe wurde im Laufe der Zeit weiterentwickelt, und so unterscheidet Bricklink drei Typen dieses Motors: Typ I (bb0012va) mit zwei runden Ausgängen für Einzelstecker und Doppelstecker ohne mittlere Verstärkung, Typ II (bb0012vb) mit drei runden Löchern, das mittlere nimmt die Verstärkung der späteren Steckervarianten auf und sorgt so für guten Halt, und Typ III (bb0012vc) mit geschlitzten Löchern für die Stromauslässe. Funktional gibt es hier keinen Unterschied, aber für Sammler ist diese Unterscheidung durchaus interessant, und es gilt, den richtigen Motortyp dem jeweiligen Set zuzuordnen. Allerdings ist eine eindeutige Zuordnung nicht möglich, da insbesondere bei den ersten Sets zunächst der Motor Typ I und später der Typ II enthalten war.

Kurz erklärt

Ein weiteres Indiz zur Bestimmung des Alters eines Motors befindet sich auf der Unterseite, sofern diese nicht zu sehr in Mitleidenschaft gezogen wurde. In das Gehäuseunterteil sind oft zwei zweistellige Ziffern eingeprägt, diese geben die Kalenderwoche und das Jahr wieder, in dem der Motor produziert wurde. Ebenfalls auf der Unterseite des Motors befinden sich die Kontakte zur Stromaufnahme von den Stromführungen. Diese unterliegen starkem Verschleiß, da der Übergang von einer Stromführung zur nächsten nie ganz glatt ist – was auch gut am typischen Fahrgeräusch eines 12-V-Motors auf Schienen zu hören ist.

Das Motorgehäuse und die Räder wurden in den Farben Schwarz und Rot produziert. Wobei Rot deutlich seltener und

nur in den Dampfloks in den Sets #7727, #7730 und #7750 verbaut wurde. Der schwarze Motor war in #7725, #7735, #7740, #7745, #7755 und #7760 enthalten und wurde als Zubehörset #7865 zur Umrüstung der Schiebezüge und 4,5-V-Züge verkauft. Auch als Servicetüte #5086 war der schwarze Eisenbahnmotor (Typ III) erhältlich.

Haftreifen

Damit der Motor seine Kraft auch auf die Schiene bringen und den Zug in Bewegung setzen kann, sind Gummi-Haftreifen für die angetriebenen Räder erforderlich. Die Gewichtsteine, die oberhalb des Motors in der Lok verbaut werden, sorgen für zusätzliche Reibung, die der Zugkraft des Motors zugutekommt. Wurden in der Blauen Ära noch schwarze Haftreifen verwendet, waren sie in der Grauen Ära durchweg grau.

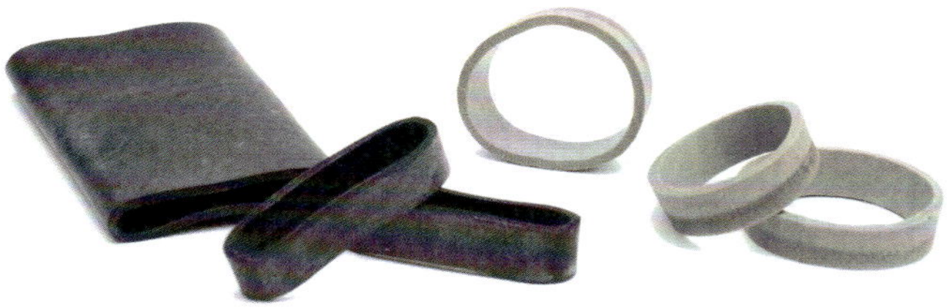

Nach über 40 Jahren hat sich der Weichmacher aus den originalen Haftreifen der Grauen Ära verflüchtigt, und diese Originale sind heute hart und brüchig und damit unbrauchbar. LEGO bietet schon lange keinen Ersatz mehr an, und so bleiben nur die Repro-Haftreifen, die bei eBay angeboten werden. Dieser Ersatz ist oft etwas dicker als das Original, und zusammen mit abgeschliffenen Kontakten ist die dauerhafte Stromversorgung der Motoren nicht immer gesichert. Als kostengünstige Alternative hat sich ein alter, dünner Fahrradschlauch vom Rennrad bewährt. Diesen kann man mit der Schere oder einem Cuttermesser in Streifen schneiden und bekommt so viele dünne Haftreifen. Leider sind solche Fahrradschläuche nicht in Hellgrau erhältlich, aber welcher Fahrradschlauchhersteller denkt schon an die Fans der Grauen Ära der LEGO-Eisenbahn?

Innenleben

Ein 12-V-Eisenbahnmotor lässt sich nur mit Gewalt öffnen, da die beiden Hälften des Gehäuses verklebt sind. Ein scharfes Cuttermesser hinterlässt seine Spuren am Gehäuse. Nach einer gründlichen Reinigung sind die Einzelteile, aus denen der Motor zusammengesetzt ist, gut zu erkennen.

Der flache 12-V-Motor ist von zwei massiven Metallelementen umgeben, diese sind mit A und B gekennzeichnet. Eine entsprechende Kennzeichnung befindet sich auch am Unterteil des Gehäuses. Über ein kleines Federmetall wird der Strom aus den Schleifern in die Metallelemente geleitet; von dort dann weiter über Schleifkontakte auf die Welle des eigentlichen Elektromotors. Die Welle durchläuft den Motor, und an den Enden sind Schneckengewinde fixiert, die die Drehbewegung auf die Radachsen weitergeben.

Die hier gezeigte Gehäusevariante verfügt über ein separates Plastikteil mit dem Pin, der von innen in die Öffnung der oberen Gehäusehälfte gedrückt wird.

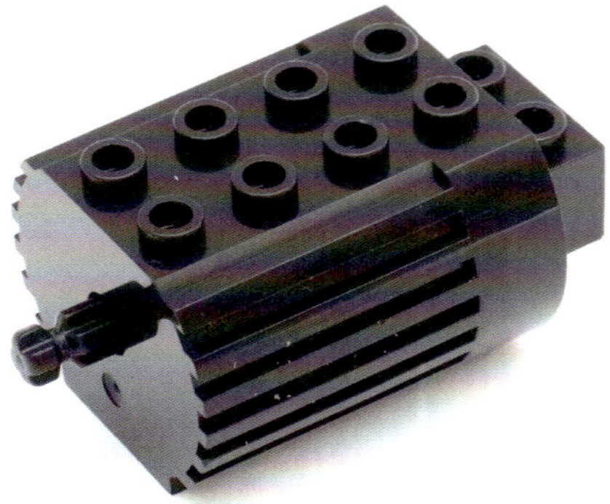

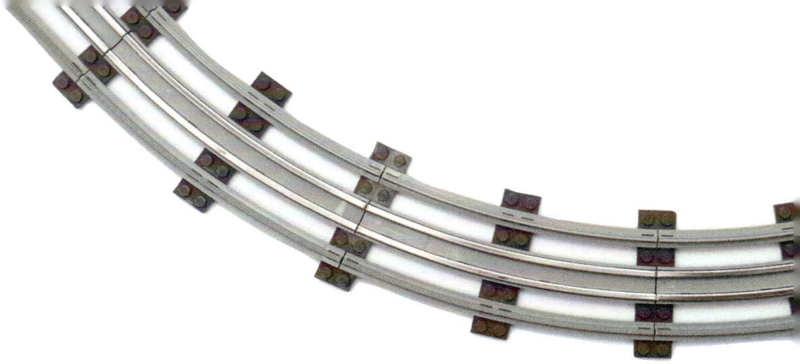

Weitere 12-V-Motoren

Zur kleinen Familie der 12-V-Motoren von LEGO gehört auch der schwarze Technic-Motor (bb0022m1), der 1979 im Technic-Zubehörset #880 erschien. Diesen Motor muss man auch mithilfe eines Trafos mit Strom versorgen. Zum Einbau in eine Lok eignet er sich nicht, da der Motor sehr wenig Drehmoment hat und kaum einen längeren Zug bewegt. Aber er bietet sich zum stationären Einbau an und bringt zum Beispiel die Drehscheiben meines Ringlokschuppens und die im Binnenhafen in Bewegung. Ein schwarzer Technic-12-V-Motor bewegt auch die Entkupplungsanlage im Binnenhafen.

Die 4,5-V-Loks aus #7720 und #7722 können problemlos auch mit dem alten, klobigen 12-V-Motor (x550b) ausgestattet werden. An dieses Motorgehäuse werden von unten die Stromabnehmer (bb0053b) eingebaut – so bleibt die Charakteristik der roten Räder der Loks erhalten, und die beiden Loks werden zu echten 12-V-Loks.

Schienenkreis/Schienenoval

Größere Zugsets enthielten neben dem Hauptmodell auch Schienen, um einen Schienenkreis oder ein Schienenoval zu bauen. Die 12-V-Sets waren auch mit Stromführungen ausgestattet, und so musste lediglich noch der Universaltransformator #7864 dazugekauft werden. Premiumsets wie #7730 und #7740 und später #7727, 7735 und #7745 waren damit sofort spielbereit und konnten mit dem zahlreichen Schienen- und Weichenzubehör Schritt für Schritt erweitert werden.

4,5-V-Sets mit Schienen:

- #7710 Vollkreis
- #7715 Vollkreis
- #7720 Vollkreis und vier gerade Schienensegmente
- #7722 Vollkreis und vier gerade Schienensegmente

12-V-Sets mit Schienen und Stromführungen:

- #7725 Vollkreis
- #7727 Vollkreis und zwei gerade Schienensegmente
- #7730 Vollkreis und vier gerade Schienensegmente
- #7735 Vollkreis und zwei gerade Schienensegmente
- #7740 Vollkreis und sechs gerade Schienensegmente
- #7745 Vollkreis und sechs gerade Schienensegmente

7865 | 12-V-Eisenbahnmotor

Erscheinungsjahr:	1980
Name (Verpackung):	12 V Zugmotor
Name(n) (Kataloge):	12 V Zug-Einbaumotor | 12 Volt Einbaumotor (für Lok 7810) mit Pleuelstange und Stromabnehmer | 12 V Einbaumotor
System:	12 V
Neupreis:	39,95 DM/42,00 DM/305 ÖS
Altersempfehlung:	ab 8 Jahre
Verfügbar bis:	1990
Kategorie:	Zubehör
Teilezahl:	19
Verpackung:	Schachtel mit seitlichen Laschen, Styroporeinsatz; Schachtel mit Eindrücköffnung (Variante »© 1989«) (Größe: 13 × 10,7 × 4,7 cm, Gewicht: 294 g)
Bauanleitung:	Faltblatt 9,2 × 10,2 cm (1 × 4 Quadrate), Motoreinbau, Gewichtsteine, Gleispläne, Kurzschlusshinweis

Neben einem schwarzen 12-V-Eisenbahnmotor waren in diesem Zubehör- und Nachrüstset zwei Gewichtsteine, Kuppelstangen und Dampfzylinder sowie zehn Haftreifen enthalten. Der Motor war in erster Linie zum Umrüsten der nicht motorisierten Lokomotiven aus #7710, #7715 und #7810 gedacht. Da stellt sich die Frage, warum dieser Motor nicht in Rot angeboten wurde? Der schwarze Motor kommt natürlich auch als Ersatzmotor in allen anderen Lokomotiven der Grauen Ära und in 12-V-MOCs zum Einsatz.

Das Set #7865 erhielt Ende der 1980er-Jahre eine neue Verpackungsvariante. Das Format änderte sich, und der Styroporeinsatz wurde durch einen Kunststoffeinsatz ersetzt.

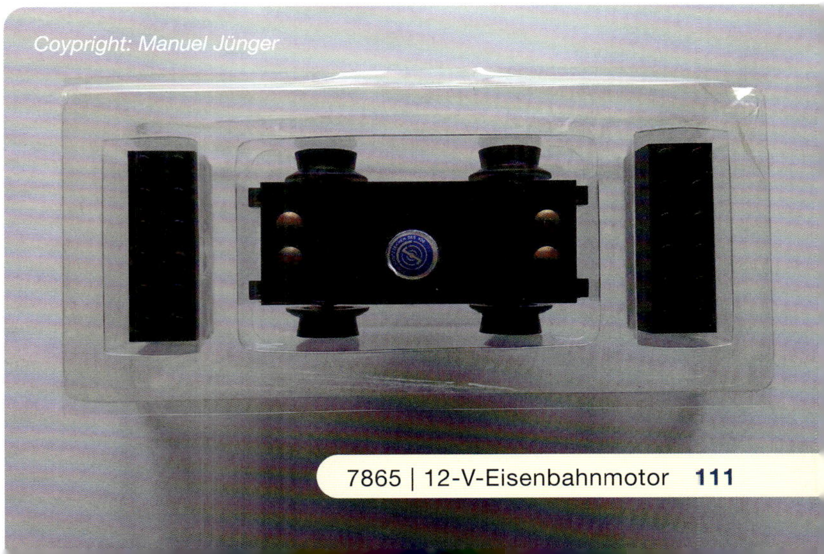

MOC | Ringlokschuppen Bamberg

Der ehemalige Bamberger Ringlokschuppen ist nur noch eine Ruine. Das Gelände ist abgesperrt und der Zutritt verboten. Ohne allzu viel Bezug zum Vorbild entstand das LEGO-Modell des Ringlokschuppens als Eigenkreation (*MOC*). Die Drehbrücke ist motorisiert und kann die Gleise, die in den Schuppen führen, ansteuern.

Hier treffe ich auch wieder auf den alten Herrn, den ich schon zu Beginn meiner Reise am Bahnhof getroffen habe. Die Reparatur und Restaurierung seiner Draisine ist doch aufwendiger als gedacht, und so hat er sie hierher überführen lassen. Die Profis kümmern sich hier fachmännisch um das gute alte Stück, während ich das Betriebswerk und den Ringlokschuppen besichtigen kann.

G. 45t
W. 2,8t
K. 1t
7727
DB
7730
7750

BAMBERG

7730
DB

BAMBERG

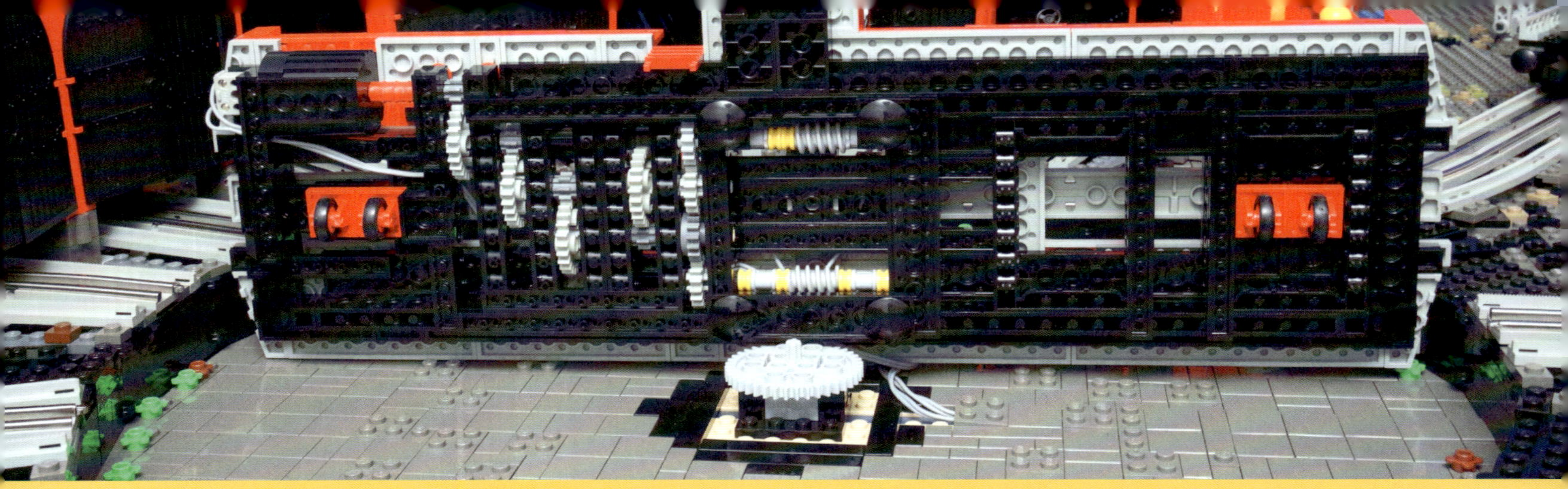

Antrieb der Drehbrücke

Ein 12-V-Technic-Motor (bb0022m1) unter der Drehbrücke sorgt für den Antrieb. Das Getriebe untersetzt die schnelle Drehbewegung des Motors in immer langsamere Drehungen. Die beiden Schneckengetriebe greifen von zwei Seiten auf das fest am Boden verbaute große Zahnrad mit 40 Zähnen zu und drehen somit die Drehbrücke.

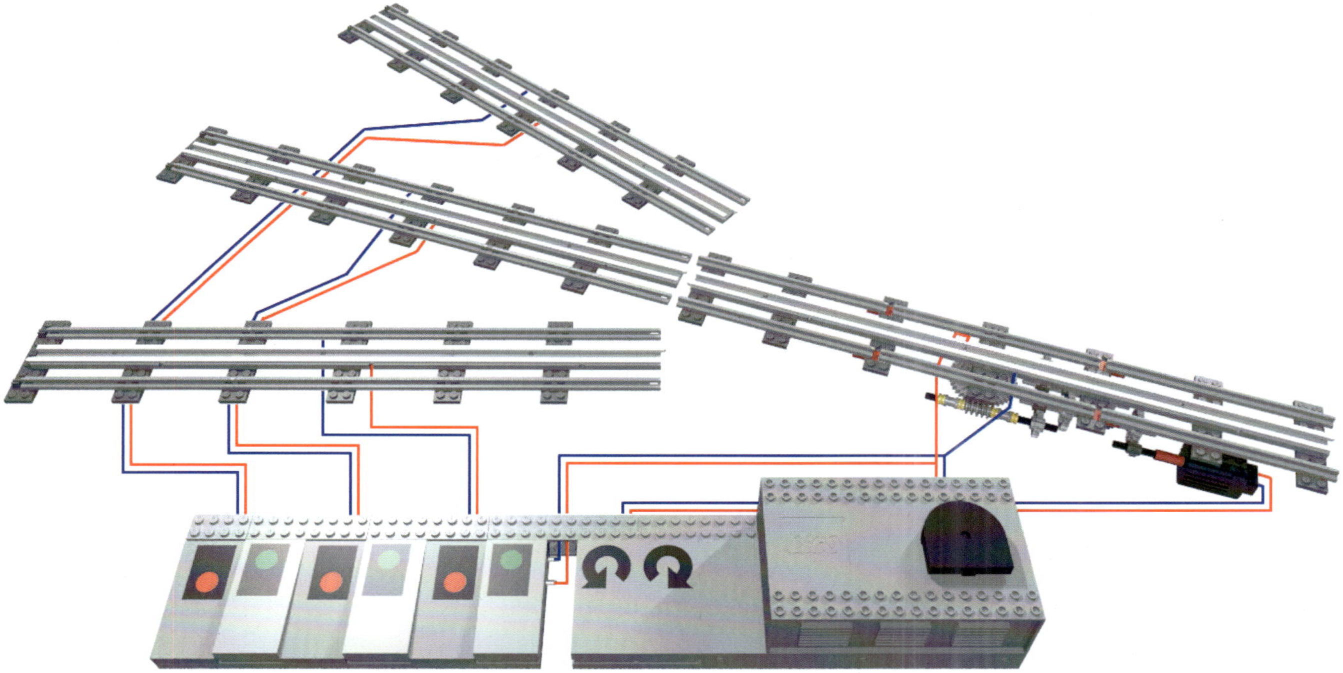

Steuerung des Ringlokschuppens

Die Drehbrücke wird mithilfe einer Fernsteuerung (*Electric, Train 12 V Remote Control 8 × 10 with 2 Circled Arrows Pattern*), die seitlich an den Trafo angeschlossen ist, gesteuert. Angetrieben wird sie von einem alten 12-V-Technic-Motor, der unter der Drehbrücke angebracht ist.

Der Drehregler des Trafos kontrolliert den Stromfluss auf der Drehbrücke und dem freigeschalteten Gleis im Lokschuppen. Dazu wird der geregelte Strom seitlich in die Fernsteuerungen geleitet. Für jedes schaltbare Gleis wird eine Fernsteuerung aus dem Lichtsignal #7860 benötigt.

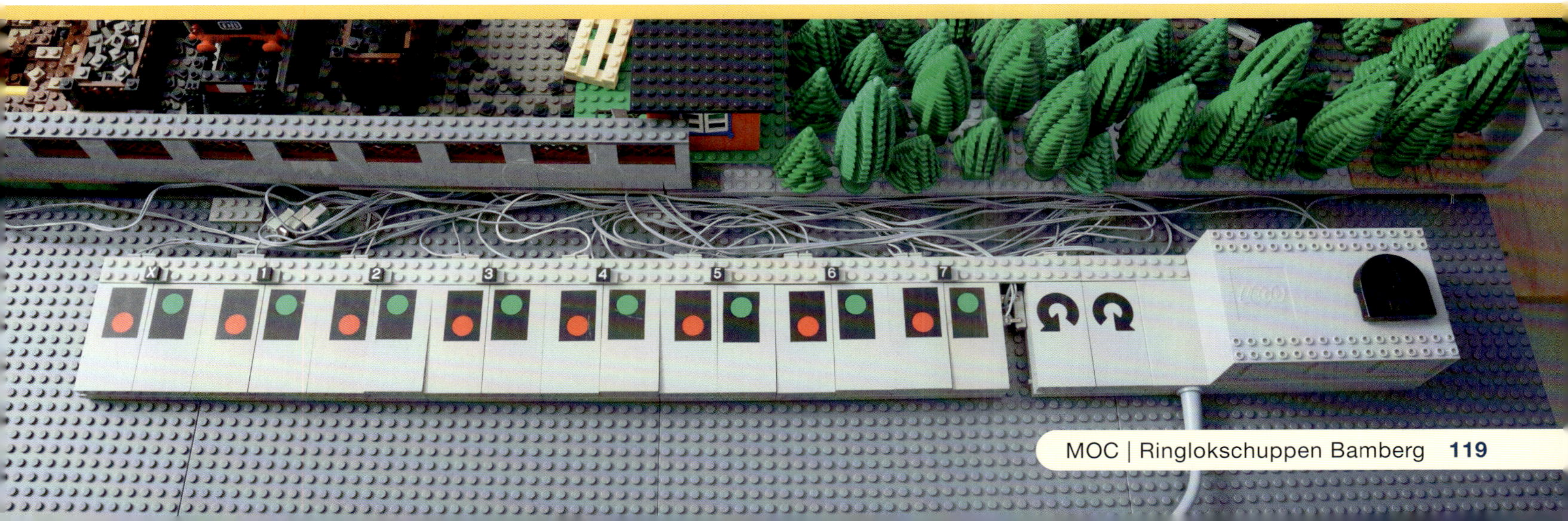

Der Ringlokschuppen hat sieben Segmente, eins für jede offizielle Dampflok der Grauen Ära von 1980 bis 1986: 7710, 7715, 7722, 7727, 7730, 7750 und 7810. Auch die große Dampflok aus dem Ideenbuch #7777 findet Platz auf dem Gelände des Ringlokschuppens.

Die Seiten- und Rückwände sind komplett aus 1 × 2 und 1 × 1 Platten in Rot und Dunkelrot gebaut und geben dem Gebäude den typischen Backsteincharakter. Die Segmente sind modular in einer 3-1-3-Konfiguration aufgeteilt, und die ganze Anlage lässt sich somit gut verpacken und transportieren.

7730

Bauanleitung | Grüne Mallet-Dampflok

1

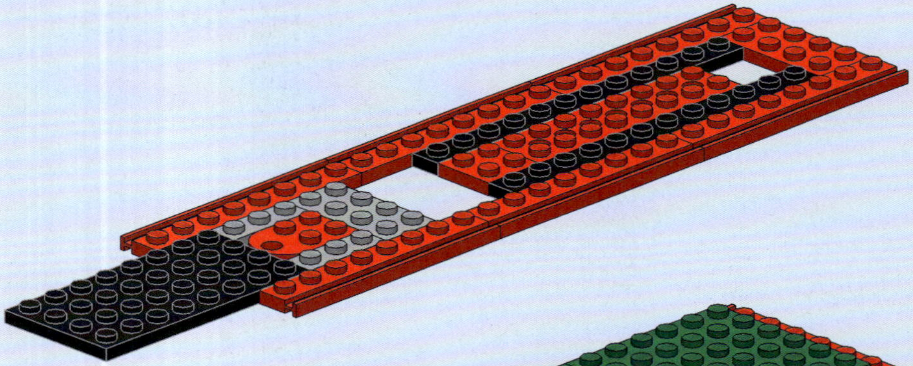

2

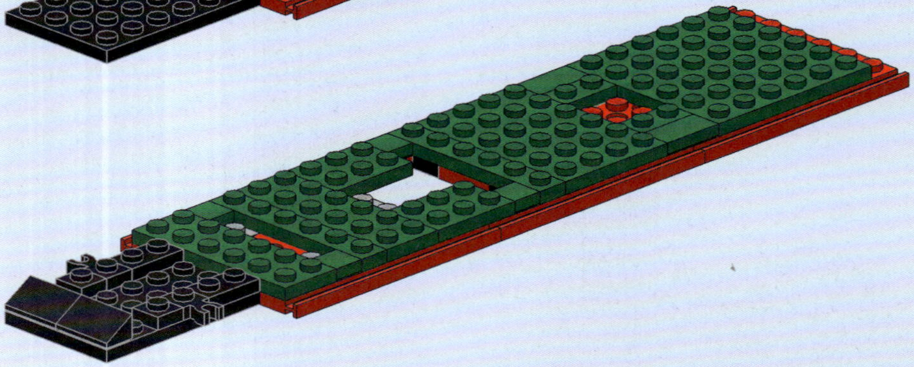

Das Kabel sollte mindestens 15 cm lang sein, damit der Motor sich gut drehen kann. Im Innern der Lok ist genug Platz, um das Kabel in einer Schlaufe zu verlegen.

3

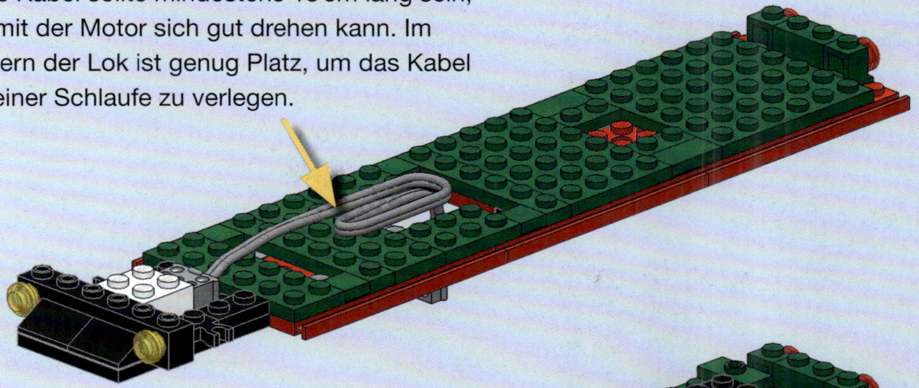

4

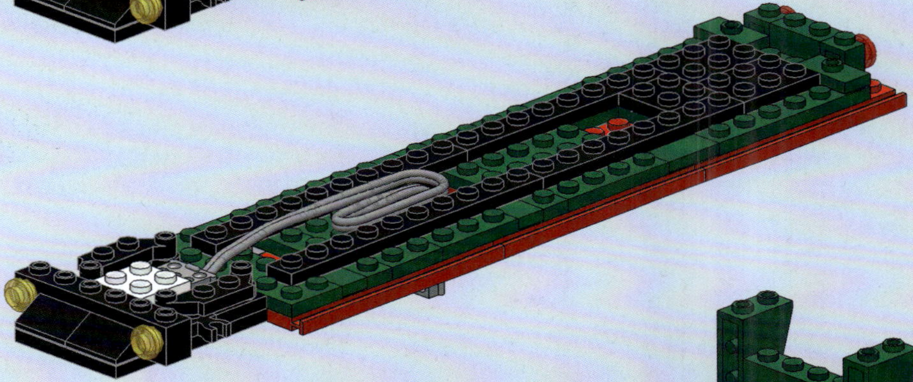

5

6

7

8

9

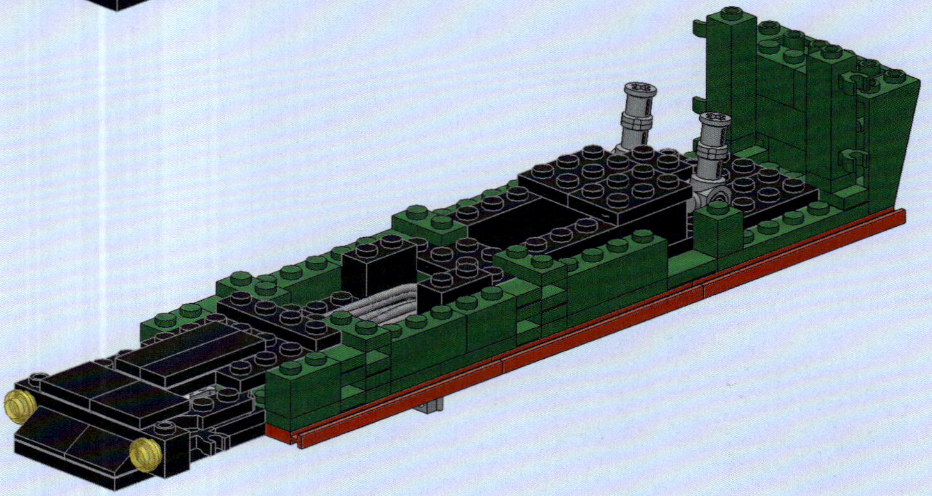

10

11

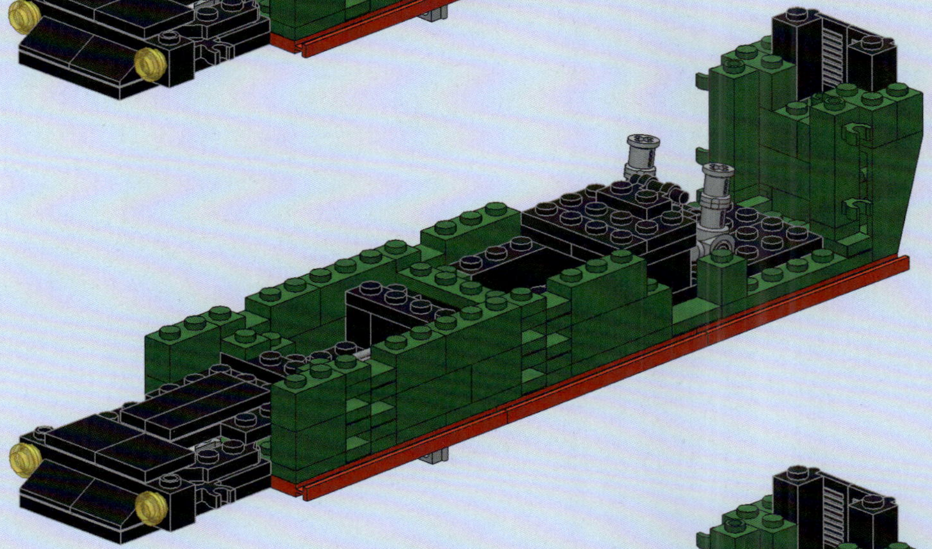

12

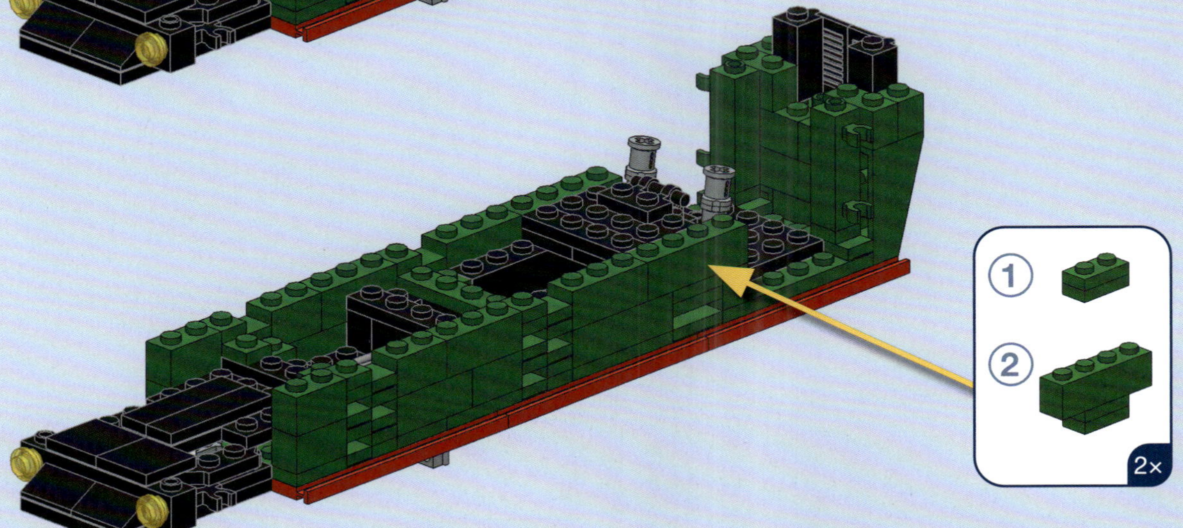

13

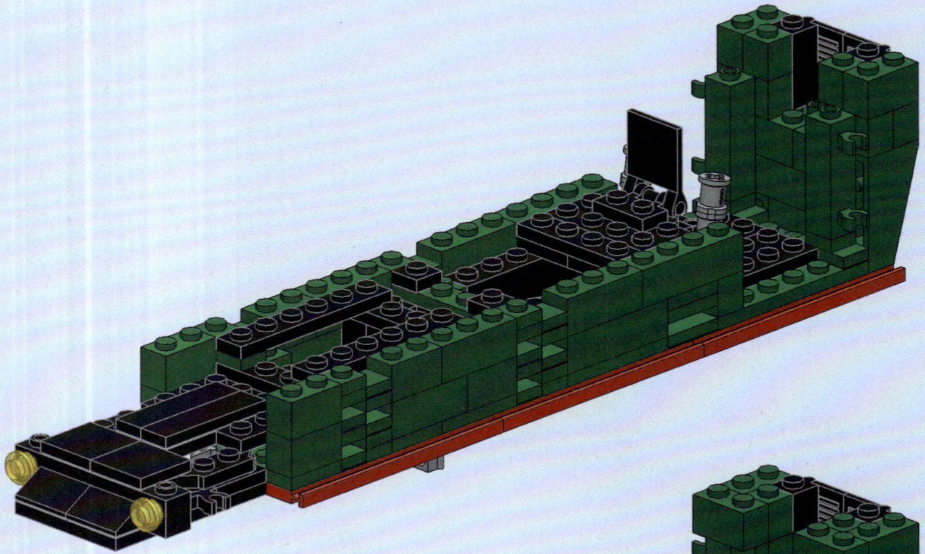

14

15

16

17

18

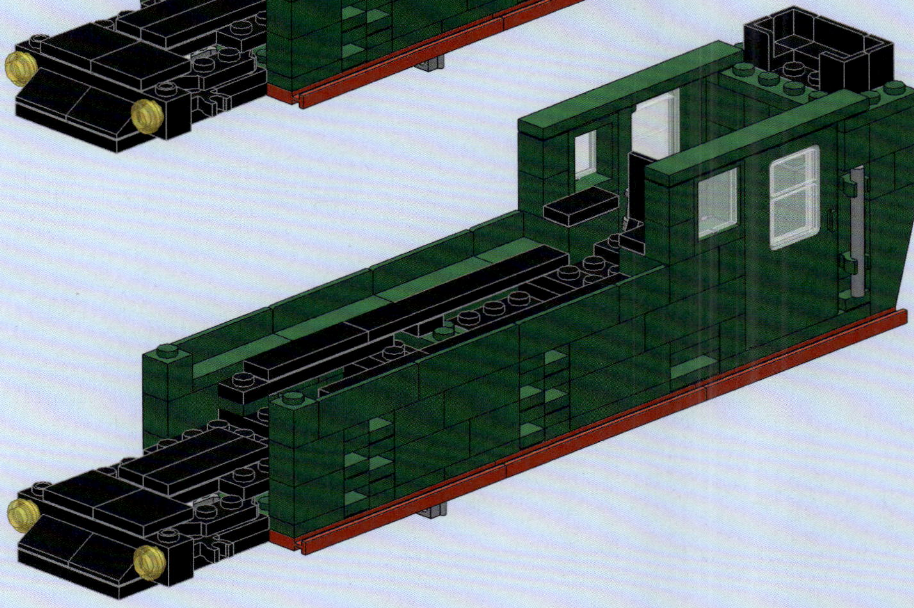

19

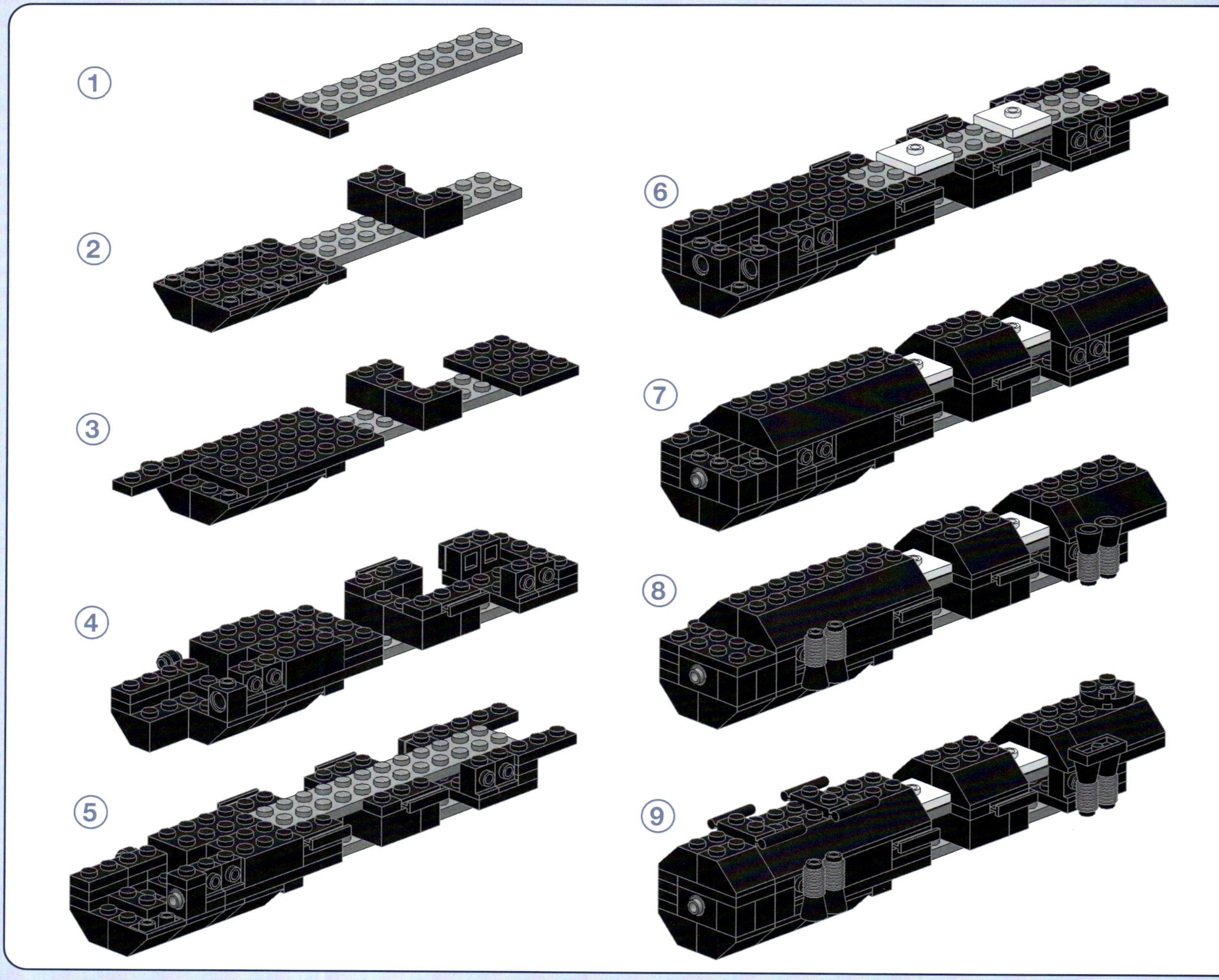

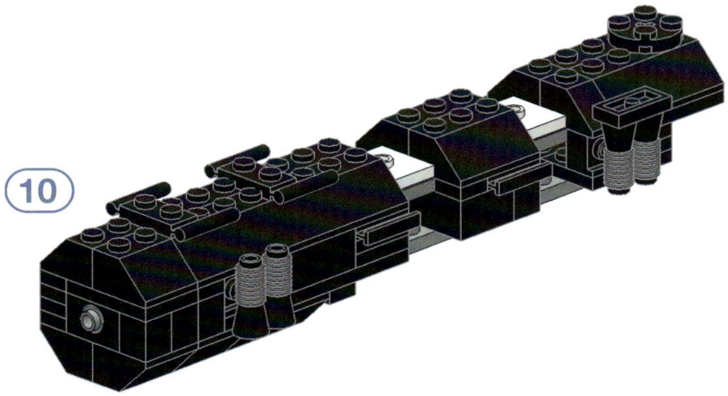

Die Schläuche sind ca. 9,8 cm (12 L) lang und haben die Teilenummer x467c12. Solche Schläuche waren in #7727 und #7750 und einigen anderen LEGO-Sets enthalten. Die Schlauchenden müssen im Kessel versteckt werden, damit sie außen schön am Kessel entlanglaufen.

Als Schornstein kommen ein schwarzer Minifigurkopf (3626c) und ein schwarzer Palmenstamm (2536d) zum Einsatz.

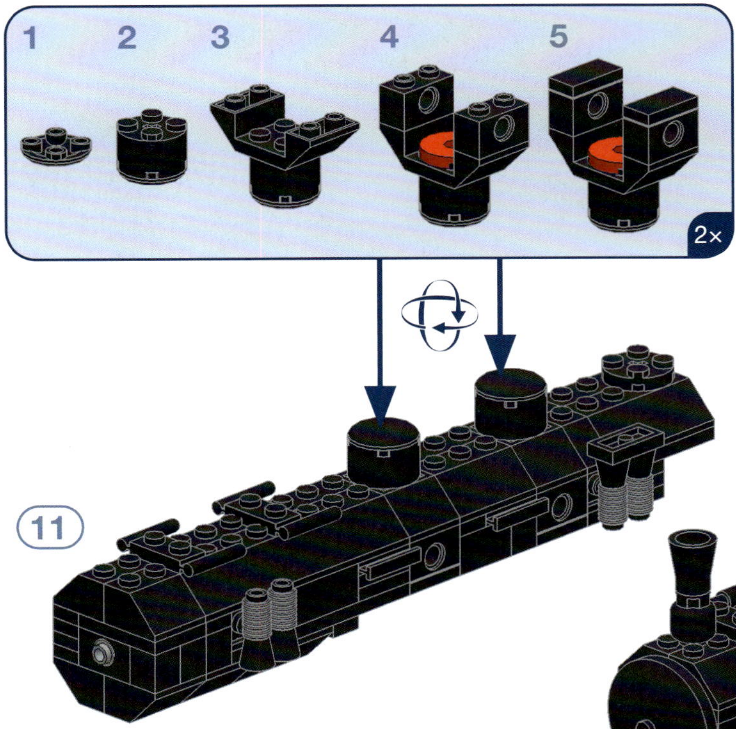

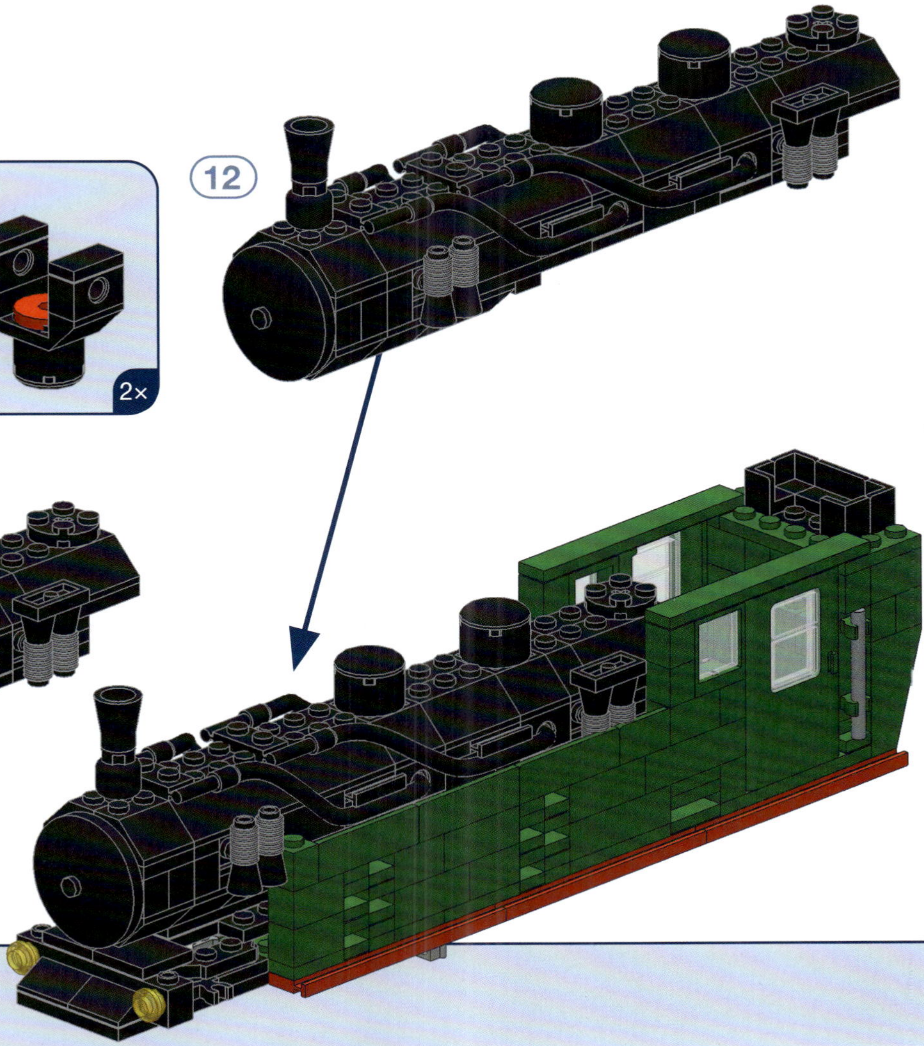

Eine große Dampflok im Graue-Ära-Stil zu bauen, ist nicht so einfach. Die großen Lokräder aus #7750 sind nicht angetrieben, daher muss der Motor im Tender eingebaut werden. Wenn die 12-V-Eisenbahnmotoren an der Lok verbaut werden sollen, bietet sich die Mallet-Bauart an.

Mallet-Loks verfügen über zwei angetriebene Drehgestelle mit vergleichsweise kleinen Rädern. Damit konnten die Vorbilder enge und kurvenreiche Bergstrecken, z. B. die Strecke auf den Brocken im Harz, meistern.

Teileliste auf *www.holgermatthes.de/teilelisten*

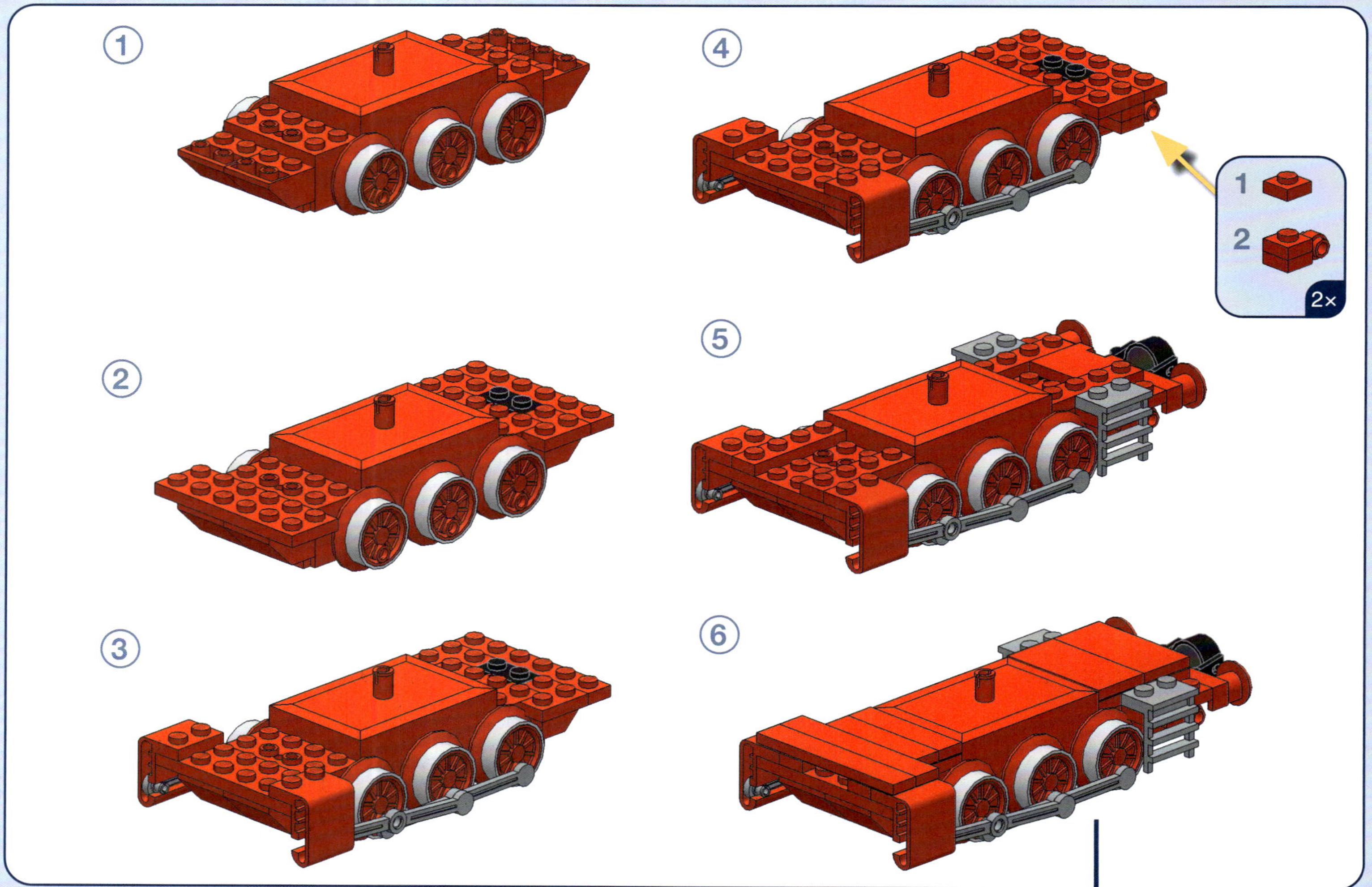

20

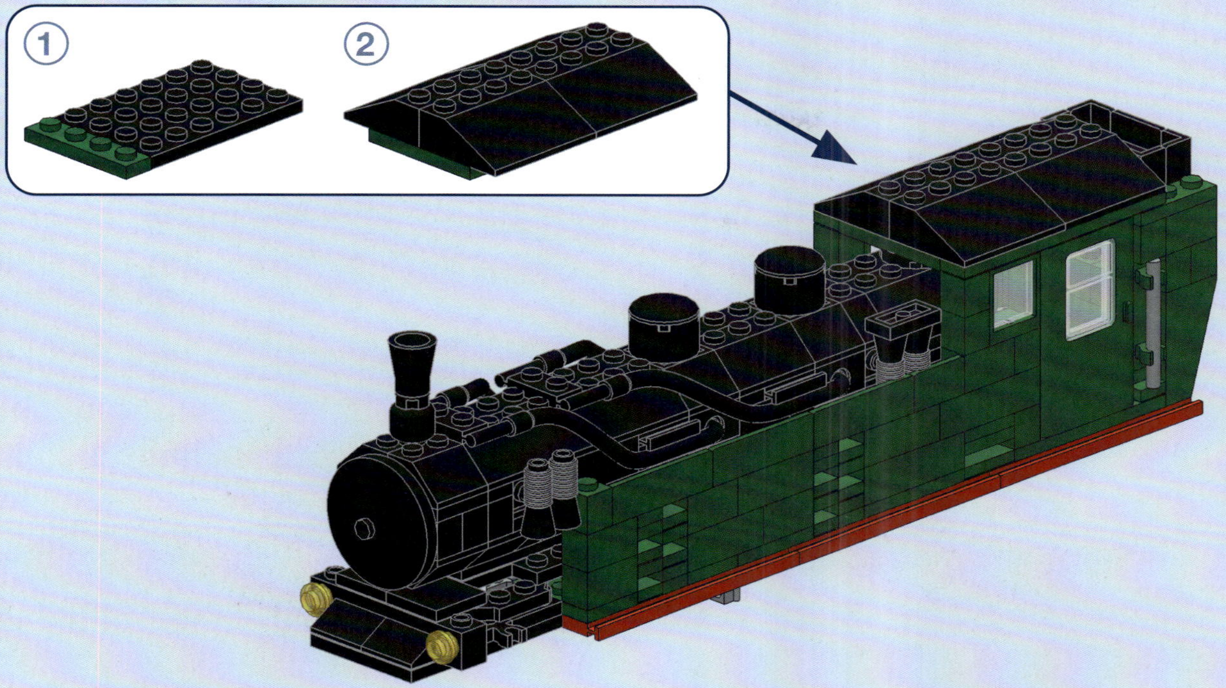

21

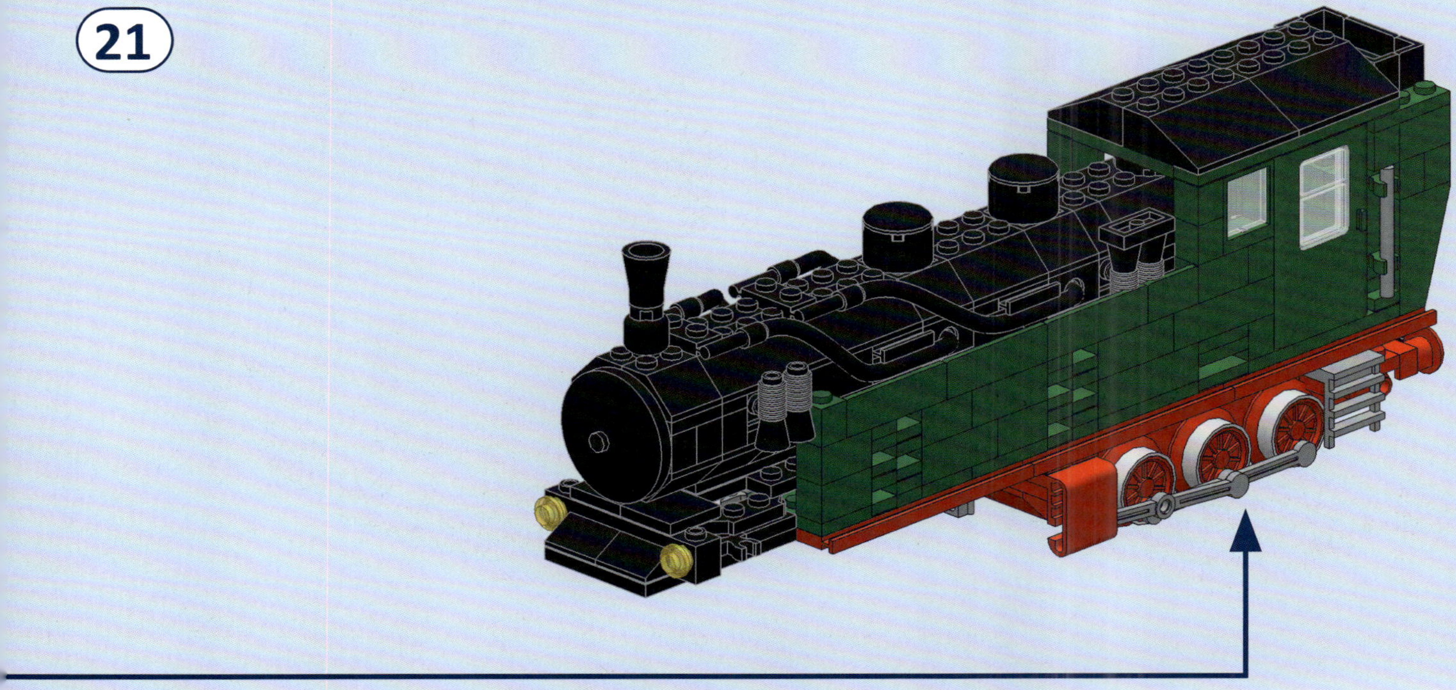

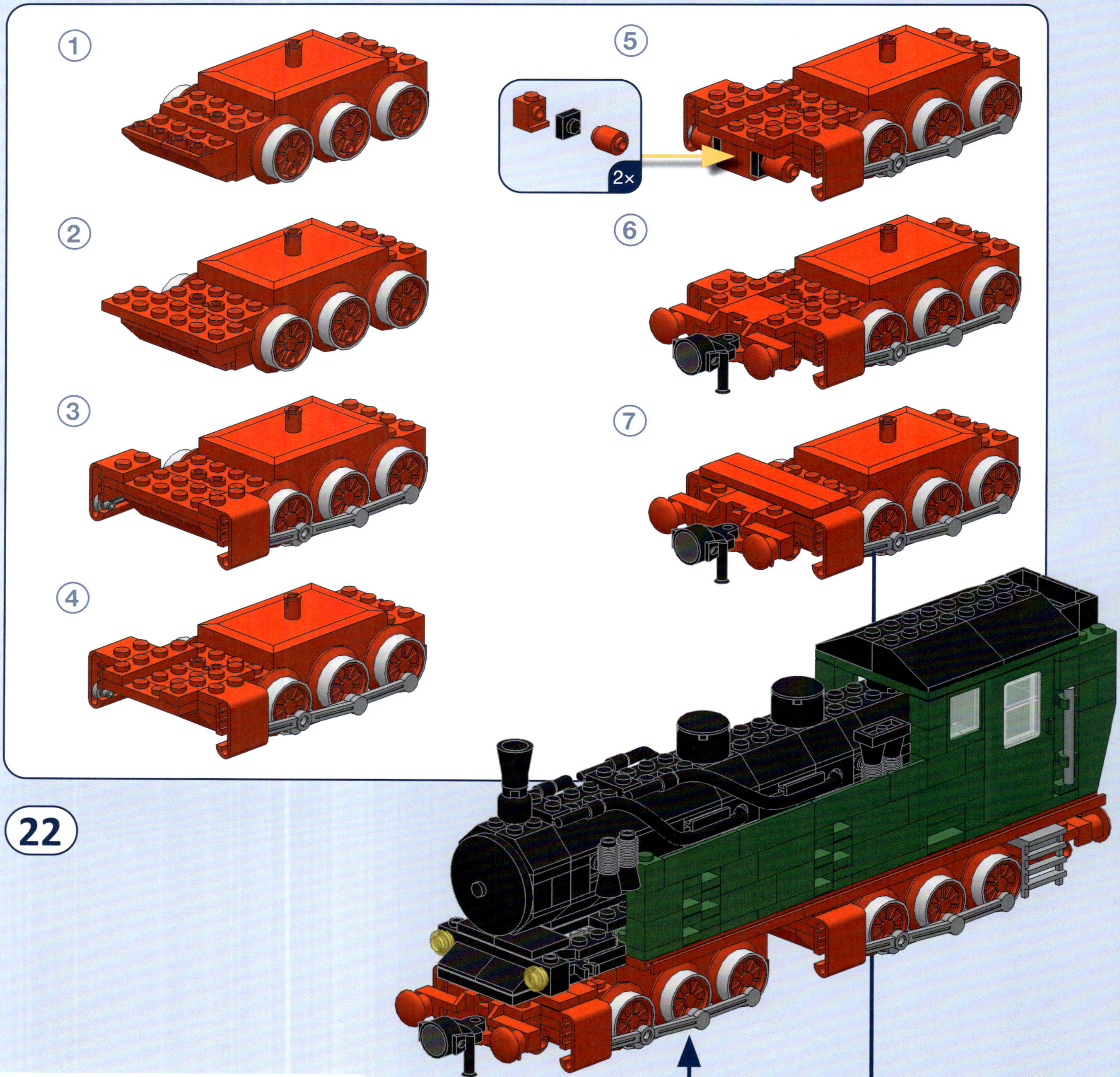
1
5
2×
2
6
3
7
4
22

7725 | 12-V-Triebzug

Erscheinungsjahr: 1981
Name (Verpackung): 12 V Eisenbahn.
Name(n) (Kataloge): 12 Volt Schnelltriebwagen | Passagierzug 12 Volt | 12 Volt Schnelltriebwagen (dreiteilig) mit Schienenkreis und Personal
System: 12 V
Neupreis: 104,00 DM/110,00 DM/119,00 DM/840 ÖS
Altersempfehlung: ab 8 Jahre
Verfügbar bis: 1984
Kategorie: Zugset mit Schienen
Teilezahl: 483
Figuren: 1 Eisenbahner
Verpackung: Aufklappschachtel mit Klarsichtfolie und Pappeinschub, Halter für besondere Bauteile (Größe: 48,8 × 22,7 × 7,5 cm, Gewicht: 1890 g)
Bauanleitung: DIN-A5-Hochformat, geheftet, 32 Seiten, Anleitungen für Haupt- und Alternativmodell, Schienenreinigung, Kurzschlusshinweis, Gleispläne
Aufkleber: 1 Bogen

Vom Design her ist der Triebzug #7725 dem Personenzug #7740 ähnlich. Er war 1981 neben der Enkupplungsanlage #7862 und dem Ideenbuch #7777 die einzige Neuerscheinung. Preislich ist es als Einstiegsset in das 12-V-System zu betrachten, war es doch mit ca. 110 DM Neupreis das damals günstigste 12-V-Zugset. Entsprechend sparsam ist es auch ausgestattet. Der Triebzug besteht aus drei Einheiten, ein Eisenbahner steuert den Zug über einen Schienenkreis. Fahrgäste oder ein Bahnsteig sind nicht enthalten und unterstreichen so den Ergänzungscharakter dieses Sets zu den im Jahr zuvor erschienen Eisenbahnsets der Grauen Ära.

DB
7725
DB
7725
DB
7725
DB

7725
LEGO
12 V Eisenbahn.
Train 12 V.
Elektrische trein.
12V
7725

LEGO
LEGO
Ab 8 Jahre
A partir de 8 ans
Dagli 8 anni
Vanaf 8 jaar
Fra 8 år
7725

LEGO

7725
LEGO

7777 | Eisenbahn-Ideenbuch

Erscheinungsjahr:	1981
Name (Verpackung):	–
Name(n) (Kataloge):	Eisenbahn-Ideenbuch
System:	4,5V/12V
Neupreis:	7,50 DM
Verfügbar bis:	1984
Kategorie:	Paperware
Teilezahl:	–
Verpackung:	Größe: 29,7 × 21 cm, Gewicht: 264 g
Bauanleitung:	DIN-A4-Hochformat, 80 Seiten

»Das große Eisenbahn-Ideenbuch. Mit vielen interessanten Anregungen für lebendiges Eisenbahn-Spielen« – so beschreibt der Eisenbahnkatalog von 1981 das einzige eisenbahnspezifische Ideenbuch der Grauen Ära.

1981 hat LEGO mehr als 80 Seiten Inspirationen für die farbenfrohe Graue Ära im Hochformat veröffentlicht. Dieses Ideenbuch ist eine Mischung aus ganzseitigen, zum Teil sogar doppelseitigen Fotografien von Eisenbahnszenen und nachfolgenden Detailausschnitten und kurzen Bauanleitungen. Man kann sich stundenlang jede Seite genau betrachten und entdeckt alles über Eisenbahnen, Gebäude und andere Dinge neben den Gleisen und zur Eisenbahntechnik.

Erwähnenswert ist der kleine Reparaturwagen auf den Seiten 6 und 7. Ganz klar kommen hier typische Classic-Space-Teile zum Einsatz, und dieses Modell ist ein schöner Vorgriff auf das Set #7821 Reparaturwagen, das aber erst 1983 erscheinen sollte.

Kleine sinnvolle Details wie die Kabelführung auf Seite 6 und 7 machen den Mehrwert des Ideenbuchs aus. Die Lücken in runden 2 × 2 Platten werden genutzt, um Kabel zu befestigen und neben den Gleisen entlangzuführen.

Vergleicht man die offiziellen Sets, die 1980 die Graue Ära eingeläutet haben, mit den Eisenbahnen im Buch, dann findet man beides: offizielle Sets wie zum Beispiel #7740, #7750 oder den roten Postwagen #7820. Aber die Mehrheit der gezeigten Lokomotiven und Wagen sind neue Kreationen der LEGO-Designer. Ein Highlight ist die große schwarze Dampflok auf den Seiten 38 bis 41. Wenn man nicht selber eine #7750 und #7810 hatte, dann war es unmöglich, dieses Monster nachzubauen. Diese große Dampflok mit Vor- und Nachlaufachsen benötigt alle einzigartigen Bauteile der #7750 wie zum Beispiel die großen roten Räder, die roten Drehplatten oder den schwarzen 1 × 2 Stein mit Kabelführung.

Neben Lokomotiven und Wagen behandelt das Ideenbuch #7777 noch viele andere Eisenbahnthemen: Beleuchtung, Brücken, Rampen oder verschiedene Kräne, die neben den Gleisen stehen. In der Mitte des Buchs gibt es eine riesige Eisenbahnanlage mit einer gelben Brücke und zwei Rampen aus gelben Technic-Lochbalken.

Bevor das Buch inhaltlich von 12 V auf 4,5 V umsteigt, bieten die Seiten 58 bis 61 einige Gleispläne inklusive einer Tabelle, welche Zubehörsets dafür benötigt werden. Auf Seite 59 war eine Schablone zum Zeichnen von eigenen Gleisplänen abgedruckt, die oft ausgeschnitten wurde, um damit zu »arbeiten« und eigene Anlagen zu planen.

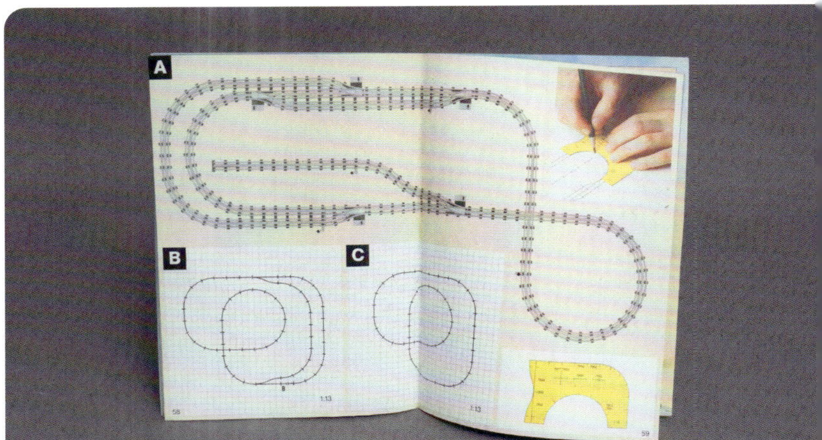

7862 | 12-V-Entkupplungsanlage mit Fernsteuerung

Erscheinungsjahr: 1981
Name (Verpackung): Ferngesteuerte Entkupplungsanlage (12-Volt)
Name(n) (Kataloge): 12 V Enkupplungsanlage | Ferngesteuerte Entkupplungs-Anlage (12 Volt) mit Schwellen, Schalter, Kabel und Schienen
System: 12 V
Neupreis: 50,00 DM/160 FF/330 ÖS
Altersempfehlung: ab 8 Jahre
Verfügbar bis: 1984
Kategorie: Zubehör

Teilezahl: 16
Verpackung: Schachtel mit seitlichen Laschen, Styroporeinsatz (Größe: 23,8 × 14,3 × 4,7 cm, Gewicht: 205 g)
Bauanleitung: Faltblatt 13,5 × 13,5 cm (2 × 1 Quadrate), 120233 © 1981, die Bauschritte sind nicht durchnummeriert, und der Aufbau wird nicht vollständig gezeigt, es fehlt ein Bauschritt, der das Anbringen der Schienen und Schwellen zeigt.

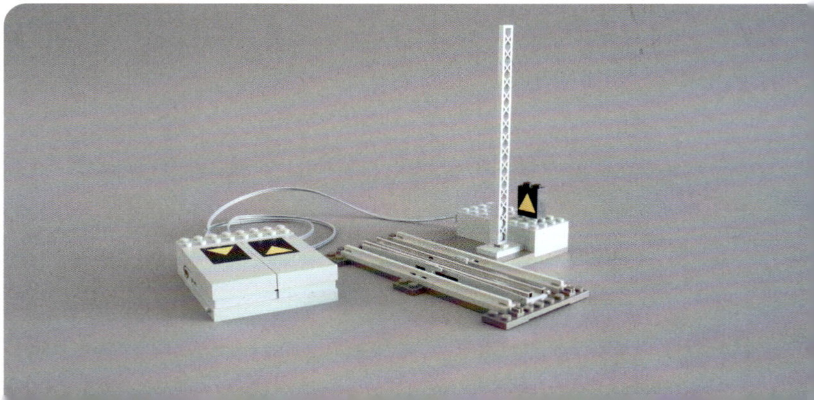

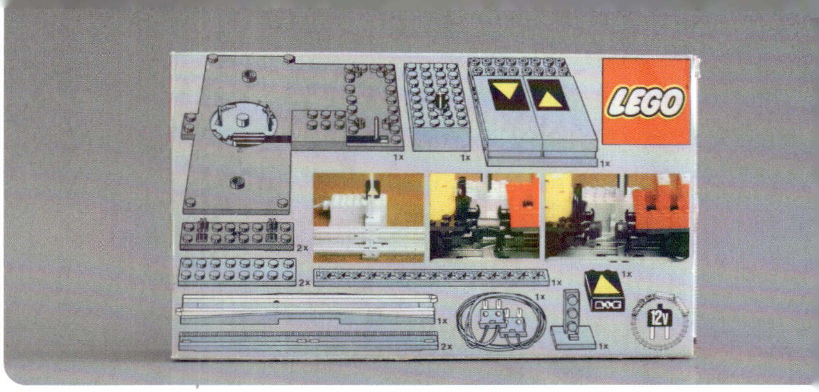

Wer sich fragt, wozu an den Magnethaltern der Eisenbahnkupplungen ein senkrechter Stift nach unten ragt, bekommt mit der Entkupplungsanlage #7862 die Antwort. Der Drehteller unter der ausgehöhlten Stromführung verkeilt die Magneten im Entkuppeln-Modus so, dass sie getrennt werden, wenn die Lok wieder losfährt. Der Mechanismus ist etwas hakelig, und die zu trennenden Fahrzeuge müssen ziemlich genau über dem Drehteller positioniert werden. Der Gittermast ragt nackt in die Luft, hier fehlt ein Schild oder Symbol, das die Entkupplungsanlage auch von Weitem als solche erkennen lässt. Erst bei näherer Betrachtung entdeckt man den besonderen gelben Dreieck-Aufdruck auf dem 1 × 2 × 2 Stein, der auf den elektromagnetischen Umschalter gesteckt wird.

Diese schöne, funktionale Ergänzung hatte nicht lange Bestand und war zuletzt in Katalogen aus dem Jahr 1984 gelistet.

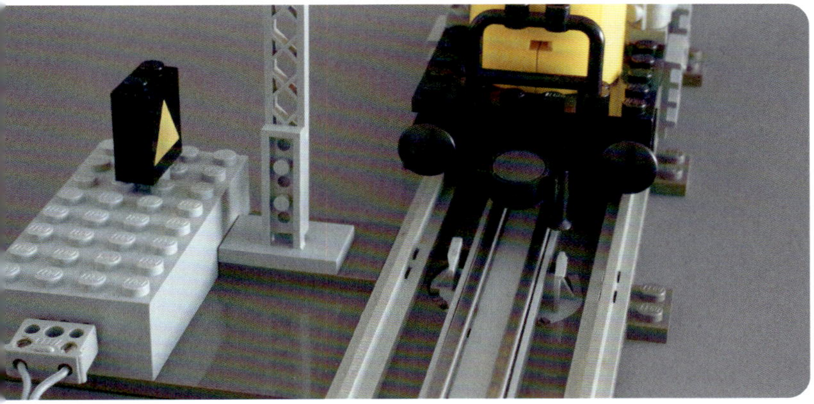

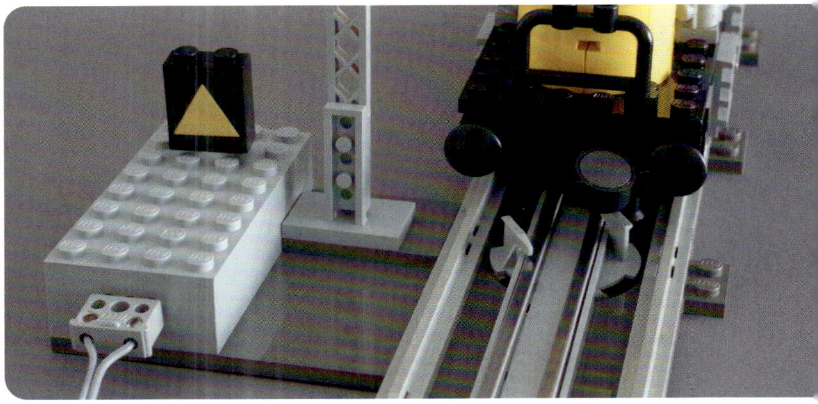

Gewinnspiel: Entdecke den richtigen Zug!

Begehrtes Sammlerstück ist das Poster *»Entdecke den richtigen Zug!«* zum großen Gewinnspiel von 1981. Aufgefaltet hat es eine Größe von vier DIN-A4-Seiten (also DIN A2).

Die Schweizer Version zum Gewinnspiel war mit *»Nimm den richtigen Zug!«* betitelt.

Kurz erklärt

Farbschema

Die Züge, Lokomotiven, Wagen und Infrastruktursets der Grauen Ära waren alles andere als grau. Vielmehr kommt die volle Palette an primären LEGO-Farben der damaligen Zeit zum Einsatz: Rot, Gelb, Blau, Weiß, Schwarz. Das heute bekannte Farbspektrum von LEGO-Steinen war damals noch unbekannt, die Farbe Grün war beispielsweise nur Grundplatten, Blumen und Bäumen vorbehalten. Grau kam bei Straßen- und Grundplatten, Plattformen und Bahnsteigen und natürlich bei den Schienen zum Einsatz. Hellere oder dunklere Varianten der Hauptfarben waren ebenfalls noch nicht bekannt, einzige Ausnahmen bilden die dunkelgrauen Schwellen.

Die häufigste Farbe ist mit Abstand Rot. Sie kommt bis auf eine Ausnahme (Rangierlok #7760) in allen Zugsets der Grauen Ära vor.

Die wohl bekannteste und häufigste Farbkombination ist Gelb-Rot, die Farben des LEGO-TEE #7740. LEGO wagt hier eine spielerische Annäherung an die damals bei der Deutschen Bundesbahn bekannten Farben Beige und Dunkelrot der TEE- und Intercity-Züge. Weil es noch keine Sonderfarben wie Beige und Dunkelrot im LEGO-Farbspektrum gab, kamen die Standardfarben Gelb und Rot zum Einsatz. Das gelbe Fensterband und der darunterliegende rote Bereich prägten später auch die passenden Wagen #7815 und #7819. Auch der Postwagen im Set #7822 und die Lokomotive im Set #7735 sind in Gelb-Rot gehalten.

Die Kombination Rot-Blau vom Personenwagen #7818 kommt später noch einmal bei den Personenwagen aus #7715 zum Einsatz. Die Shell-Farben Gelb und Weiß mit rotem Streifen werden in den beiden Shell-Wagen #7813 und #7816, für die Ölfässer im Set #7822 und in Set #7735 verwendet.

Das rot-schwarze Farbschema der Dampfloks entspricht der farblichen Gestaltung deutscher Dampfloks, wie sie nach dem Zweiten Weltkrieg in Deutschland im Einsatz waren. Somit war ein hoher Wiedererkennungswert gegeben. So gut rote Räder unter Dampfloks passen, so unpassend sind sie an anderen Lokomotivtypen oder Wagen. Teilweise hat LEGO hier die Tradition der Blauen Ära fortgeführt und rote Räder verwendet. Mehr Nähe zur Realität vermitteln aber die schwarzen Räder, die mehrheitlich in Sets der Grauen Ära zum Einsatz kamen.

Eine kuriose Kombination sind schwarze Zugräder mit roten Achspins. Solche Räder tauchen vor allem in einigen späten Sets der Grauen Ära aus den Jahren 1985/86 auf. Der Schluss liegt nahe, dass damals schon die Weiterentwicklung dieses Systems auf Eis gelegt wurde und Überkapazitäten an roten Achspins für die letzten produzierten Sets aufgebraucht wurden. Eine erneute Produktion schwarzer Achspins lohnte nicht, da dieses Bauteil zukünftig nicht mehr zum Einsatz kommen sollte.

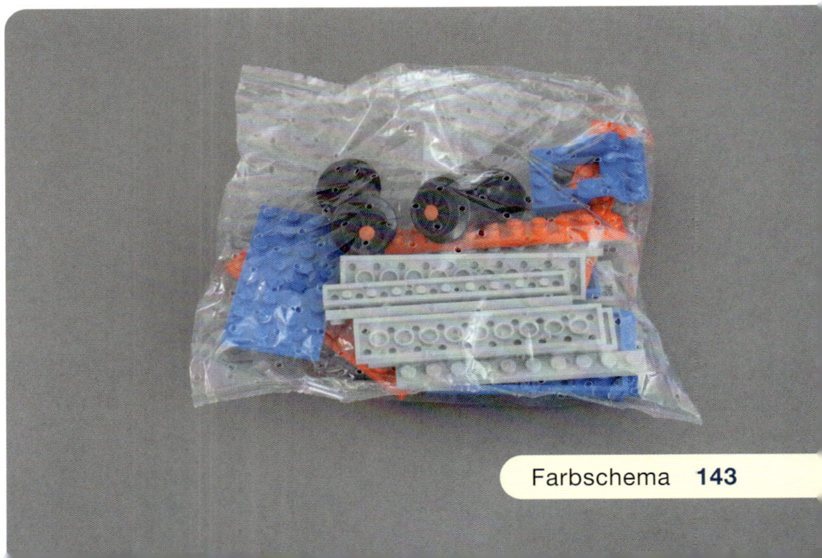

7727 | 12-V-Güterzug mit Dampflok

Erscheinungsjahr:	1983
Name (Verpackung):	12 V Güterzug
Name(n) (Kataloge):	12 V Güterzug
System:	12 V
Neupreis:	149,00 DM/159,00 DM
Altersempfehlung:	ab 8 Jahre
Verfügbar bis:	1984 (Nachfolgeset: 7735)
Kategorie:	Zugset mit Schienen
Teilezahl:	551
Figuren:	2 Eisenbahner
Verpackung:	Aufklappschachtel mit Klarsichtfolie und Pappeinschub, Halter für besondere Bauteile (Größe: 58 × 23 × 8 cm, Gewicht: 1650 g)
Bauanleitung:	DIN-A5-Hochformat, geheftet, 40 Seiten, Anleitungen für Haupt- und Alternativmodell, Schienenreinigung, Kurzschlusshinweis, Gleispläne und Informationsblatt zur Entstörungsschiene (117983a)
Aufkleber:	1 Bogen

In der zweiten Phase der Grauen Ära erschien der Güterzug #7727. Wie beim Vorgänger #7730 zieht auch hier eine kleine schwarze Dampflok mit rotem Eisenbahnmotor drei Güterwagen. Auch der Gabelstapler wurde übernommen, aber vergrößert und modernisiert, jetzt kommt das große Federgabel-Element erstmals zum Einsatz. Die kleine Dampflok hat nun ein drittes Spitzenlicht, hinter dem Schornstein sind die beiden Dampfdome nun flacher und breiter, jetzt kommen runde 2 × 2 Platten und neue runde 2 × 2 Fliesen zum Einsatz. Ein schmales schwarzes Fenster sucht man vergebens, aber das breitere schwarze Fenster hat es auch in das Set #7727 geschafft. Der Gewichtaufkleber zeigt die gleichen Werte wie schon in #7730, und die gesamte Antriebseinheit ist nun rot, die Dampfzylinder gibt es erstmalig auch in Rot.

Zwei baugleiche offene Güterwagen nehmen je zwei 4 × 6 große Paletten mit unterschiedlichem Frachtgut auf. Hier bilden die 16 Dachfirstecken ein nettes Detail und helfen dabei, die Paletten beim Beladen in die richtige Position zu bringen. Große Schiebetüren auf speziellen Führungsschienen am geschlossenen Güterwagen erlauben Kinderhänden und dem Gabelstapler einen perfekten Zugang zur Fracht.

#7727 war das letzte Set mit einem roten Eisenbahnmotor. Das rote Fahrzeug, das hier als Fracht zum Einsatz kommt, ist baugleich in Gelb im Bahnhof #7824 enthalten. Das Set #7727 zeigt einmal mehr, dass die LEGO-Eisenbahn der Grauen Ära ein echter Innovationsträger war. Wie in einigen weiteren Eisenbahnsets, die 1983 erschienen sind, findet man auch in #7727 die neuen Fingerscharniere (mit drei bzw. zwei Fingern und geschlossener Noppe), die Schiebetüren mit den entsprechenden 1 × 8 Platten mit Führungsschiene und die 6 × 6 Eisenbahndächer.

7755 | 12-V-Diesellokomotive

Erscheinungsjahr:	1983
Name (Verpackung):	12 Volt Diesellokomotive
Name(n) (Kataloge):	12 Volt Diesellokomotive
System:	12 V
Neupreis:	86,00 DM/97,00 DM
Altersempfehlung:	ab 8 Jahre
Verfügbar bis:	1984
Kategorie:	Lokomotive
Teilezahl:	158
Figuren:	1 Eisenbahner
Verpackung:	Aufklappschachtel mit Klarsichtfolie und Pappeinschub, Halter für besondere Bauteile (Größe: 38 × 19 × 5,5 cm, Gewicht: 794 g)
Bauanleitung:	DIN-A4-Hochformat, geheftet, 12 Seiten, Anleitungen für Haupt- und Alternativmodell, Schienenreinigung, Kurzschlusshinweis, Gleispläne
Aufkleber:	1 Bogen

Die große Diesellokomotive #7755 löst die Lokomotiven #7750 und #7760 ab. Inspiration für dieses Set stammt wohl von der Baureihe V 100 der DB. Auf der großen 6 × 28 Eisenbahngrundplatte erfolgt ein symmetrischer Aufbau, zunächst eine Reihe aus hellgrauen Steinen, der Rest ist in Rot gehalten. Ein Eisenbahner verrichtet seinen Dienst als Lokführer. Die Drehgestelle sind im Vergleich zu ähnlichen Konstruktionen in #7740/#7745 mit Trittstufen aus 2 × 6 Platten ausgestattet. Ansonsten sind wenige Details an dieser Lok zu finden, unklar bleibt auch, warum sie auf den Hauben nur über ein zentrales Licht verfügt?

Wirklich passende Wagen zur Zugbildung mit der #7755-Lok sind im damaligen Sortiment nicht zu finden. Die 16 Noppen langen, kompakten Güterwagen passen optisch nicht so recht hinter diese große Lok. Bleibt noch der lange Kranwagen #7814 oder der Postwagen #7820. Die beiden langen gelb-roten Schlaf- bzw. Post- und Gepäckwagen gehören eindeutig eher zum #7740.

Neue und seltene Teile sind im Set #7755 nicht zu finden. Nur das neue 6 × 6 Dachelement ist hier erwähnenswert. Vor dem Start der Ritterserie 1984 war das Set #7755 eins der wenigen, das über eine nennenswerte Menge an hellgrauen normalen Steinen verfügt.

7815 | Schlafwagen

Erscheinungsjahr:	1983
Name (Verpackung):	Schlafwagen
Name(n) (Kataloge):	Schlafwagen mit Fahrgästen
System:	4,5 V
Neupreis:	42,00 DM/44,95 DM
Altersempfehlung:	ab 7 Jahre
Verfügbar bis:	1984
Kategorie:	Einzelwagen
Teilezahl:	220
Figuren:	2 Fahrgäste
Verpackung:	Schachtel mit Deckel (Größe: 25,9 × 12,7 × 6,2 cm, Gewicht: 415 g)
Bauanleitung:	Faltblatt 13,5 × 13,5 cm (2 × 4 Quadrate), Anleitungen für Haupt- und Alternativmodell

1983 erschienen zur Ergänzung für #7740 der Schlafwagen #7815 und der Post- und Gepäckwagen #7819. Mit insgesamt vier großen Wagen entsteht so ein stattlicher Zug. Zusätzliche Wagen passend zu einem großen Zugset gab es später nur noch mit dem Panoramawagen #4547 passend zum Metroliner #4558.

Die Formsprache der großen Passagierwagen wurde auch beim Schlafwagen beibehalten, an den Enden befinden sich die Eisenbahntüren, und die einfachen Faltenbalge sind aus 1 × 2 Steinen gebaut. Die schmalen Eisenbahnfenster erlauben nur wenige Einblicke ins Innere. Nimmt man aber das Dach ab – was dank der neuen 6 × 6 Dachelemente deutlich einfacher geworden ist –, entdeckt man die vier Schlafplätze und das Waschbecken.

Die oberen beiden sind als Klappbetten beweglich, hier kommen die neuen Fingerscharniere zum Einsatz. Neben den normalen 1 × 4 Eisenbahnfenstern enthält dieses Set sechs schmale Eisenbahnfenster. Die 1 × 2 Fliesen in Weiß sind mit dem Schlafwagensymbol bzw. der Setnummer bedruckt. Jeweils vier dieser einzigartigen bedruckten Fliesen sind in #7815 enthalten.

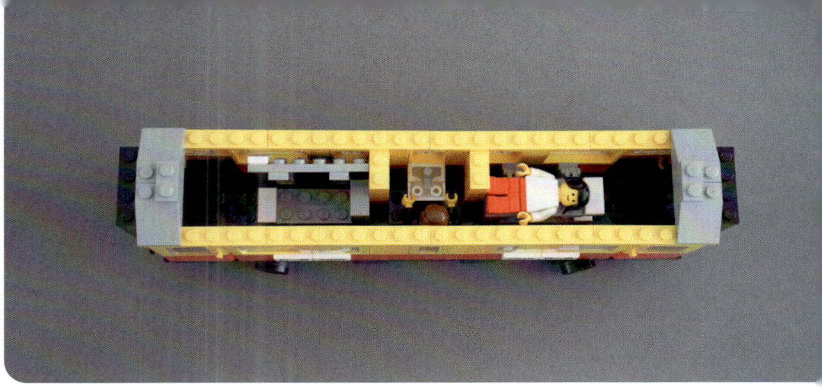

7819 | Post- und Gepäckwagen

Erscheinungsjahr:	1983
Name (Verpackung):	Post- und Gepäckwagen
Name(n) (Kataloge):	Post- und Gepäckwagen
System:	4,5 V und 12 V
Neupreis:	42,50 DM
Altersempfehlung:	ab 7 Jahre
Verfügbar bis:	1984
Kategorie:	Einzelwagen
Teilezahl:	179
Figuren:	1 Postbeamter
Verpackung:	Schachtel mit Deckel (Größe: 26 × 12,6 × 6,4 cm, Gewicht: 402 g)
Bauanleitung:	Faltblatt 13,5 × 13,5 cm (2 × 4 Quadrate), Anleitungen für Haupt- und Alternativmodell
Aufkleber:	1 Bogen

Das Thema »Post« wurde 1982 in der LEGOLAND-Stadt eingeführt, es erschienen das Postamt #6362 und ein Zustellfahrzeug mit Briefkasten #6651. Ein Jahr später kommt dann der Post- und Gepäckwagen #7819 dazu. Ein Postbeamter verrichtet am Sortierarbeitsplatz seinen Dienst. Der Postwagen ist mit einer großen Ladefläche für 4 × 6 Paletten ausgestattet. Die Ladefläche wird über breite Eingänge auf beiden Seiten erreicht, die mit neuen, roten Schiebetüren verschlossen werden. Durch die Verwendung der Platten mit Führungsschiene ist der Postwagen eine Plattenreihe höher als seine Artgenossen. Seitliche Positionslichter am hinteren Ende des Wagens sind ein einfaches, effizientes Detail dieses Sets.

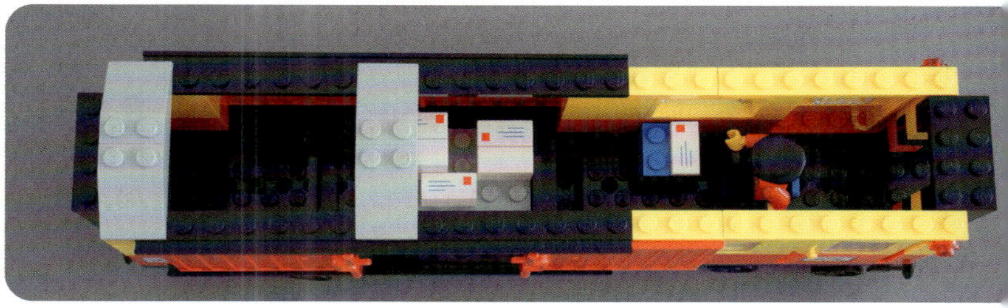

Gleisschablone

Den 1985er-Sets #7715, #7722, #7735 und #7745 lag eine Gleisschablone (Teilenummer 196926) bei. Damit wurde die Idee aus #7777 wieder aufgegriffen, und man konnte im Maßstab 1:13 seine Traumstrecke aufzeichnen. Die Pappe hat die Abmessungen 15,9 × 13,4 cm und enthält Aussparungen für alle Gleisgeometrien wie Geraden, Kurven, Kreuzung und Links- und Rechtsweiche.

Kurz erklärt

Dampfzylinder und Kuppelstangen

Dampfzylinder und Kuppelstangen sind typische Merkmale jeder Dampflok. Bereits in der Blauen Ära (#133, #725 und #726) hatte LEGO bewegliche Stangen im Angebot, und so konnte damals schon richtiges Dampflok-Feeling aufkommen. Diese speziellen Teile (Teilenummer x460) wurden für die Graue Ära neu entworfen. Die hellgrauen Stangen werden als Kuppelstangen direkt in die kleinen Löcher der Räder am 12-V-Eisenbahnmotor geklipst. Als Treibstange wird das Bauteil in der Mitte der Kuppelstange eingeklipst und taucht in den Dampfzylinder ein.

Die Dampfzylinder gab es in Schwarz (#7730, #7750 und #7856 sowie im Servicetütchen #1146) und in Rot (#7715, #7722 und #7727). Die spätere Version (Teilenummer x461b) hat im Vergleich zur früheren Version (x461) zusätzliche Rillen als Verstärkung, die Funktionsweise und Verbaubarkeit sind jedoch für beide Varianten identisch.

An den Dieselloks #7735 und #7760 waren die hellgrauen Stangen nur als Kuppelstangen verbaut.

6 × 6 Dachelement

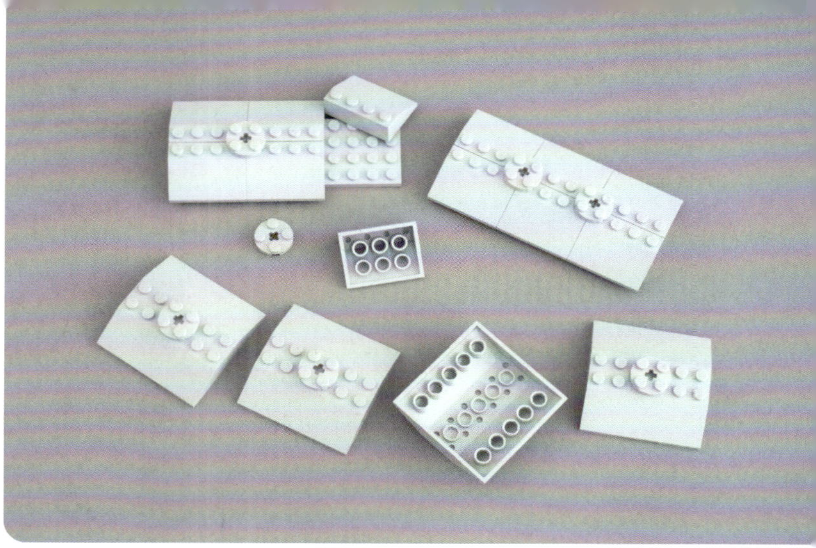

Das 6 × 6 Dachelement (Teilenummer 4509) gehört seit 1983 zum LEGO-Teilesortiment und ist in allen Lokomotiv- und Wagensets dieses Jahrs zu finden. Es ist so gestaltet, dass es leicht abnehmbar ist, um das Innere der Loks und Wagen zu bespielen. Die bei den vorherigen Dachkonstruktionen notwendigen Fliesen konnten entfallen.

Eine kleine Kerbe an den Seiten, wie man sie von Fliesen kennt, hilft beim Abnehmen der Dächer. Dieses Dachelement war in den Farben Hellgrau und Schwarz in Sets der Grauen Ära enthalten, später wurde es auch im neuen Dunkelgrau produziert.

6 × 8 Rampe

Die 6 × 8 Rampen (Teilenummer 4515) wurden ursprünglich für die Bahnübergänge #7835 und #7866 erfunden und gelten somit als spezielles Eisenbahnteil. Katalogisiert werden sie als Dachstein mit 10° Neigung. Erst nach dem Ende der Grauen Ära wurde dieses Bauteil auch in anderen Farben hergestellt und tatsächlich als Dach oder Spoiler verbaut.

Ich benutze dieses Bauteil für die zahlreichen Dächer der Industriegebäude am Binnenhafen.

Beschichtetes Metall

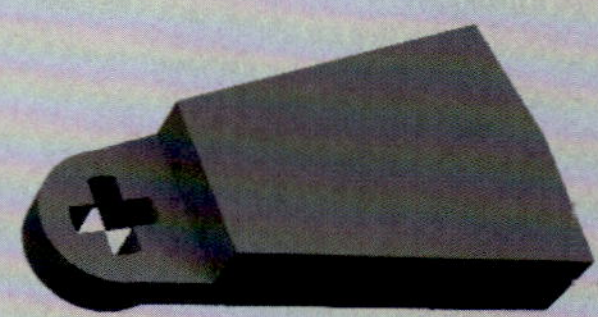

LEGO aus Metall? Wenn ein hohes Eigengewicht notwendig war, wurden einige wenige LEGO-Bauteile tatsächlich aus beschichtetem Metall gefertigt. In den Sets der Grauen Ära sind der Kranhaken (Teilenummer x99) in #7823 und das Bahnschrankengegengewicht (Teilenummer 70163) in #7835 und #7866 zu finden.

Kurz erklärt

Gittermast

Unverkennbar mit der Grauen Ära ist der hellgraue Gittermast (Teilenummer 4168) verbunden. Dieses 16 Noppen lange, flache Bauteil erschien erstmalig 1980 in den Eisenbahnsets #7814, #7822 und #7860. Auf Bahnhöfen und an Eisenbahnanlagen der realen Welt ist eine Vielzahl solcher Masten für Beleuchtungen, Schilder und vor allem für die Oberleitung zu finden. In der LEGO-Welt verleihen sie den Sets noch mehr Eisenbahncharakter. Für die senkrechte Fixierung des Masts sorgt ein spezieller Standfuß (Teilenummer 4169): eine 2 × 3 Fliese mit einer senkrechten 1 × 3 Platte. Die beiden Bauteile waren auch als Servicetüte #1216 bzw. #5200 erhältlich, was auch ganz gut war, da der filigrane Mast leicht durchbrechen konnte.

Folgt man den Bauanleitungen, wird am Gittermast das Signal oder eine Laterne befestigt. Im Kranwagen #7814 wird der Kranarm aus zwei dieser Gittermasten gebaut. Der eigenen Fantasie sind aber keine Grenzen gesetzt, wie und für was man den Gittermast einsetzen kann.

Der graue Gittermast taucht außerhalb der Grauen-Ära-Eisenbahnsets noch im sehr seltenen Lkw #1525, im 9-V-Set #4544 und im Model-Team-Set #5591 auf. Den Gittermast gab es in Weiß 1991 in drei Hafensets und zuletzt 1996 in Rot im Rennautotransporter #6335. Entsprechend teuer wird dieses Bauteil heute gehandelt. Der Standfuß war nach seiner Zeit in Eisenbahnsets 1988 noch in Weiß im Weltraumset #6828 aus der Futuron-Reihe enthalten.

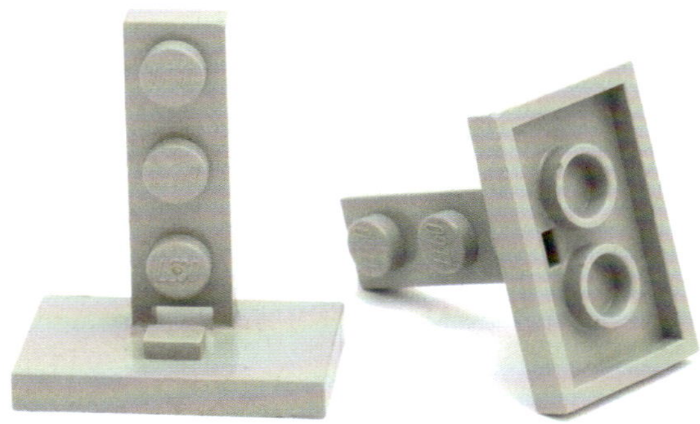

BAMBERG
7730
DB

7821 | Reparaturwagen

Erscheinungsjahr: 1983
Name (Verpackung): Reparaturwagen
Name(n) (Kataloge): Reparaturwagen
System: 4,5 V und 12 V
Neupreis: 21,50 DM
Altersempfehlung: ab 6 Jahre
Verfügbar bis: 1985
Kategorie: Einzelwagen
Teilezahl: 82
Figuren: 2 Eisenbahner
Verpackung: Aufklappschachtel mit abgerundetem Innenkarton (Größe: 19,2 × 13 × 6,4 cm, Gewicht: 222 g)
Bauanleitung: Faltblatt 13,5 × 13,5 cm (2 × 4 Quadrate), Anleitungen für Haupt- und Alternativmodell

Der Hingucker des Reparaturwagens #7821 sind natürlich die vier schwarzen, schrägen Standbeine. Dieses »spacige« Bauteil würde man eher in Raumfahrtsets vermuten, aber es ist auch in #7821, #7838 und #7866 der Grauen Ära zu finden. Diese futuristischen Stützen passen gut in die 1980er-Jahre, vermitteln sie doch eine moderne, leichte Eleganz. Auf den Stützen sitzt ein alter, dicker 4 × 4 Drehteller mit der drehbaren Plattform. Ein schickes Detail sind die beiden hellgrauen »Flüstertüten«, die hier für die notwendige Arretierung sorgen, wenn der Reparaturwagen auf der Fahrt zum nächsten Einsatz ist. Zwei Eisenbahnmitarbeiter mit reichlich Werkzeugen und eine Laterne am Gittermast runden das kleinste 1983 erschienene Eisenbahnset ab.

Die Idee für einen solchen Reparaturwagen hatten die LEGO-Designer schon zwei Jahre früher: Das Ideenbuch #7777 zeigt einen ähnlichen Wagen, allerdings noch ohne (die damals noch nicht erfundenen) Stützen, aber schon mit der Arretierung gegen unerwünschtes Umschwenken der Plattform.

7824 | Bahnhof

Erscheinungsjahr: 1983
Name (Verpackung): Bahnhof
Name(n) (Kataloge): Bahnhof
System: 4,5 V und 12 V
Neupreis: 85,00 DM/44,75 US$/47,50 US$/49 US$
Altersempfehlung: ab 8 Jahre
Verfügbar bis: 1990
Kategorie: Infrastruktur
Teilezahl: 433
Figuren: 4 Eisenbahner, 1 Koch, 4 Fahrgäste

Verpackung: Schachtel mit bedrucktem Schuber; rechteckige, weniger längliche Form (Variante »© 1989«) (Größe: 43,1 × 28,7 × 6 cm, Gewicht: 1040 g)
Bauanleitung: DIN-A4-Hochformat, geheftet, 16 Seiten, Anleitung für das Hauptmodell, auf der Vorderseite ist ein alternatives Modell zu sehen.
Aufkleber: 1 Bogen

Der Bahnhof #7824 erscheint 1983 als Nachfolger für #7822. Diesmal ist mehr los am Bahnsteig, insgesamt sind neun Figuren enthalten, und die Eisenbahnmitarbeiter bekommen ihre erste (und einzige) Kollegin mit roten Haaren. Das Bahnhofsgebäude wurde mit verschiedenen Dachsteinen moderner gestaltet, und die Treppe hoch zum Kontrollturm, der Kiosk und die halboffene Wartehalle bieten ein stimmiges Gesamtbild. Da stört es auch nicht, wenn ein zweiter Bahnsteig oder eine Fußgängerbrücke über die Gleise fehlt. Als typisches Set der Grauen Ära dürfen die Laternen an Gittermasten nicht fehlen. Dem Spielspaß sind kaum Grenzen gesetzt, im Gegenteil: Fernsprecher und Briefkasten, kleine Koffer, ein Gepäckfahrzeug und die breite auf zwei 16 × 32 Grundplatten gebaute Plattform bieten genug Abwechslung, auch wenn der nächste Zug mal wieder Verspätung hat.

Das kleine gelbe Fahrzeug ist baugleich in Rot als Fracht in #7727 enthalten. Ab dem Jahr 1983 produziert LEGO für die Minifiguren richtige kleine Koffer, die aufgeklappt werden können und einer 1 × 1 Fliese Platz bieten. Erstmalig taucht im Bahnhof #7824 eine runde 2 × 2 Fliese mit Normaluhr als Aufdruck auf, und die Fingerscharniere werden um die Scharnierfliese mit zwei Fingern erweitert. Die Haltekonstruktion des Dachs der Wartehalle zeigt prominent die Verwendung dieser schönen Ergänzung. Im Jahr zuvor eingeführte Bauteile wie der Briefkasten oder die 1 × 4 × 5 großen Fenster und Türen finden im Bahnhof #7824 Verwendung.

Für die spätere Verpackungsvariante, die insbesondere in den USA zu finden ist und mithilfe des »© 1989« Aufdrucks zu identifizieren ist, wurde eine weniger lange, dafür breitere Box verwendet.

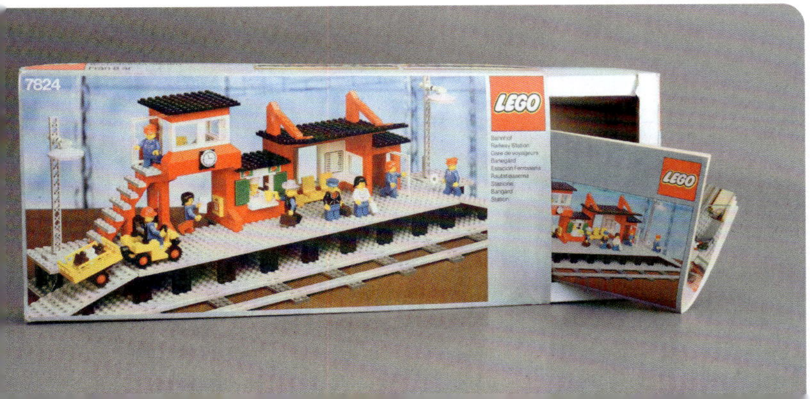

7838 | Güterbahnhof

Erscheinungsjahr:	1983
Name (Verpackung):	Güterbahnhof
Name(n) (Kataloge):	Güterbahnhof
System:	4,5 V und 12 V
Neupreis:	62,00 DM/65,00 DM
Altersempfehlung:	ab 7 Jahre
Verfügbar bis:	1985 (Nachfolgeset: 7823)
Kategorie:	Infrastruktur
Teilezahl:	313
Figuren:	1 Eisenbahner, 2 Speditionsmitarbeiter
Verpackung:	Schachtel mit bedrucktem Schuber (Größe: 40 × 26 × 5 cm, Gewicht: 820 g)
Bauanleitung:	DIN-A4-Hochformat, geheftet, 16 Seiten, Anleitung für das Hauptmodell

Der Güterbahnhof ist mit einer Stückguthalle, Kontrollposten, Baggerkran und einem kleinen Schüttgutwagen ausgestattet. Drei Arbeiter sorgen rechts und links von zwei 12-V-Gleisen für den reibungslosen Ablauf beim Güterumschlag. Stückgut in Form von zwei gestapelten 2 × 2 Steinen wird auf der Plattform umgeschlagen und hinter den großen weißen Schiebetüren zwischengelagert. Auf der gegenüberliegenden Seite wird das knappe Schüttgut in Form von zwölf 1 × 1 Rundsteinen in einer Wanne aufgefangen oder wieder in den Schüttgutwagen geladen. Dazu kann der Baggerkran auf seinen futuristischen Stützen mithilfe der neuen Führungsschienen bewegt werden.

Der kleine Güterwagen mit seinen beiden roten Mulden ist ein echter Hingucker. Auch wenn das Fassungsvermögen gering ist und die Ladung in schneller Kurvenfahrt auch mal flüchtig wird, bildet der Kippmechanismus aus Fingerscharnieren – angelehnt an den Öffnungsmechanismus einer Saloontür – eine elegante Möglichkeit, das Schüttgut im Güterbahnhof wieder loszuwerden … solange man die richtige Seite zum Abladen erwischt. Der Kontrollposten über der Lagerhalle ist lichtdurchflutet und erlaubt eine gute Übersicht über den ganzen Güterbahnhof. Nur der Aufstieg ist über die drei aufeinander gebauten Leiterchen etwas riskant.

Von den neuen Schiebetüren sind zwei weiße im Güterbahnhof enthalten. Die drei transparenten 1 × 4 Steine ohne innere Röhren und die hellgraue 32 × 32 Platte mit weißen Markierungen sind einzigartig in diesem Set. Die vier roten Muldenteile gab es zwei Jahre später noch einmal im Basic-Set #740. Zeitlos ist die gelbe Baggerschaufel mit Federmechanismus, die zwischen 1974 und 2015 in Gelb in zahlreichen Sets zu finden ist.

Eisenbahntüren in der Farbe Mittelblau (*medium blue*) aus Set #3832 kommen im MOC der kleinen E-Lok zum Einsatz. Hier versuche ich die Gratwanderung aus neuen Farben und wenigen »modernen« Teilen in Kombination mit der typischen, einfachen Bauweise einer LEGO-Eisenbahnlok aus der Zeit der Grauen Ära. Die Schüttgutwagen stammen aus dem 9-V-Set #4536, ich habe zwei Stück im alten Braunton gebaut und mit 12-V-Zugrädern ausgestattet. Der kleine Güterzug wird gerade im Güterbahnhof #7838 entladen.

Schiebetüren und Führungsschienen

1983 bringt LEGO neue Schiebetüren (Teilenummer 4511) mit speziellen 1 × 8 Führungsschienen (Teilenummer 4510) auf den Markt und verbaut sie gleich zahlreich in verschiedenen Eisenbahnsets. In den Sets der Grauen Ära ist die Schiebetür in den Farben Rot (#7722, #7727, #7819), Weiß (#7838) und Gelb (#7735) zu finden. In den 2000er-Jahren erscheint diese Türform zusätzlich in Neu-Hellgrau, Neu-Dunkelgrau und Schwarz. Damit auf der Plattform des Güterbahnhofs #7838 keine Lücke vor der 1,5 Noppen breiten Führungsschiene entsteht, wird eine zweite Reihe aus Führungsschienen verbaut, um im ganzzahligen Noppenraster zu bleiben.

Die Führungsschienen in Sets der Grauen Ära sind grau und schwarz, zwei gelbe Führungsschienen sind im Set #7735 für den kleinen gelben Güterwagen enthalten. Die kürzere Variante der Führungsschiene (Teilenummer 32028) erscheint übrigens erst 1997 und wird zunächst in Technic-Sets als Halter für Motoren verwendet. Später wird diese 1 × 2 Variante immer mehr als Gestaltungselement verwendet, z. B. als Regenrinne.

Die 1 × 8 Führungsschienen halten nicht nur die Schiebetüren, sondern werden auch für andere verschiebbare Baugruppen verwendet: Der gesamte Kran und die Laufkatze des Containerkrans #7823, der Baggerkran aus #7838 und die verschiebbare Plattform aus #7839 werden mit diesem Prinzip bewegt.

Bauanleitung | Güterwagen mit Schiebetüren

Die Idee zum Güterwagen mit Schiebetüren stammt vom Kühlwagen #147 aus der Blauen Ära. Dank der Schiebetüren entstand eine schöne, einfache Ergänzung für die Güterzüge der Grauen Ära.

Teileliste auf *www.holgermatthes.de/teilelisten*

1

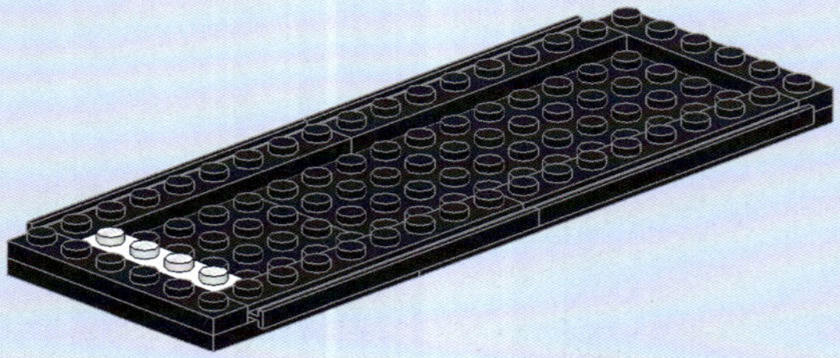

2

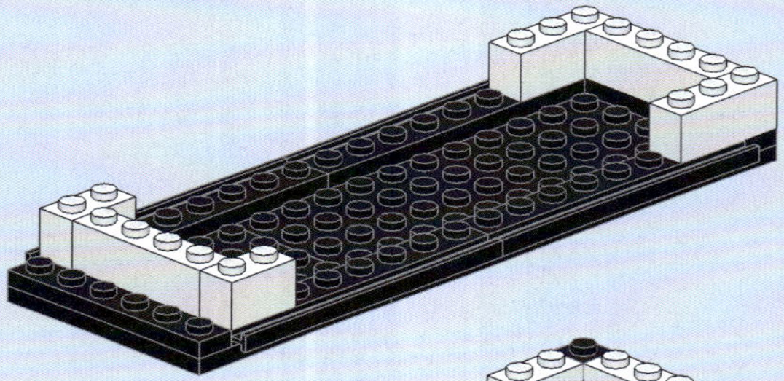

3

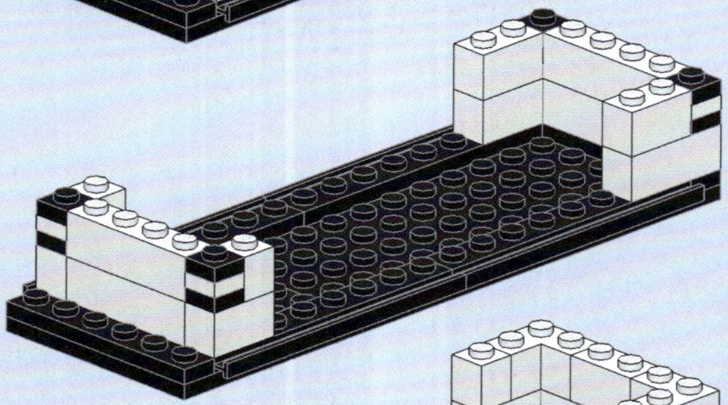

4

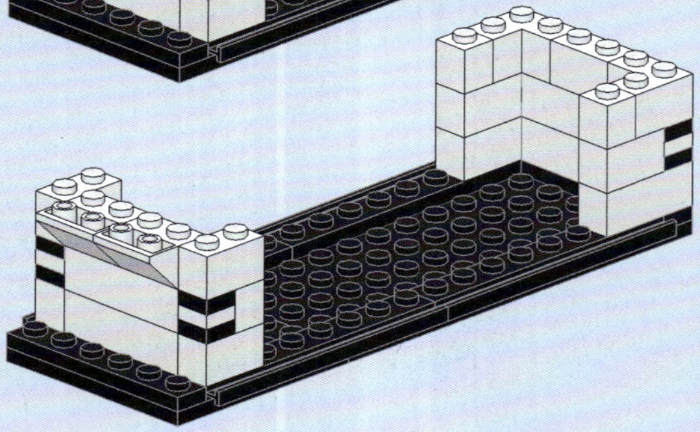

5

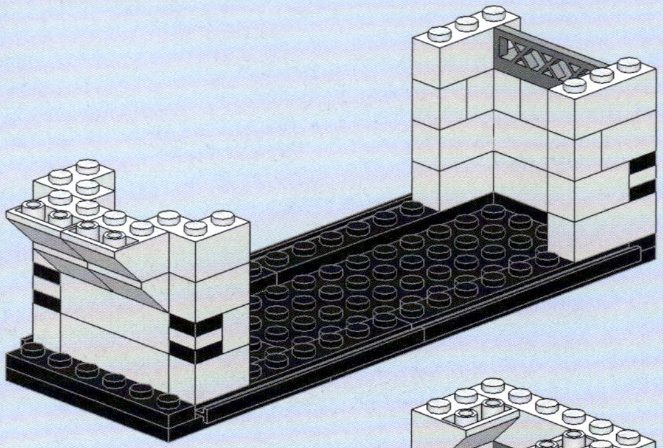

6

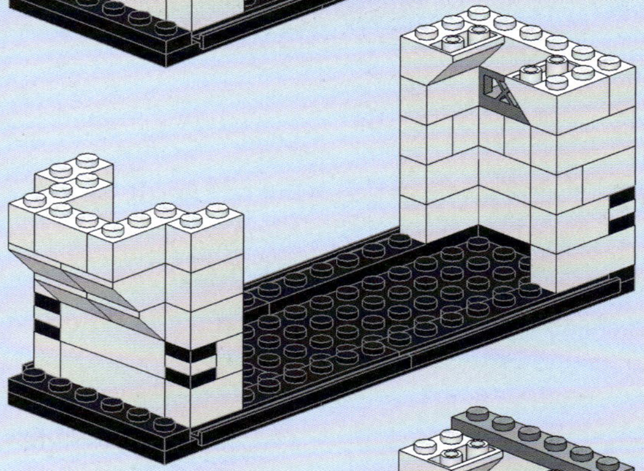

7

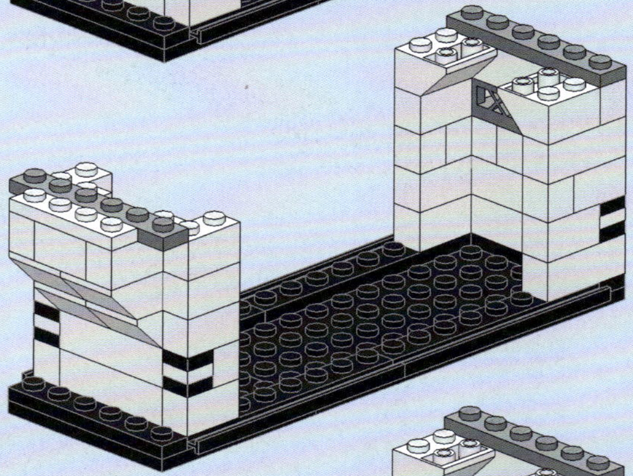

8

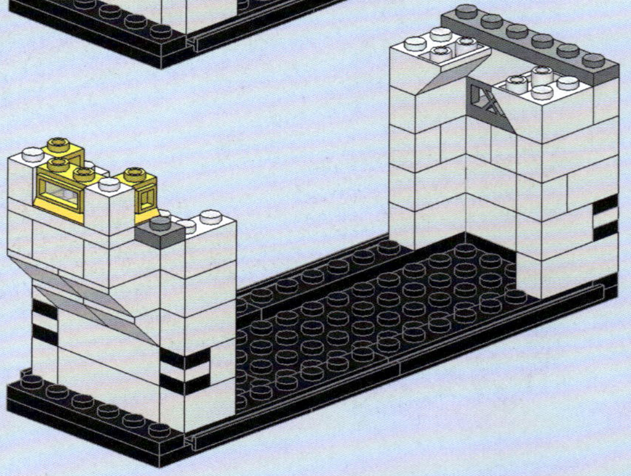

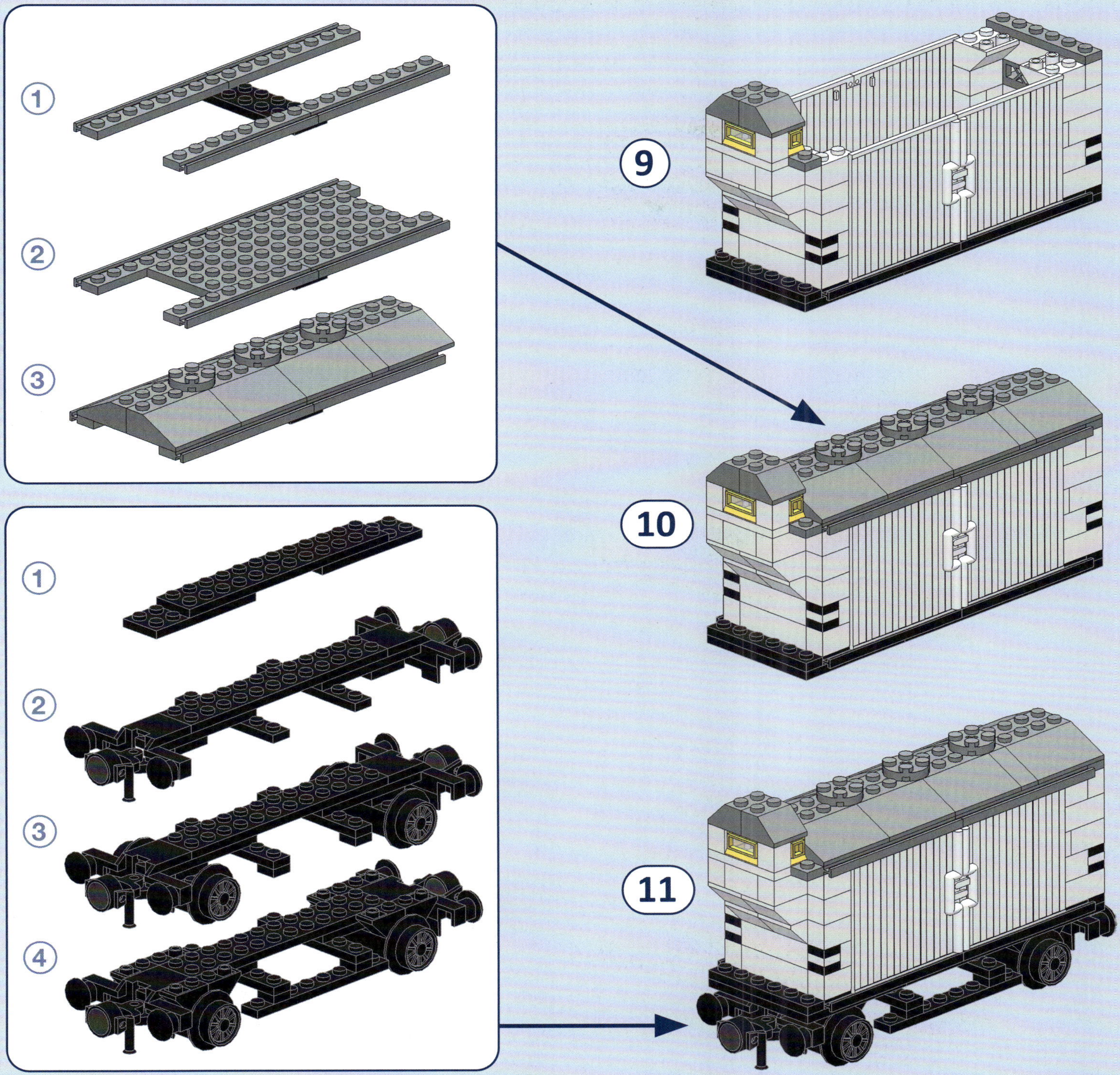
1
2
3
9
10
1
2
3
4
11

7866 | 12-V-Bahnübergang mit Fernsteuerung

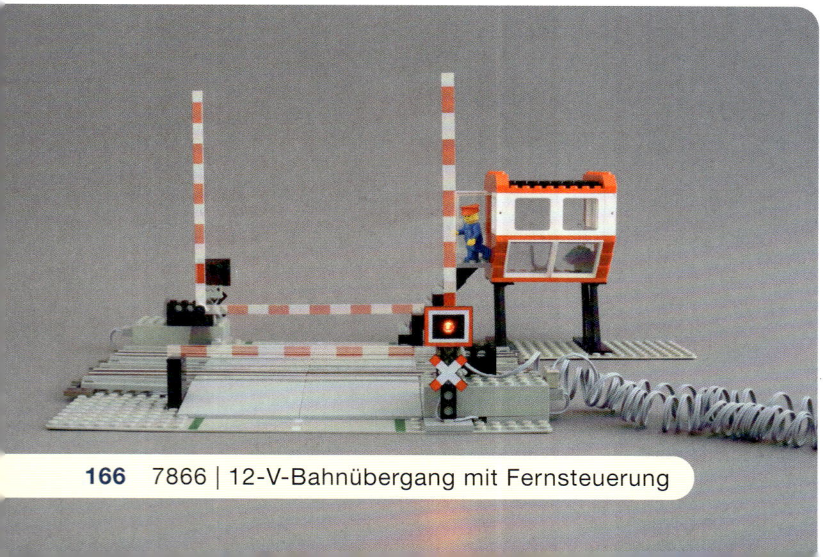

Erscheinungsjahr:	1983
Name (Verpackung):	Ferngesteuerter Bahnübergang mit Blinklicht
Name(n) (Kataloge):	Ferngesteuerter Bahnübergang 12 Volt mit Blinklicht
System:	12 V
Neupreis:	98,00 DM
Altersempfehlung:	ab 10 Jahre
Verfügbar bis:	1990
Kategorie:	Infrastruktur
Teilezahl:	189
Figuren:	1 Eisenbahner
Verpackung:	Aufklappschachtel mit Klarsichtfolie und Pappeinschub, Halter für besondere Bauteile (Größe: 39 × 28,8 × 5,6 cm, Gewicht: 996 g)
Bauanleitung:	DIN-A4-Hochformat, geheftet, 16 Seiten, Anleitung für das Hauptmodell und vier Seiten Fehlerbehebungen in verschiedenen Sprachen.

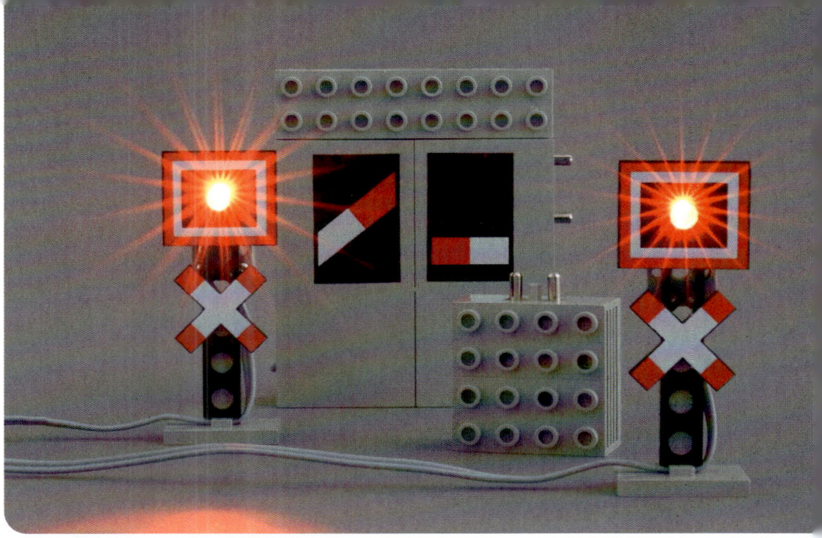

Als das Nonplusultra in Sachen Modelleisenbahncharakter der Grauen Ära kann zu Recht der fernbediente Bahnübergang #7866 angesehen werden. Der Bahnübergang führt über eine zweigleisige 12-V-Strecke und ist mit beweglichen Schranken und Blinklichtern ausgestattet. Gesteuert wird alles von einer Taster-Fernbedienung. Auf Knopfdruck senken sich die Schranken und die Lichter beginnen rot zu blinken. Für den Blinkeffekt sorgt ein zusätzliches 4 × 4 Noppen großes Kästchen, das an den Taster angeschlossen wird. Leider ist die darin verbaute Elektronik nicht auf jahrzehntelange Haltbarkeit ausgelegt und so ist es heute eher Glücksache, eine noch funktionsfähige Blinkeinheit zu finden. Als einziges Set der Grauen Ära trägt der Bahnübergang #7866 die Altersempfehlung »Ab 10 Jahre« – die Verkabelung und die korrekte Ausrichtung der beiden Schranken erfordern schon etwas Fingerspitzengefühl. Aber die Bauanleitung bietet genug Unterstützung bei der Fehlerbehebung.

Neben den ganzen speziellen elektronischen Komponenten – schwarzer Lichtstein mit rot-transparentem Glas, Andreaskreuz, Taster-Fernbedienung und der Blinkeinheit – wurden auch die 1983 neu erschienenen Stützen, Dachfenster und 10°-Rampen verwendet. Als Schranken kommt ein neues Spezialteil mit einem Gegengewicht aus beschichtetem Metall zum Einsatz. Diese Schranken finden nur noch in den später erschienenen Sets #7835 und #4539 Verwendung.

7867 | 12-V-Lichtmasten

Erscheinungsjahr: 1983
Name (Verpackung): Eisenbahnbeleuchtung
Name(n) (Kataloge): Eisenbahnbeleuchtung
System: 12 V
Neupreis: 20,50 DM/25,40 DM/27,95 DM
Altersempfehlung: ab 8 Jahre
Verfügbar bis: 1990
Kategorie: Zubehör
Teilezahl: 52
Verpackung: Schachtel mit seitlichen Laschen, Styroporeinsatz; Schachtel mit Eindrücköffnung (Variante »© 1989«) (Größe: 18,9 × 12,5 × 3,7 cm (spätere Variante 18,9 × 9,5 × 4,7 cm))
Bauanleitung: DIN-A6-Querformat (14,8 × 10,5 cm), 4 Seiten, 120289 © 1983 zeigt die Kabelvariante mit Einzelsteckern, 120621 © 1983 zeigt die Kabelvariante mit Doppelsteckern. Ein Unterschied der Lichtsteine ist in den Bauanleitungen nicht zu erkennen.

Vier gewinnt – vier Gittermasten, vier Halter, vier Lampenschirme, vier Lichtsteine, vier lange Kabel – so lässt sich das Zubehörset #7867 beschreiben. Neben #7861 eine weitere, schöne Ergänzung und Erleuchtung für die 12-V-Eisenbahnwelt.

Das Set #7867 erhielt Ende der 1980er-Jahre eine neue Verpackungsvariante mit veränderten Abmessungen, ohne Styroporeinsatz und ist am Aufdruck »© 1989« auf der Unterseite zu erkennen.

LEGO
LEGO

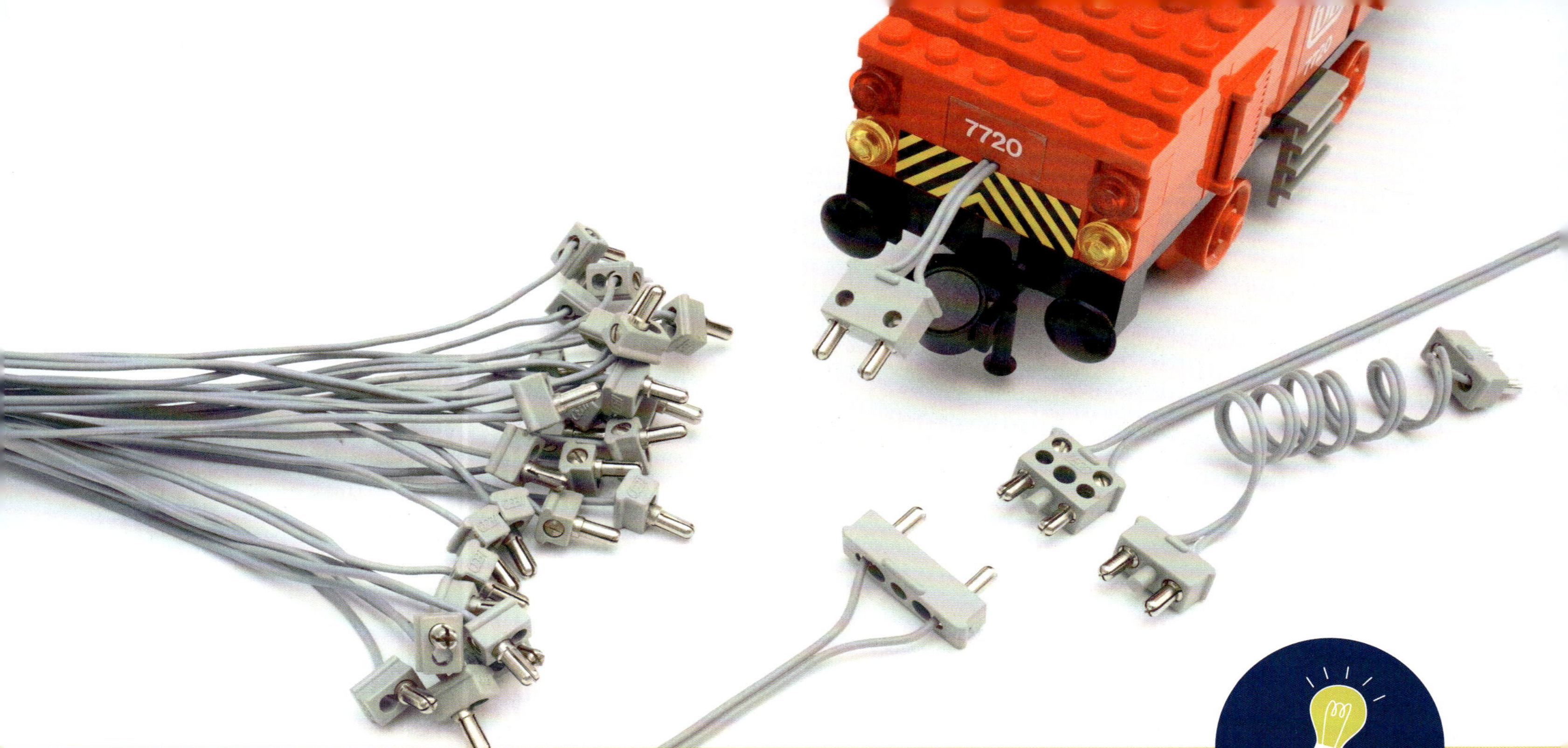

Kurz erklärt

Kabel und Stecker

Graue Kabel gehören unverkennbar zur LEGO-12-V-Eisenbahn. Diese zweiadrigen Kabel waren für den jeweiligen Zweck vorkonfiguriert und in Sets mit Fernbedienungen oder Beleuchtung enthalten. Nur die Servicetüte #1135 enthielt das Kabel als Meterware und einzelne Stecker.

Die Stecker gab es als Einzelstecker (Teilenummer 765c01) und als Doppelstecker. Die einzelnen Stecker waren notwendig, um Kabel an Stromführungen und an die Unterbrecherschienen der Signale anzuschließen. Ansonsten konnten sowohl die einzelnen Stecker als auch die Doppelstecker verwendet werden.

Die grauen Doppelstecker hatten zu Beginn zwei unterschiedliche Bauformen. Die Urform, die bereits in den 1970er-Jahren im Einsatz war, hat die Teilenummer bb0081c01. Die stabilere Variante (Teilenummer 766c01) verfügt über einen mittleren, dritten Kunststoffstift. Solche Stecker passen nur in entsprechende Buchsen, die ebenfalls über ein drittes Loch verfügen. Seltener ist die kurze Form der Doppelstecker (Teilenummer 2776c01) zu finden, diese war als Variante beispielsweise in #7861 und #7745 und in der Servicetüte #5061 enthalten. Die breitere Form des Doppelsteckers (Teilenummer 2775c01) passt nur in die breiten Buchsen am Trafo #7864 und den seitlichen Auslass der Fernbedienungstaster.

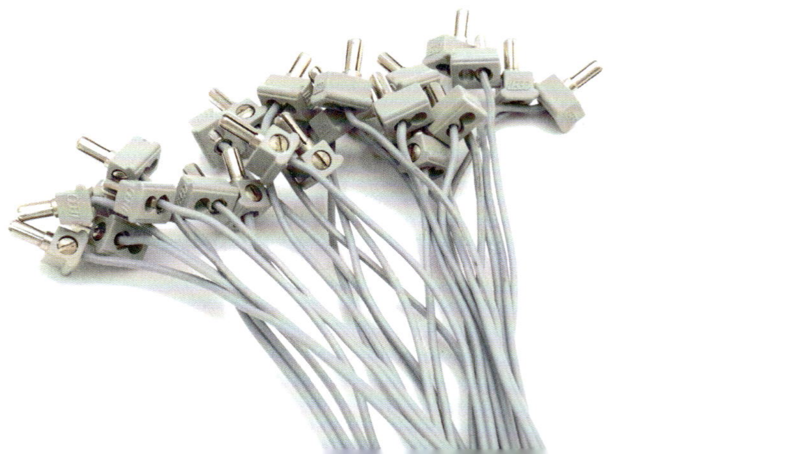

Kurz erklärt

Fingerscharniere

Ein weit verbreitetes Funktionselement in den 1980er-Jahren waren die sogenannten Fingerscharniere. Damit wurden Bauweisen von schrägen Rampen oder Dächern möglich, und der Klappmechanismus eröffnete neue Spielmöglichkeiten. Anfänglich hatte das Scharnier, das am schmalen Ende einer 1 × 2 Platte anschließt, einen bzw. zwei Finger. Die Klemmkraft ist jedoch sehr gering, und solche Scharniere kippen in Richtung der Schwerkraft. LEGO überarbeitete dieses Bauteil, und 1983 erschien die verbesserte Version mit zwei (Teilenummer 4276a) bzw. drei Fingern (Teilenummer 4275a), die mehr Halt hatten. Noch waren die Noppen dieser beiden Teile geschlossen, in einer letzten Weiterentwicklung wurden Hohlnoppen auf der Oberseite der Scharnierplatten verwendet. Dieses verbesserte System wurde noch weiterentwickelt, und andere, kompatible Bauteile ergänzten die Familie der Fingerscharniere.

In den Eisenbahnsets der Grauen Ära sind die Fingerscharniere, zum Teil auch in der Version Fliese mit zwei nach oben zeigenden Fingern (Teilenummer 4531), in insgesamt zehn Sets ab 1983 zu finden.

Seit Anfang der 2000er-Jahre wurden die flachen Fingerscharniere mehr und mehr durch Klick-Scharniere mit festen Positionen abgelöst. Schade, beide Typen haben ihre Berechtigung im LEGO-Teileuniversum, mal ist eine fest positionierte Verbindung wichtig, mal eine flexible, drehbare Verbindung, die nur mit den alten Fingerscharnieren möglich ist.

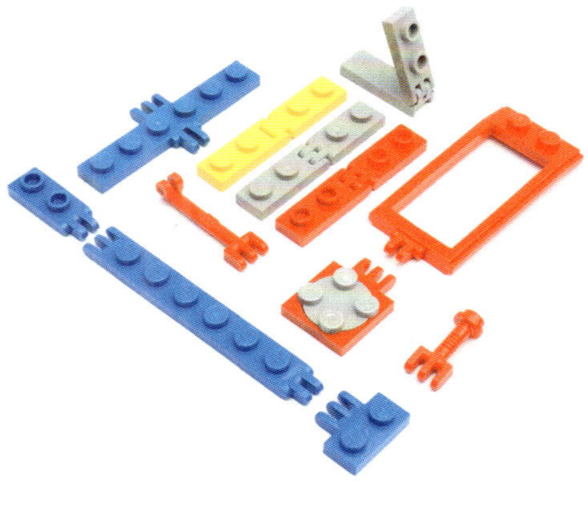

MOC | Binnenhafen

Im Binnenhafen treffen sich die Verkehrswege für Güter aller Art: Straße, Schienen und der Fluss. Auch eine Chemiefabrik hat sich nahe am Wasser niedergelassen. Von früherer Schönheit zeugen nur noch der schlanke Hafenmeisterturm und ein historisches Speicherhaus im alten Teil des Hafens. Moderne Zweckbauten prägen das Bild.

Ideengeber für das Binnenhafen-Diorama waren die beiden Güterbahnhofsets #7823 Containerbahnhof und #7838 Güterbahnhof. Der Containerkran wurde verlängert, und die schrägen Streben geben ihm ein noch realistischeres Aussehen. Die Führung am Kai wurde mit einfachen Schienen umgesetzt, sodass sich die Lkw frei bewegen können.

Der Baggerkran am gegenüberliegenden Kai kann im Vergleich zu seinem Vorbild aus dem LEGO-Set mithilfe von Platten mit Führungsschienen in zwei Richtungen bewegt werden. Die gesamte Brücke lässt sich über den Kai verschieben, der Bagger kann auf der Brücke hin und her fahren und nahezu alle Winkel zum Be- und Entladen von Schüttgut erreichen.

Begrenzter Platz und das Schienennetz bilden eine spannende Kombination. Über die kleine Drehscheibe können die Schüttgutwagen direkt bis unter den Baggerkran rangiert werden. Mithilfe, der im Boden versenkten, fernbedienten Entkupplungsanlage können Güterwagen zum Be- und Entladen unter dem Containerkran abgestellt werden.

Erlebe geschäftiges Treiben im Binnenhafen

https://youtu.be/d2TobDm9nZc

LEGO

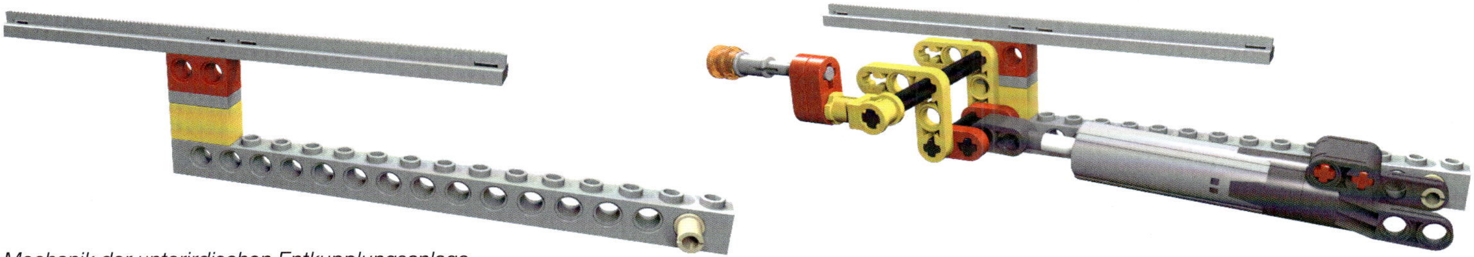

Mechanik der unterirdischen Entkupplungsanlage

POLICE

POLICE

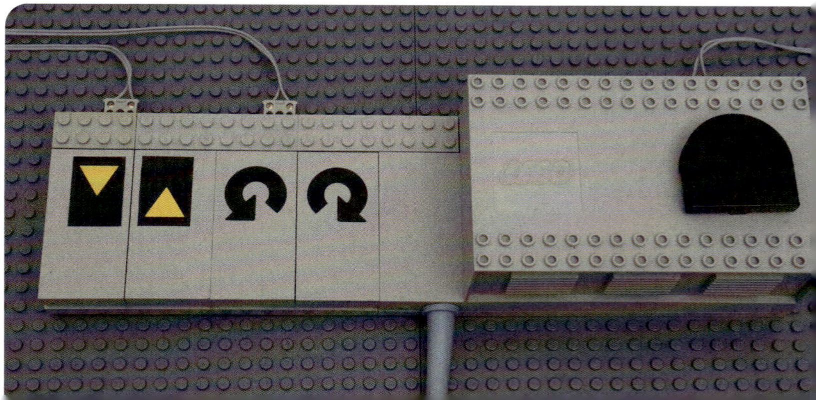

POLICE

DB
7725

Bauanleitung | »Köf«

Kleinstlokomotiven vom Typ »Köf« (Kleinlokomotive mit Ölmotor und Flüssigkeitsgetriebe) dürfen auch im LEGO-Binnenhafen-MOC nicht fehlen.

Durch den 2 × 4 Noppen kleinen Minimotor und die Batterie-Bluetooth-Einheit von *www.circuitcubes.com* wird es möglich, auch solche kleinen Loks mit Funktionen zu bauen. Die Kontrolle der Motoren erfolgt per Smartphone App.

Mein Modell einer Köf kombiniert den Baustil der Grauen Ära mit modernster Technik. Zwei Motoren sind verbaut, ein Motor treibt die Lok an, ein zweiter Motor bewegt den Magnet, und es entsteht eine fahrbare Entkupplungseinheit. Typisches Merkmal einer Köf ist das tiefsitzende Führerhäuschen. Dazu musste das Modell auf acht Noppen Breite verbreitert werden, damit die Türen und Trittbleche neben den Rädern Platz finden.

Teileliste auf *www.holgermatthes.de/teilelisten*

1

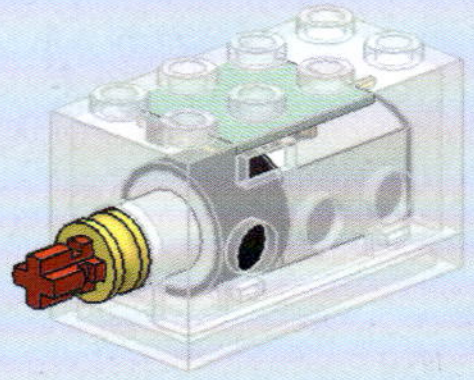

2

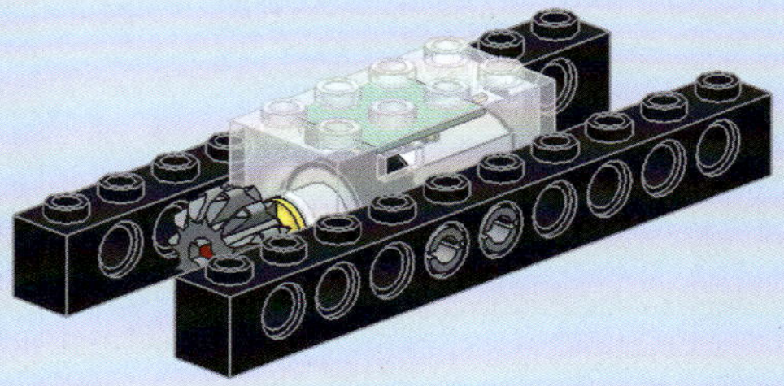

3

Damit der Motor nicht an Weichen hängen bleibt, muss man größere O-Ringe (Außendurchmesser ca. 17,8 mm) aus dem Baumarkt auf die Eisenbahnräder aufziehen.

4

5

6

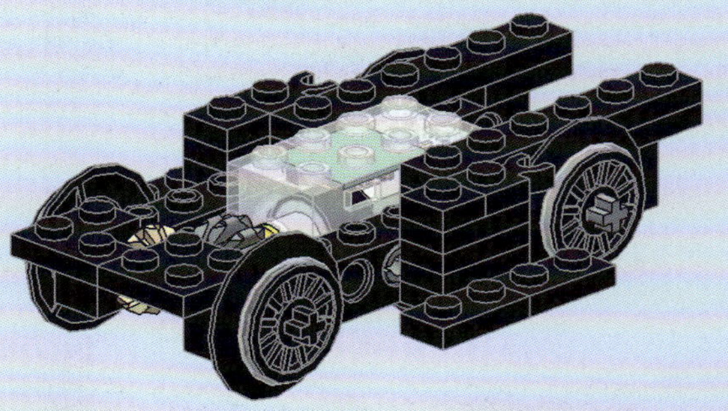

7

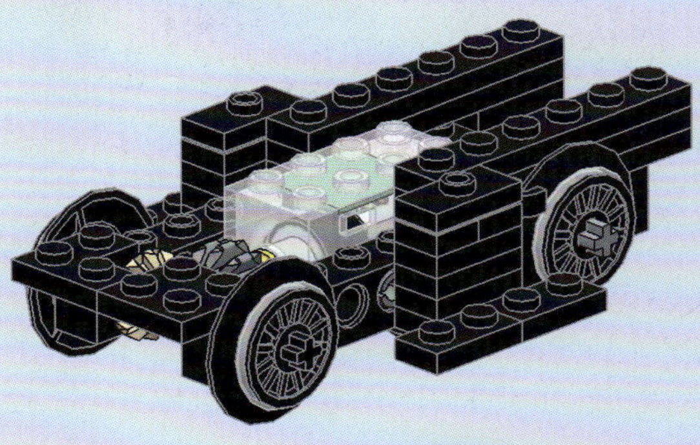

8

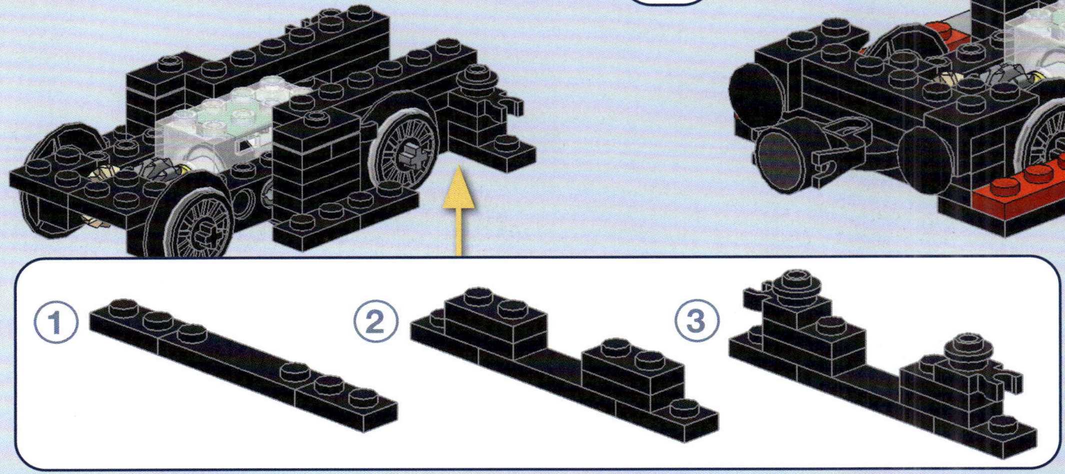

9

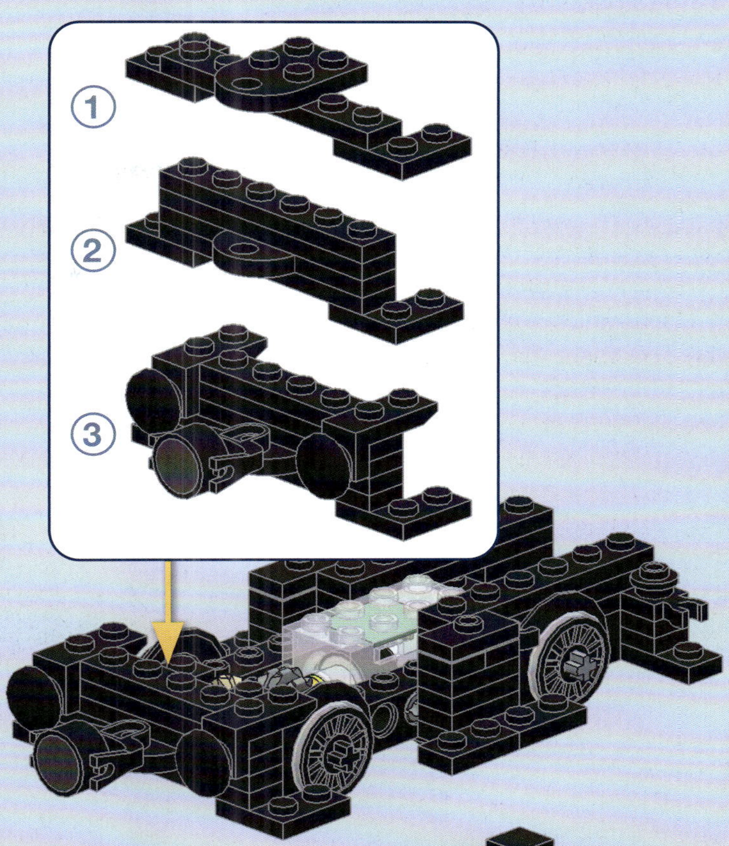

10

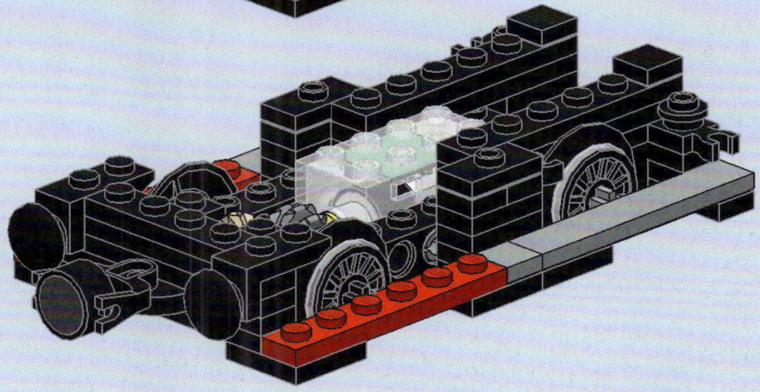

11

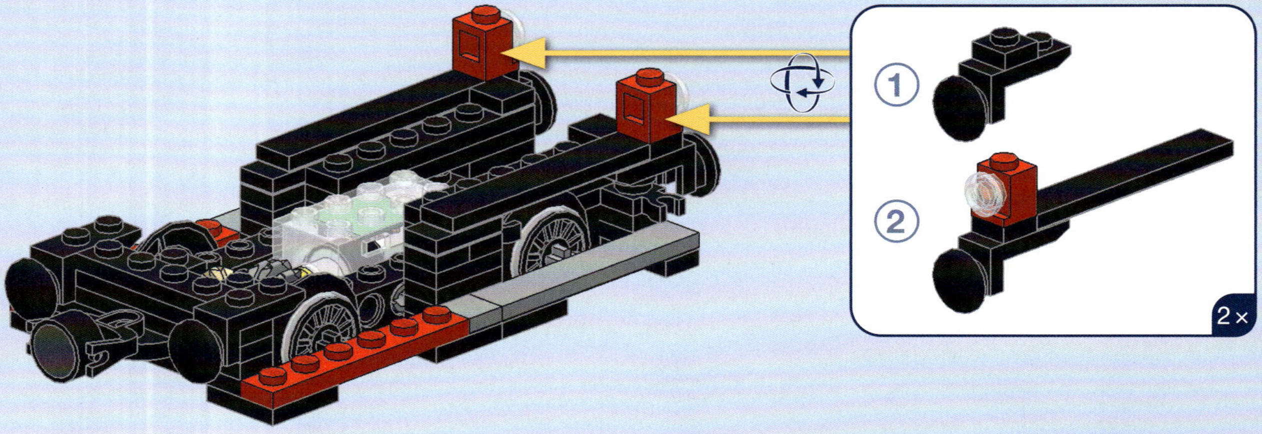

12

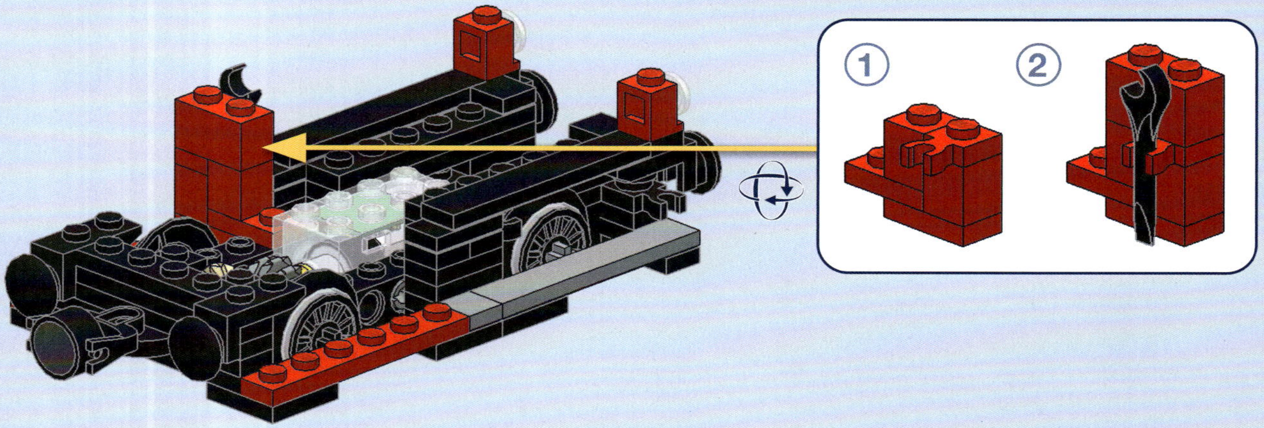

13

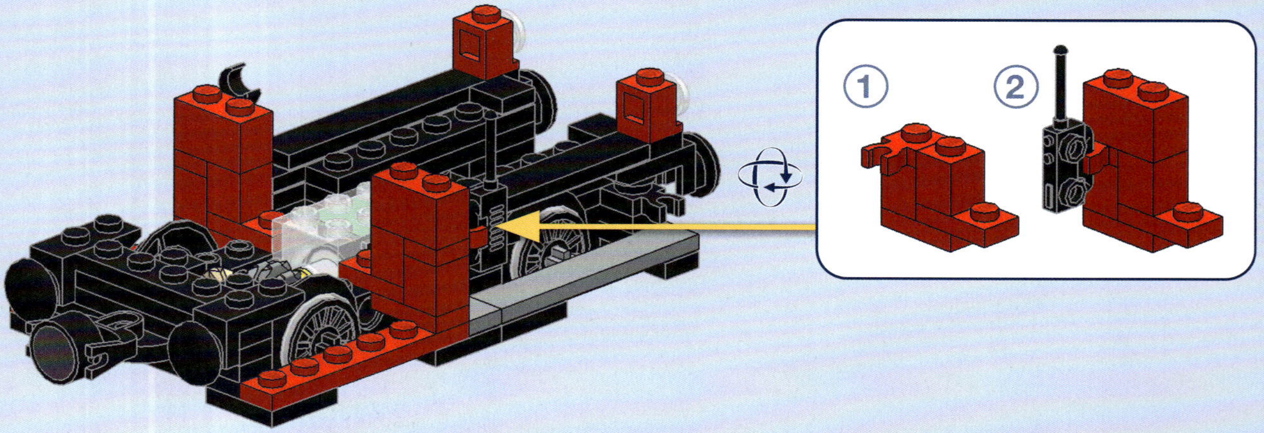

14

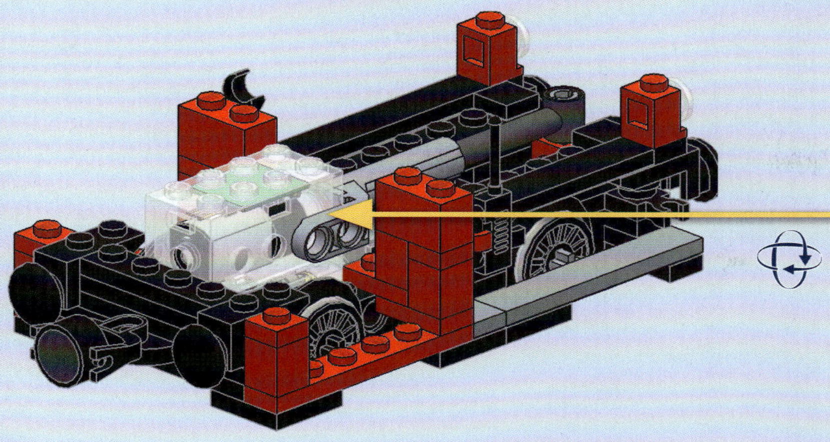

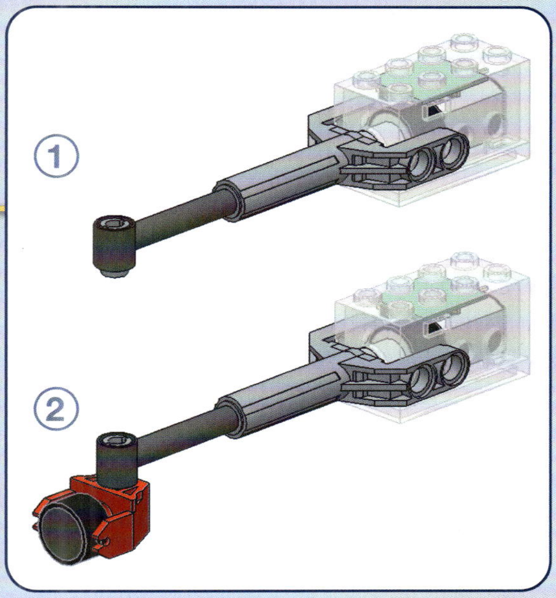

15

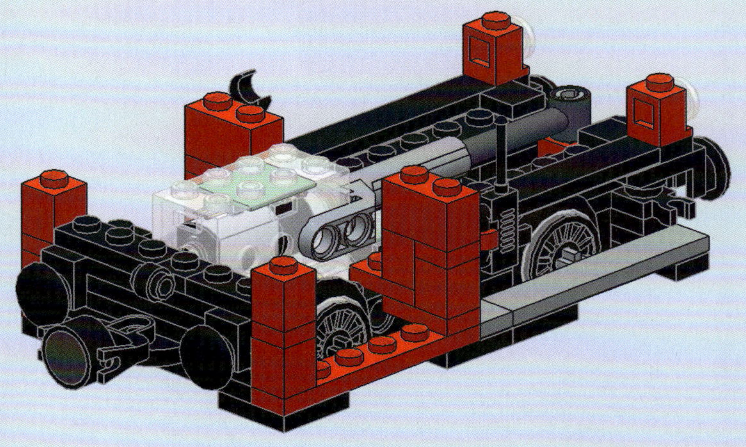

16

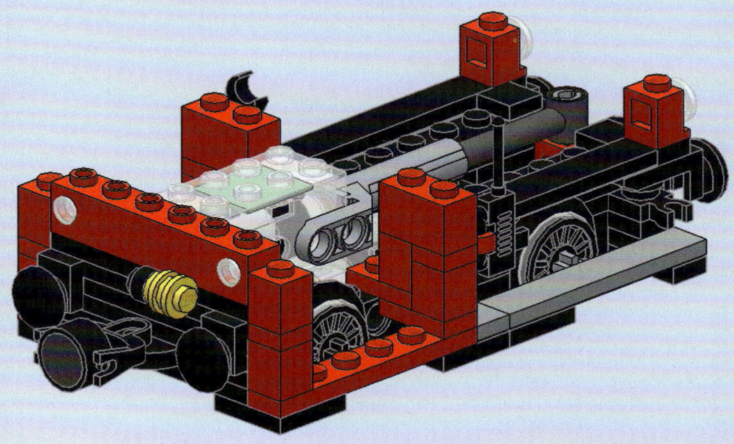

17

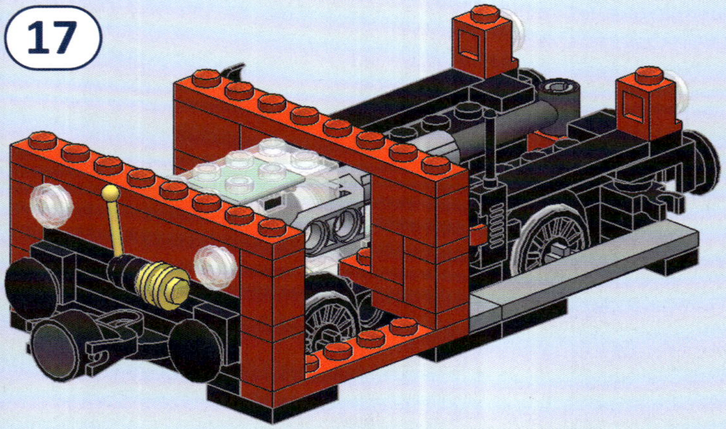

18

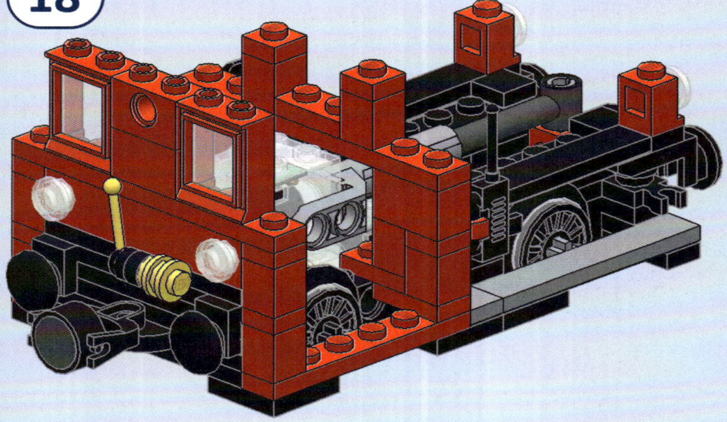

19

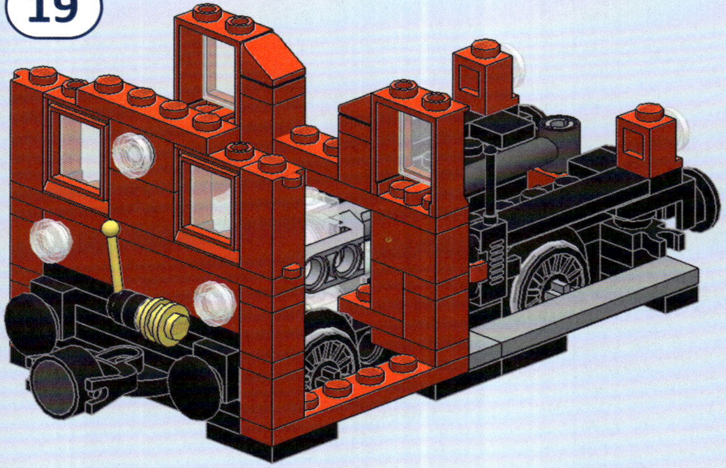

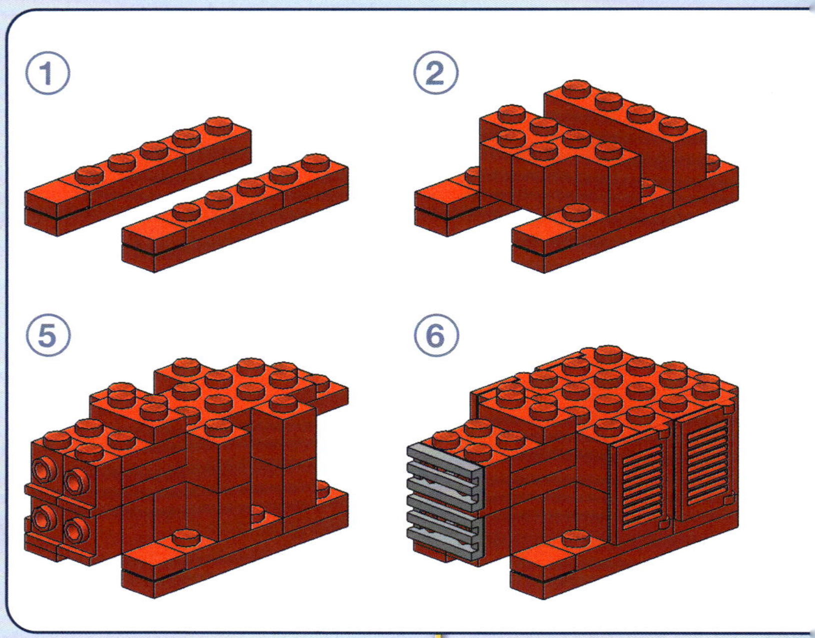

20

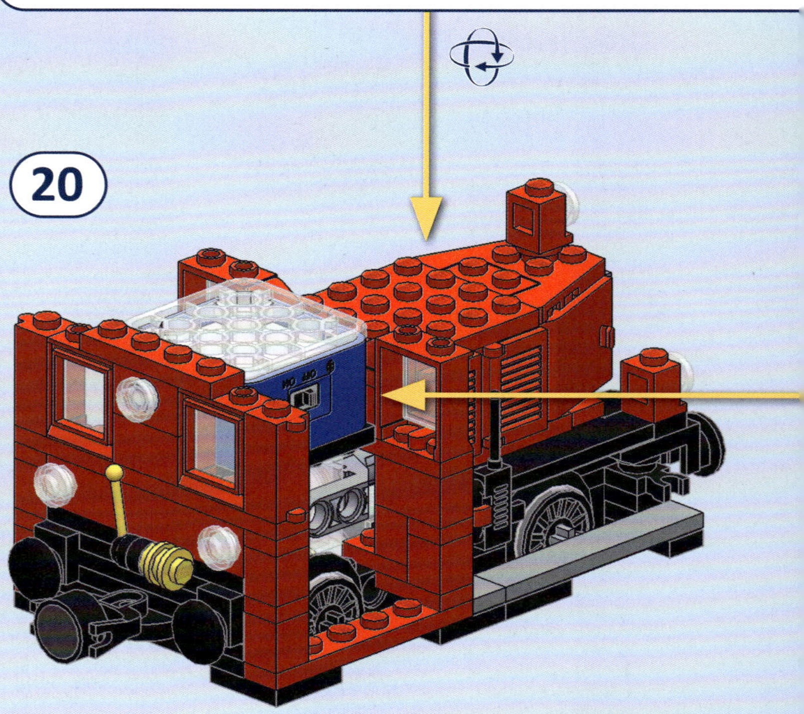

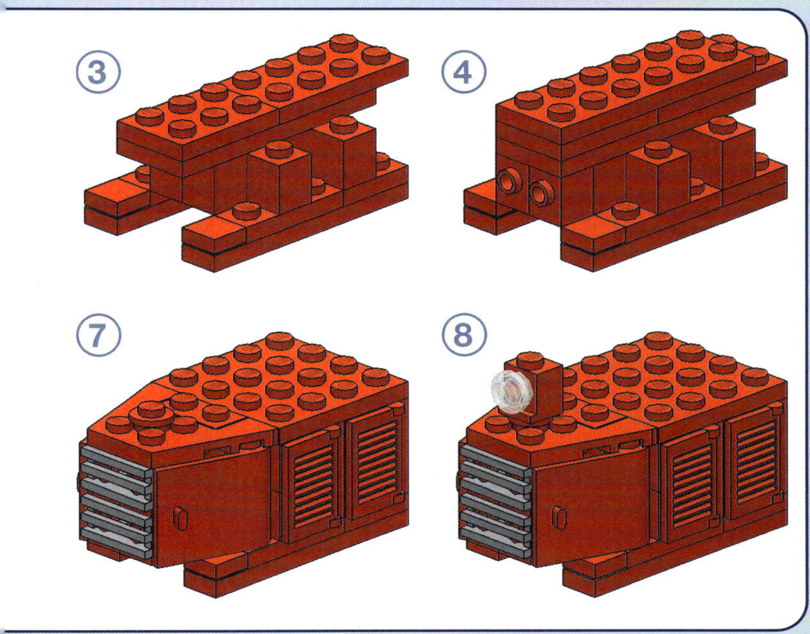

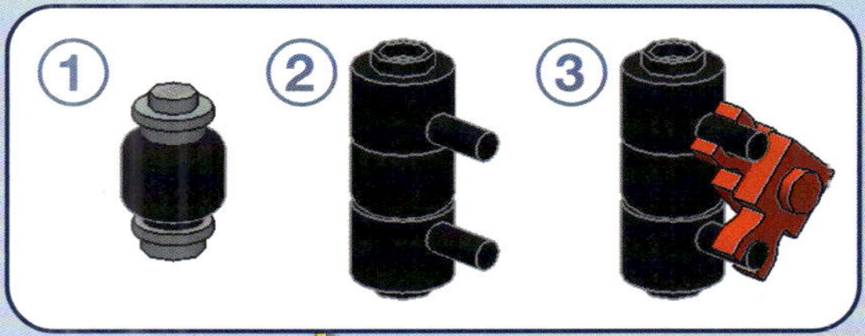

21

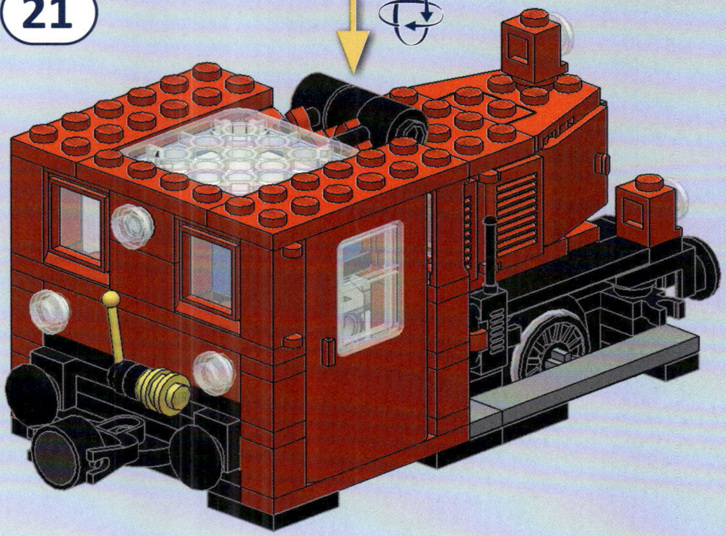

22

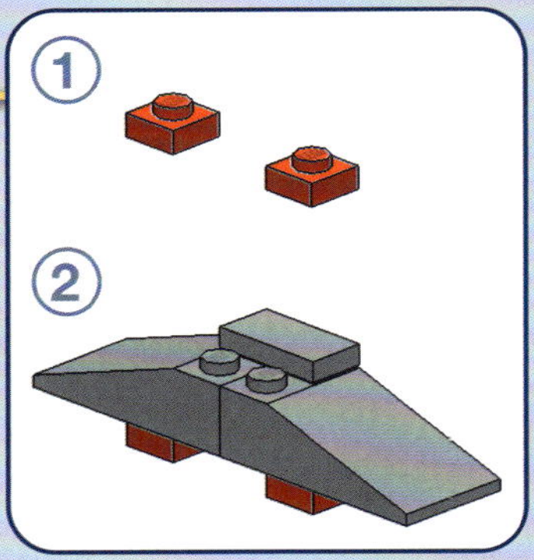

7715 | Schiebezug mit Dampflok

Erscheinungsjahr:	1985
Name (Verpackung):	Zug ohne Motor
Name(n) (Kataloge):	Diesellokomotive (ohne Motor) (sic!)
System:	4,5 V
Neupreis:	81,00 DM/47,00 US$
Altersempfehlung:	ab 6 Jahre
Verfügbar bis:	1990
Kategorie:	Zugset mit Schienen
Teilezahl:	429
Figuren:	2 Eisenbahner, 3 Fahrgäste
Verpackung:	Aufklappschachtel mit Klarsichtfolie und Pappeinschub, Halter für besondere Bauteile (Größe: 39 × 23 × 8 cm)
Bauanleitung:	DIN-A5-Hochformat, geheftet, 32 Seiten, Anleitungen für Haupt- und Alternativmodell, Gleispläne, Motoreinbau
Aufkleber:	1 Bogen

Der Schiebezug #7715 ist wieder mit einer kleinen Dampflok und zwei Personenwagen ausgestattet. Die farbliche Gestaltung wurde vom Personenwagen #7818 übernommen, dieser war zu diesem Zeitpunkt aber schon nicht mehr in den Katalogen gelistet. Ein Schienenkreis und ein kleiner Bahnsteig sind ebenfalls wieder enthalten. Die kleine Dampflok ist im Vergleich zur Dampflok aus #7710 detaillierter ausgearbeitet, Spezialelemente für den Dampfzylinder, schwarze Eisenbahntüren und kleine schwarze Fensterläden am Kohlebunker kommen zum Einsatz. Die 6 × 6 Eisenbahndächer sind in Schwarz und Hellgrau enthalten. Kleine Details wie die neu erschienenen Minifigur-Koffer und der Fahrplan runden den Detailreichtum dieses Sets ab.

Mit zehn schmalen, acht normalen und sechs Tür-Glaseinsätzen verfügt das Set #7715 über eine stattliche Anzahl von Glaseinsätzen sowie über rote Dampfzylinder.

7722 | 4,5-V-Güterzug mit Dampflok

Erscheinungsjahr: 1985
Name (Verpackung): Batterie-Zug (4,5 V)
Name(n) (Kataloge): 4,5 V Güterzug mit Dampflok
System: 4,5 V
Neupreis: 139,00 DM/68,50 US$/74,00 US$
Altersempfehlung: ab 6 Jahre
Verfügbar bis: 1990
Kategorie: Zugset mit Schienen
Teilezahl: 466
Figuren: 2 Eisenbahner, 1 Postbeamter
Verpackung: Aufklappschachtel mit Klarsichtfolie und Pappeinschub, Halter für besondere Bauteile (Größe: 49 × 25 × 8 cm, Gewicht: 1515 g)
Bauanleitung: DIN-A5-Hochformat, geheftet, 36 Seiten, Anleitungen für Haupt- und Alternativmodell, Einbau Motor #7865, Erklärung Signal und Fahrtrichtungsumkehr, Gleispläne
Aufkleber: 1 Bogen

Der Güterzug besteht aus einer kleinen Dampflok, einem roten Batteriewagen, einem offenen Güterwagen mit zwei Paletten mit Shell-Fässern und einem geschlossenen Postwagen mit roten Schiebetüren in gelb-roter Farbgebung. Zum Set #7722 gehören außerdem drei Minifiguren, ein großer Gabelstapler mit Anhänger, eine Ladeplattform, ein Signal und ein Schienenoval.

Mit dem Feuerwerk an neuen – nicht nur eisenbahnspezifischen – Teilen aus den Anfangsjahren der Grauen Ära kann #7722 nicht mithalten. Erwähnenswert sind höchstens der schwarze, mit Messinstrumenten bedruckte Dachstein der Lok, das blaue 8 × 2 × 1 1/3-Spezialbauteil, das im Gabelstapler Verwendung findet und erstmals runde 1 × 1 Platten in nicht transparenten Farben.

Kurioses zu Set #7722 – Teil 1: #7722 ist das letzte Set, das einen 4,5-V-Batteriewagen enthielt. Die Version aus #7722 hat passend zu den Rädern und Magneten seiner Zeit schwarze Räder und Magnete und ist somit leicht zu erkennen und von seinen Verwandten gut zu unterscheiden. Ein wenig 1970er-Jahre-Nostalgie blitzt jedoch auch an diesem Batteriewagen auf: Die Puffer als Einzelteile gehören eigentlich nicht mehr in die Zeit der Grauen Ära und waren nur in den beiden 4,5-V-Zugsets #7720 und #7722 zu finden. In den allermeisten Fällen ist der Batteriewagen aus #7722 mit einem roten Stellhebel zum Ein- und Ausschalten zu finden. Seltenheitswert hat die Version mit schwarzem Stellhebel.

Kurioses zu Set #7722 – Teil 2: Am Anhänger des Gabelstaplers werden vier blaue Scharnierfliesen verbaut. Das Gegenstück, die Scharnierplatte mit drei Fingern, wird im Hauptmodell nicht verbaut. Ein Blick in die Bauanleitung des Alternativmodells verrät aber, dass auch dieses Gegenstück viermal im Set #7722 enthalten ist. Bricklink führt in seiner Inventarliste die Variante mit offenen Noppen auf, bis 1986 war jedoch auch die weitaus seltenere Variante mit geschlossenen Noppen in LEGO-Sets dieser Zeit zu finden. Wahrscheinlich kam Mitte der 1980er-Jahre mal die eine und mal die andere Variante zum Einsatz, bis die Vorräte der älteren Version aufgebraucht waren.

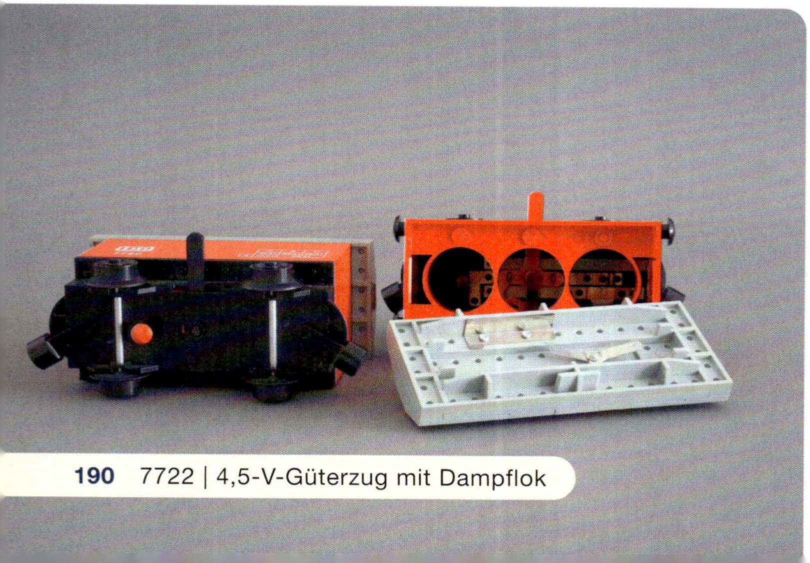

Eisenbahn-Faltblätter (1985 und 1986)

Kurz erklärt

Die Faltblätter von 1985 (110083) und 1986 (113683) sind sich zum Verwechseln ähnlich. Beide zeigen auf der einen Seite des 2 × 3 Rechtecke großen Leporellos dieselbe Spielszene mit dem Passagierzug #7745 im Vordergrund und #7735 und #7715 (motorisiert) im Hintergrund vor dem Bahnhof #7823. Zusammengefaltet haben diese Faltblätter eine Größe von 9 × 10 cm.

Die Rückseite im Hochformat zeigt eine Auswahl an Sets aus dem Eisenbahn-Sortiment. Die beiden Jahrgänge lassen sich nur am kleinen, mittleren Bild zwischen #7817 und #7835 unterscheiden. Die Version von 1985 zeigt hier den Güterbahnhof #7838 und die Version von 1986 den damals neuen Containerbahnhof #7823.

Nach 1986 wurden keine weiteren eisenbahnspezifischen Faltblätter und Kataloge mehr herausgebracht. Das Ende der Grauen Ära zeichnete sich bereits ab, Neuerscheinungen gab es seit 1986 nicht mehr. 9 V kündigte sich als neues Elektrosystem in verschiedenen *Light & Sound*-Sets und den Monorail-Sets an.

(110083) von 1985

(113683) von 1986

7735 | 12-V-Güterzug mit Diesellok

Erscheinungsjahr: 1985
Name (Verpackung): 12 V Güterzug.
Name(n) (Kataloge): 12 V Güterzug mit Herkuleslok | Güterzug 12 Volt
System: 12 V
Neupreis: 129,00 DM/145,00 DM/155,00 DM
Altersempfehlung: ab 8 Jahre
Verfügbar bis: 1990
Kategorie: Zugset mit Schienen
Teilezahl: 492
Figuren: 1 Eisenbahner, 1 Shell-Mitarbeiter

Verpackung: Aufklappschachtel mit Klarsichtfolie und Pappeinschub, Halter für besondere Bauteile (Größe: 48,9 × 25 × 7,8 cm, Gewicht: 1561 g)
Bauanleitung: DIN-A5-Hochformat, geheftet, 40 Seiten, Anleitungen für Haupt- und Alternativmodell, Schienenreinigung, Kurzschlusshinweis, Gleispläne und Informationsblatt zur Entstörungsschiene (117983a)
Aufkleber: 1 Bogen

Die »Herkuleslok« genannte Diesellok aus dem letzten Güterzugset der Grauen Ära greift 1985 noch einmal das alte gelb-rote Farbkonzept auf. Der Zug besteht zudem aus zwei ähnlichen offenen Güterwagen und einem geschlossenen gelben Wagen mit Schiebetüren. Bei der Fracht dreht sich alles um die neuen Motorräder und eine mobile Tankstelle. Als Zubehör sind eine Verladerampe und ein 12-V-Schienenoval enthalten.

Die gelben Eisenbahntüren sind einzigartig in diesem Set. Die 1 × 8 Platten mit Führungsschiene in Gelb wurden als Erstes am gelben Wagen verbaut (später auch an der Lok #4564 zu finden). Ansonsten hat der Güterzug nichts Besonderes oder Neues zu bieten.

Eine »Herkuleslok« war in der damaligen realen Eisenbahnwelt nicht bekannt, daher kann man über die Herkunft des Namens nur spekulieren. Als Vorbild für die LEGO-Lok kommt eventuell die Industrielok Henschel DHG 500 infrage.

7745 | 12-V-Personenzug

Erscheinungsjahr:	1985
Name (Verpackung):	Elektrischer Passagierzug – 12 V
Name(n) (Kataloge):	12 Volt Super Zug | 12 V Super Zug
System:	12 V
Neupreis:	198,00 DM/215,00 DM
Altersempfehlung:	ab 8 Jahre
Verfügbar bis:	1990
Kategorie:	Zugset mit Schienen
Teilezahl:	695
Figuren:	2 Eisenbahner, 1 Koch, 7 Fahrgäste
Verpackung:	Aufklappschachtel mit Klarsichtfolie und Pappeinschub, Halter für besondere Bauteile (Größe: 58 × 29 × 9,6 cm, Gewicht: 2521 g)
Bauanleitung:	DIN-A4-Hochformat, geheftet, 32 Seiten, Anleitungen für Haupt- und Alternativmodell, Schienenreinigung, Kurzschlusshinweis, Gleispläne und Informationsblatt zur Entstörungsschiene (117983a)
Aufkleber:	1 Bogen

Das Premiumset der LEGO-Eisenbahn war 1985 der Personenzug #7745. In Frankreich fuhr bereits der TGV und in Deutschland arbeitete man fieberhaft am ICE. Da passte ein moderner Hochgeschwindigkeitszug auch gut ins LEGO-Programm. Für den stolzen Preis von ca. 200 DM bekam man neben dem dreiteiligen Schnellzug mit Beleuchtung noch zehn Figuren, einen Bahnsteig mit Laternen und einen Schienenkreis geboten. Die modernen Zeiten sind gut an den neu gestalteten Laternen (Fingerscharniere halten die Lampenschirme) oder den Pantografen der Triebwagen zu erkennen. Aber auch der alte Charme aus #7740 in Form von Sitzbank, Fahrplan oder gleichbleibendem Grunddesign des mittleren Personenwagens wird wieder aufgegriffen.

Einige Bauteile wie beispielsweise Fensterläden, 33°-Dachaußenecke, schmale Eisenbahnfenster oder 6 × 6 Eisenbahndächer tauchen 1985 erstmalig in Schwarz in #7745 und wenigen anderen LEGO-Sets auf. Etwas unhandlich wurde der gesamte Zug durch das dreiteilige Kabel, das die Beleuchtung an beiden Enden des Zugs mit Strom versorgt, zwar entsprachen die Kabel ungefähr der Länge der Wagen, aber das zusätzliche Trennen der Kabel beim Entkuppeln war aufwendig, und die Stecker zwischen den Wagen sorgten durch Verkeilen der Wagen für Entgleisungsgefahr.

7817 | Kranwagen

Erscheinungsjahr:	1985
Name (Verpackung):	Kranwagen
Name(n) (Kataloge):	Kranwagen
System:	4,5 V
Neupreis:	42,00 DM/23,00 US$
Altersempfehlung:	ab 6 Jahre
Verfügbar bis:	1990
Kategorie:	Einzelwagen
Teilezahl:	143
Figuren:	1 Eisenbahner
Verpackung:	Schachtel mit Deckel (Größe: 26,2 × 12,9 × 6,3 cm, Gewicht: 300 g)
Bauanleitung:	Faltblatt 13,5 × 13,5 cm (2 × 4 Quadrate), Anleitungen für Haupt- und Alternativmodell

Als Einzelwagen mit langer 6 × 28 Eisenbahngrundplatte erschien 1985 ein Stückgut-Kranwagen mit Frachtpaletten. Für die Abstützungen wurden Technic-Platten verwendet. Eine schöne Idee, die zeigt, wie normale LEGO-Elemente und Technic-Elemente kombiniert werden können. Beim Hebemechanismus des Kranarms kommen platzsparende und damals omnipräsente Fingerscharniere zum Einsatz. Die Seilwinde ist eher »oldschool« und so schon im Vorgänger-Kranwagen #7814 zu finden.

Die Flughafen-Tower-Scheibe schaffe es als neues Teil 1985 auch in den Kranwagen #7817 und den Bahnübergang #7835. Ebenfalls neu war der kleine Stellhebel, der seitdem in Eisenbahnsets als Bedienhebel und ansonsten gerne als Antenne eingesetzt wird.

Lichtsignal #7860 und rot-gelbes Stellwärterhaus aus dem Ideenbuch #7777

7835 | Bahnübergang

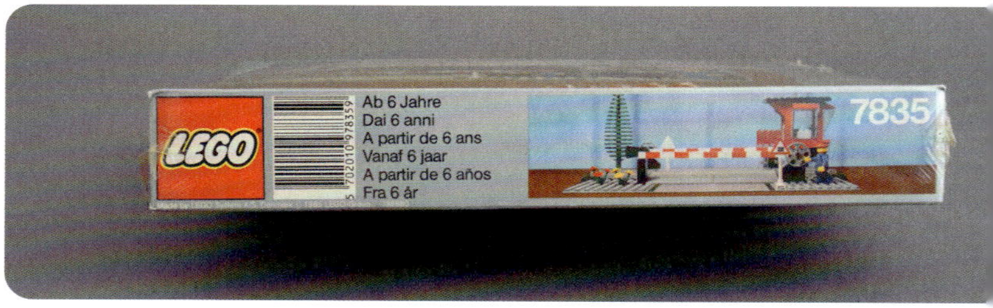

Erscheinungsjahr:	1985
Name (Verpackung):	Bahnübergang
Name(n) (Kataloge):	Bahnübergang
System:	4,5 V und 12 V
Neupreis:	29,95 DM/18,15 US$/19,25 US$
Altersempfehlung:	ab 6 Jahre
Verfügbar bis:	1990
Kategorie:	Infrastruktur
Teilezahl:	125
Figuren:	1 Eisenbahner
Verpackung:	Schachtel mit bedrucktem Schuber (Größe: 26 × 26 × 4 cm, Gewicht: 508 g)
Bauanleitung:	DIN-A4-Hochformat, geheftet, 8 Seiten, Anleitung für das Hauptmodell, die Rückseite zeigt einen einfachen unbeschrankten Bahnübergang mit den entsprechenden Verkehrsschildern als alternatives Modell.

Wem der fernbediente Bahnübergang #7866 zu teuer war, der fand in #7835 eine preisgünstige Alternative. Der eingleisige Bahnübergang bietet natürlich nur Handbetrieb und ein 4,5-V-Gleis. Das Bahnwärterhäuschen wurde im Vergleich zum Vorgänger #7834 deutlich modernisiert, und der Bahnwärter hat durch die neuen großen Scheiben vom Flughafen-Tower einen guten Blick auf das Geschehen.

Im Set #7835 sind zwei Paar Verkehrsschilder für beschrankte und unbeschrankte Bahnübergänge enthalten. Der heutige Marktwert des Sets wird durch die große grüne Zypresse gesteigert, sie ist auf dem Gebrauchtmarkt mehr wert als damals das ganze Set.

MOC | Flusslandschaft

Inspiriert vom Mittelrheintal rund um die Loreley entstand die Flusslandschaft mit Schienenstrecken auf beiden Uferseiten. Die steilen Hänge rahmen das Flusstal ein, und die Bahnstrecken sind teilweise in den Berg gehauen oder führen mit Tunneln durch den Berg.

Die große Brücke greift die Idee der gelben Eisenbahnbrücke aus dem Ideenbuch #7777 wieder auf. Dank der noppenlosen moderneren Technic-Lochbalken kann die Dreieckskonstruktion realitätsnah umgesetzt werden. Für eine Flussbrücke ist sie relativ hoch gebaut, aber auf der linken Uferseite unterquert das zweite Gleis die Brücke, bevor es im Tunnel verschwindet. Entsprechend viel Höhe musste beim Bau gewonnen werden, damit die Graue-Ära-Züge hier gut fahren können.

Einfach gebaute Oberleitungsmasten deuten die Elektrifizierung der Strecken an. Wer geduldig ist und ruhige Finger hat, kann noch einen dünnen Faden als Fahrdraht von einem Mast zum nächsten spannen.

Die Aussicht auf den Fluss und die gegenüberliegende Uferseite genießt man am besten vom Panoramawagen, ein weiteres MOC, passend zur Grauen Ära und zum #7740 TEE.

Bauanleitung | Oberleitungsmast

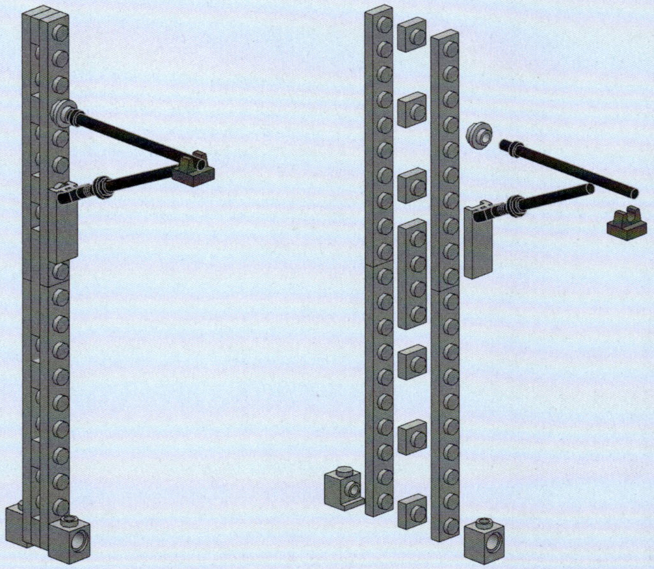

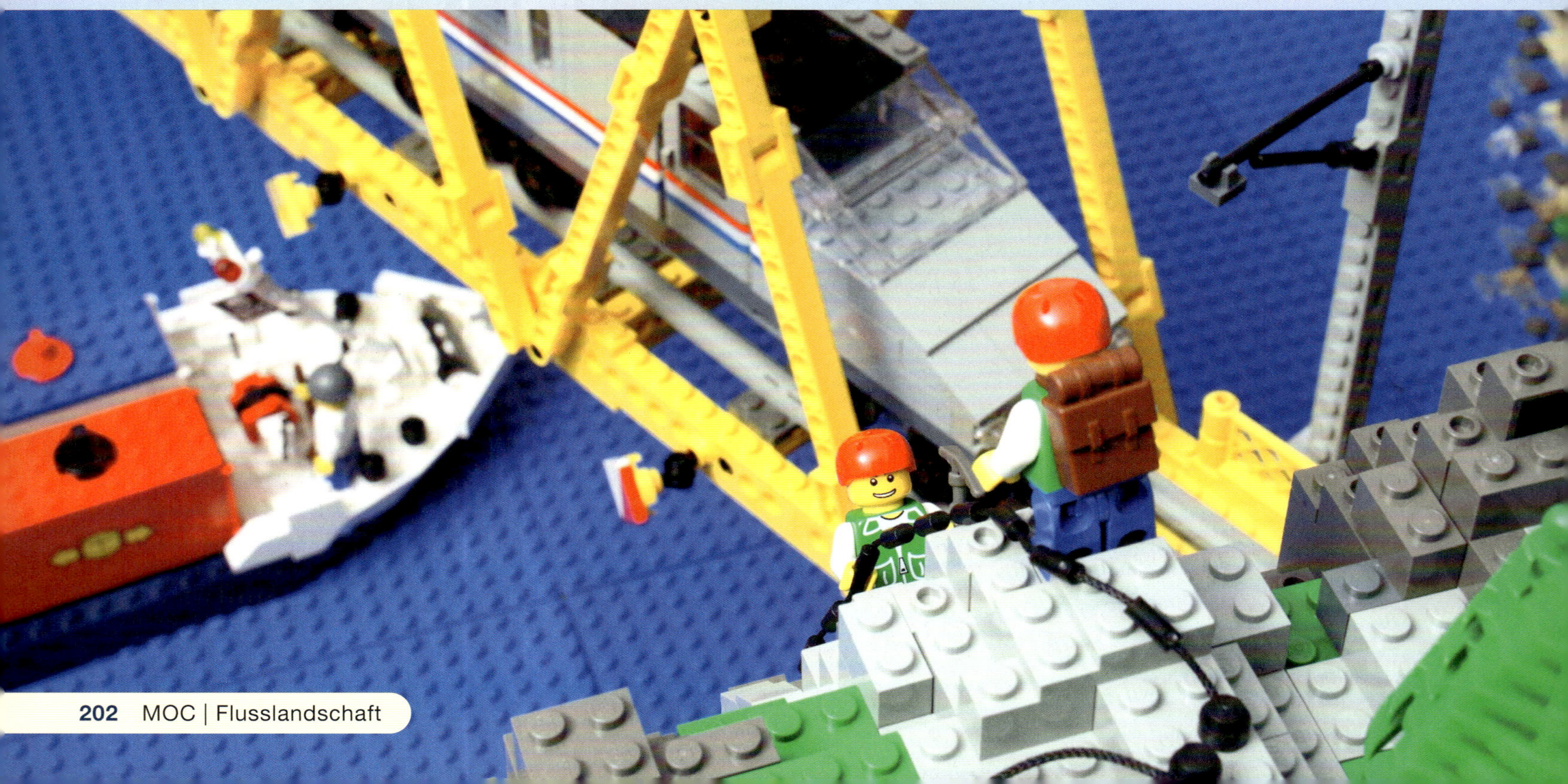

7750
DB
7750
7750
Gew.Lok. 52t
Gew. P 52t
G 41t
Wasser 5m³
Kohle 2t

POLICE

DB
7750
7750

Setnummern

Im Vergleich zu den heutigen Eisenbahnsets im LEGO-Sortiment war in den 1980er-Jahren ein breites Spektrum an eisenbahnspezifischen Sets verfügbar. Große Zugpackungen wie #7740 ermöglichten einen vollwertigen Einstieg, nur der Trafo #7864 war als einziges Zubehör notwendig. Für 4,5-V-Züge reichten drei Batterien, und der Spielspaß konnte beginnen. Die großen Zug- und Lokpackungen sind an den Setnummern 77xx zu erkennen. Mit der Grauen Ära wurden 1980 auch vierstellige Setnummern eingeführt, und der Nummernkreis 7xxx war für die LEGO-Eisenbahn reserviert. Die leicht zu merkende Reihenfolge der Setnummern #7710 bis #7760 wurde in dieser Stringenz nicht weiter fortgeführt, aber 77xx-Nummern wurden weiterhin für die großen Sets verwendet.

Ab 1980 waren zudem einzelne Lokomotiven und Wagen als Ergänzung erhältlich. Infrastruktursets enthielten Bahnhöfe, Güterbahnhöfe oder Bahnübergänge und passten bestens zu den damaligen LEGOLAND-Stadtsets. Diese Sets sind an Setnummern aus dem Nummernkreis 78xx zu erkennen. Auch hier wurden die Setnummern nicht chronologisch aufsteigend vergeben.

Heute schmerzlich vermisste Zubehörsets waren jahrelang erhältlich und ermöglichten einen beständigen Ausbau der eigenen Eisenbahnanlage. Für die Zubehörsets wurden Setnummern zwischen #7850 und #7867 verwendet, nur der fernbediente Bahnübergang #7866 durchbricht diese Systematik.

Lange nach dem Ende der Grauen Ära verwendete LEGO Setnummern aus den Nummernkreisen 77xx/78xx auch für viele Sets aus anderen Themenbereichen. Heute sind Setnummern ausnahmslos fünfstellig.

Servicetüten

Kurz erklärt

Zum LEGO-Programm gehörten damals – lange vor den Möglichkeiten der Ersatzteilversorgung im Internet – auch Servicetüten, erkennbar an Setnummern aus dem 1xxx-Nummernkreis, mit einzelnen besonderen Teilen aus den verschiedenen Themenwelten. Diese Servicetüten enthielten keine vollständigen Sets, sondern nur Ersatz- und Ergänzungsteile. Einige dieser Servicetüten enthielten ab 1987 bei gleichbleibendem Inhalt neue Setnummern aus dem 5xxx-Nummernkreis.

Beschreibung	Nr.	Jahr
4 × 6 Drehplatte (1 Stück)	#1145	1981
4 × 6 Drehplatten (2 Stück)	#1169	1986
	#5074	1987
4,5-V-Batteriewagen (blau)	#1134	1981
4,5-V-Batteriewagen (rot)	#1170	1986
	#5075	1987
4,5-/12-V-Motorgehäuse-Unterteil	#1215	1981

Beschreibung	Nr.	Jahr
4,5-/12-V-Motorgehäuse-Oberteil	#1214	1984
4,5-/12-V-Motorgehäuse-Ober- und -Unterteil	#1174	1986
4,5-V-Signal und Richtungsumkehrer	#5062	1987
6 × 16 Platte mit Motorausschnitt und Puffer/Magnethalter und Magnetkupplung	#1139	1981
	#5068	1987
6 × 28 Zuggrundplatte (schwarz)	#1144	1981
	#5072	1987
12-V-Lichtsteine (weiß)	#1140	1981
	#5069	1987
12-V-Lichtstein (schwarz) für Bahnübergang #7866	#5084	1989
12 V Eisenbahnmotor	#5086	1993
Blinkeinheit für Bahnübergang #7866	#5082	1989
Dampfzylinder und Kuppelstangen	#1146	1981
Elektromagnetischer Umschalter für Weichen	#5079	1989
Fernbedienung für Bahnübergang #7866	#5083	1989
Fernbedienung für Signal #7860	#5081	1989
Fernbedienung für Weiche #7852/#7853	#5080	1989
Fernbedienung, Umschalter und Kabel für Weichen (wie #7863)	#1239	1985
Gebogene Stromführung mit Anschlusskabel	#5063	1987
Getriebeeinheit für 4,5-V-Motor	#6213	1985
Gittermast (4 Stück) und Standfuß (4 Stück)	#1216	1982
	#5200	1987

Beschreibung	Nr.	Jahr
Große rote Lokräder für #7750	#1143	1981
	#5071	1987
Haftreifen	#1138	1981
	#5067	1987
Kabel mit Stecker (25 cm und 75 cm)	#5061	1987
Kabel (3 m) und Stecker (Anzahl und Typ variieren)	#1135	1981
	#5065	1987
Magnetkupplungen mit Halter	#1137	1981
Normale rote Zugräder	#1141	1981
Normale schwarze Zugräder	#1142	1981
	#5070	1987
Puffer und Magnetkupplung	#1136	1981
	#5066	1987
Räder für 4,5-V-Motor	#5064	1987
Unterbrecherschiene für Signal #7860	#5085	1989
Zugbeleuchtung mit Prismen	#1147	1981
	#5073	1987

Übersicht der Eisenbahn-Servicetüten von 1981 bis 1989

7813 | Shell-Tankwagen

Erscheinungsjahr:	1986
Name (Verpackung):	SHELL-Waggon
Name(n) (Kataloge):	SHELL-Waggon
System:	4,5 V
Neupreis:	29,95 DM/15,50 US$
Altersempfehlung:	ab 6 Jahre
Verfügbar bis:	1990
Kategorie:	Einzelwagen
Teilezahl:	116
Figuren:	1 Shell-Mitarbeiter
Verpackung:	Schachtel mit Deckel; Schachtel mit Eindrücköffnung (Variante »© 1989«) (Größe: 19,5 × 12,8 × 6,6 cm, Gewicht: 197 g)
Bauanleitung:	Faltblatt 13,5 × 13,5 cm (2 × 4 Quadrate), Anleitungen für Haupt- und Alternativmodell
Aufkleber:	1 Bogen

Als letzter Einzelwagen erschien 1986 ein weiterer Shell-Tankwagen, diesmal mit drei kleinen, aus positiven und negativen Dachecken gebauten Behältern, einem aufrollbaren Tankschlauch und einem Shell-Mitarbeiter.

Nennenswert sind die insgesamt zwölf weißen 45°-Dachecken und die acht gelben negativen 45°-Dachecken. Von diesem Set ist eine Verpackungsvariante mit Aufdruck »© 1989« bekannt.

BAMBERG
Shell
Shell

7823 | Containerbahnhof

Erscheinungsjahr:	1986
Name (Verpackung):	Container-Kran
Name(n) (Kataloge):	Container-Bahnhof
System:	12 V
Neupreis:	76,00 DM/40,20 US$/43,00 US$
Altersempfehlung:	ab 8 Jahre
Verfügbar bis:	1990
Kategorie:	Infrastruktur
Teilezahl:	467
Figuren:	1 Eisenbahner, 1 Speditionsmitarbeiter
Verpackung:	Schachtel mit bedrucktem Schuber (Größe: 39 × 29 × 5 cm, Gewicht: 984 g)
Bauanleitung:	DIN-A4-Hochformat, geheftet, 12 Seiten, Anleitung für das Hauptmodell
Aufkleber:	1 Bogen

Als letzte Sets aus dem Bereich Infrastruktur erschienen 1986 der Containerbahnhof #7823 und der Autoverladebahnhof #7839. Ein gefährlicher Fahrradweg führt auf der neuen Straßenplatte unterhalb des Krans hindurch. Auf zahllosen Platten mit Führungschienen bewegt sich der graue Kran seitlich hin und her, auch die rote Einheit mit dem Cockpit und der Seilwinde wird über die Führungschienen bewegt und erlaubt das Verladen der Container von der Straße auf die Schiene. Das neue Containermaß 4 × 8 hält Einzug, und zwei dieser Container finden auf dem dazugehörigen Güterwagen Platz. Der blau-weiße Lkw kann nur einen Container aufnehmen.

Neu im Teilesortiement von LEGO und in #7823 enthalten waren 1986 ein Kranhaken aus beschichtetem Metall und das Gegenstück 2 × 2 Rundfliese mit Ring.

7839 | Autoverladebahnhof

Erscheinungsjahr:	1986
Name (Verpackung):	Auto-Transporter
Name(n) (Kataloge):	Auto-Verlade-Bahnhof
System:	12 V
Neupreis:	75,00 DM/35,25 US$/37,50 US$
Altersempfehlung:	ab 8 Jahre
Verfügbar bis:	1990
Kategorie:	Infrastruktur
Teilezahl:	325
Figuren:	1 Eisenbahner, 1 Autofahrer
Verpackung:	Schachtel mit bedrucktem Schuber (Größe: 38,8 × 26,2 × 5 cm, Gewicht: 827 g)
Bauanleitung:	DIN-A4-Hochformat, geheftet, 12 Seiten, Anleitung für das Hauptmodell, auf der Vorderseite ist ein alternatives Modell zu sehen.

Die Schnittstelle zwischen Straße und Schiene wird auch im Autoverladebahnhof #7839 thematisiert. Über eine verschiebbare Rampe kann ein kleines weißes Standard-Auto auf den dazugehörigen Transportwagen gefahren werden. Auf den schon mehrfach in Eisenbahnsets eingesetzten modernen Stützbeinen thront der Kontrollposten, aus dem ein Eisenbahner die Plattform bewegt. Beim Eisenbahnwagen kommt eine Platte mit Motorausschnitt und Puffern zum Einsatz, wie man sie sonst nur bei kleinen Loks findet. Der Ausschnitt erlaubt den Einbau von Vertiefungen, in die die Räder des Autos geparkt werden können. Die kleine Schranke vor der Plattform wird aus Platten und Steinen gebaut, die langen Schrankenelemente wären hier deutlich zu lang.

Graue, mit einem gelben Pfeil bedruckte Fliesen waren meist den Space-Sets vorbehalten, kommen ausnahmsweise aber auch in #7839 zum Einsatz.

Werbung in Druckmedien

Unter dem Motto *»LEGO Eisenbahn. Die Bahn mit unbegrenzten Möglichkeiten«* (später: *»Die Bahn der unbegrenzten Möglichkeiten«*) wurde in den 1980er-Jahren die LEGO-Eisenbahn in Druckmedien wie Comic-Heften beworben.

Der Charme der Katalogbilder setzte sich auch in den Anzeigen fort. Die Bilder sprachen für sich und wurden nur durch einen prägnanten Titel und kurze Texte ergänzt.

Diese Doppelseite zeigt eine Auswahl von Werbeanzeigen aus den Jahren 1980 bis 1990.

Sehenswert sind auch alte Fernsehwerbespots. Auf YouTube findet man davon einige, z. B. unter *https://youtu.be/z9Y5MSyF5Uk*

Kurz erklärt

1984

1980

1981

1982

1983

1984

1988

1983

1988

1990

1

4

2

5

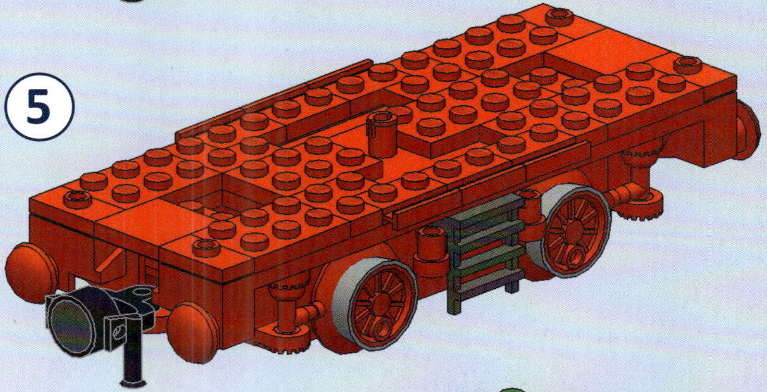

3

6

7

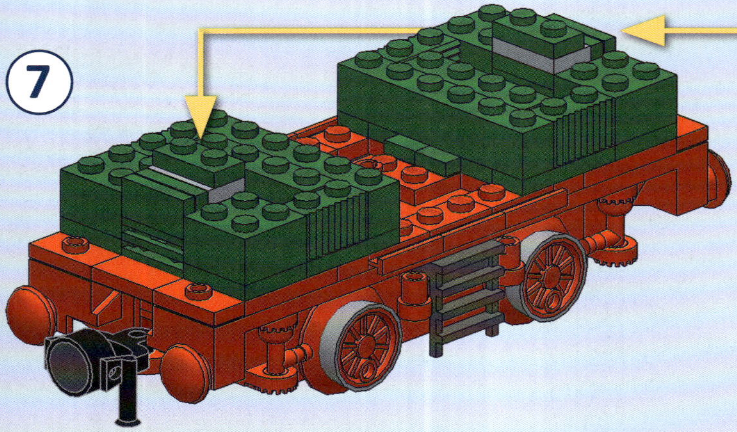

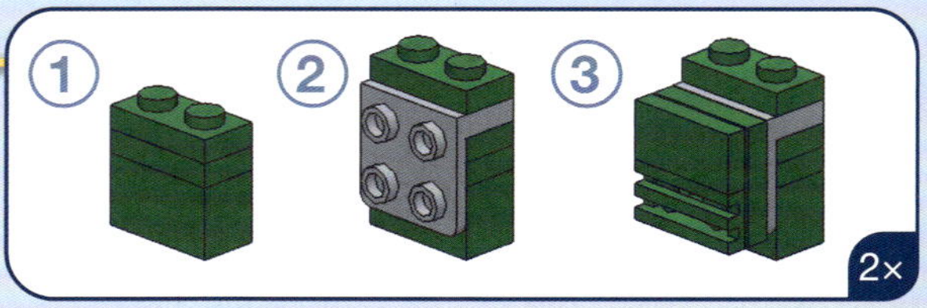

8

10

9

11

12

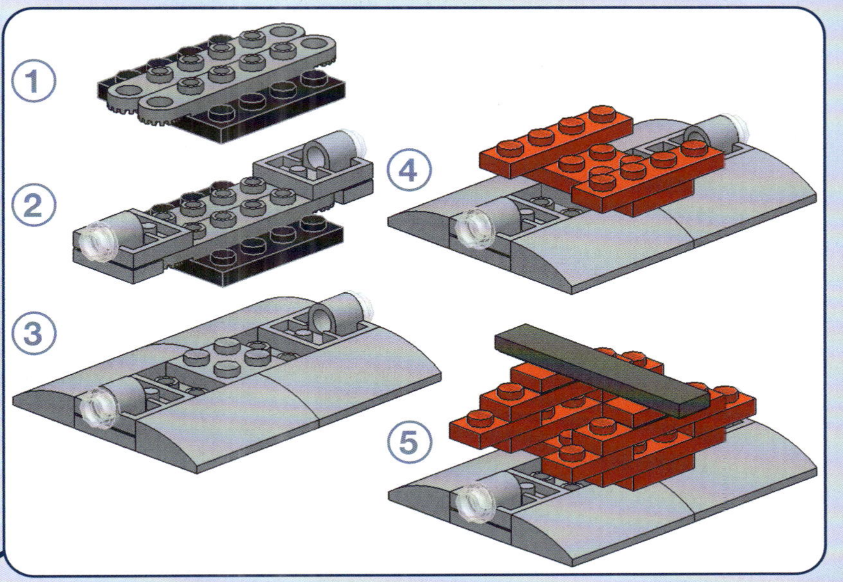

13

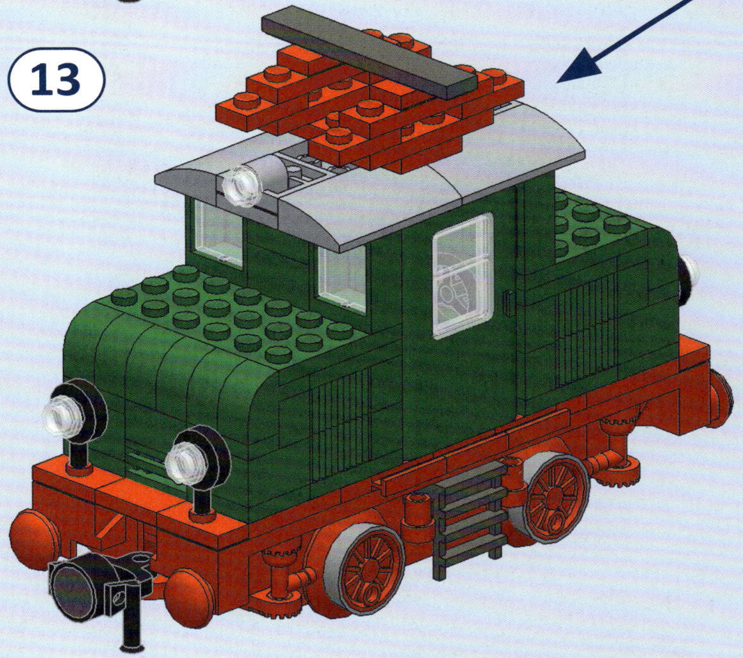

Die kleine E-Lok ist ein Fantasie-MOC ohne direktes Vorbild. Eine ähnliche Lok in Blau war auf der Zugspitzbahn im Einsatz. Ein Exemplar ist auf dem Vorplatz des Bahnhofs in Garmisch-Partenkirchen ausgestellt.

Diese Lok lässt sich in verschiedenen Farben bauen, maßgeblich dafür sind die Eisenbahntüren und die vier Fenster, aber hier bietet Bricklink auch seltene Farben wie Mittelblau (*medium blue*) an. Der hier rot gebaute untere Bereich kann auch in Schwarz mit einem schwarzen Eisenbahnmotor gebaut werden.

Teileliste auf *www.holgermatthes.de/teilelisten*

Inbetriebnahme und Fehlerbehebung

Der Zug fährt nicht! Ein leider häufiges Phänomen, wenn endlich das neue Streckennetz aufgebaut ist oder schon eine Weile nicht mehr betrieben wurde. Hauptursache sind in der Regel die Stromführungen und die Kontakte unter den Motoren. Schmutz, Staub und Korrosion verhindern einen unterbrechungsfreien Stromfluss.

Stromführungen reinigen

Das Problem war den Verantwortlichen bei LEGO auch damals schon bekannt, und so ziert ein Reinigungshinweis die Bauanleitungen der 12-V-Eisenbahnsets: *»Die Schienen sind regelmäßig mit einem sauberen Radiergummi oder einem leicht in Spiritus getränkten Lappen zu reinigen.«* So steht es dort in verschiedenen Sprachen geschrieben. Die Reinigungsvariante mit Spiritus ist in der Tat empfehlenswert, wichtig ist, einen nicht allzu schnell reißenden Stofflappen zu verwenden. Die Enden der Stromschienen sind auch im aufgebauten Zustand scharfkantig, und Küchenkrepp löst sich sehr schnell in seine Bestandteile auf. Die Stromführungen lassen sich einzeln aber auch auf der aufgebauten Anlage gut reinigen. Wenn die Anlage längere Zeit im Hobbyraum steht, ist eine regelmäßige Reinigung unabdingbar. Fabrikneue Stromführungen sind heute kaum mehr zu finden, daher lohnt eine Reinigung auch vor Beginn des Aufbaus einer neuen Anlage.

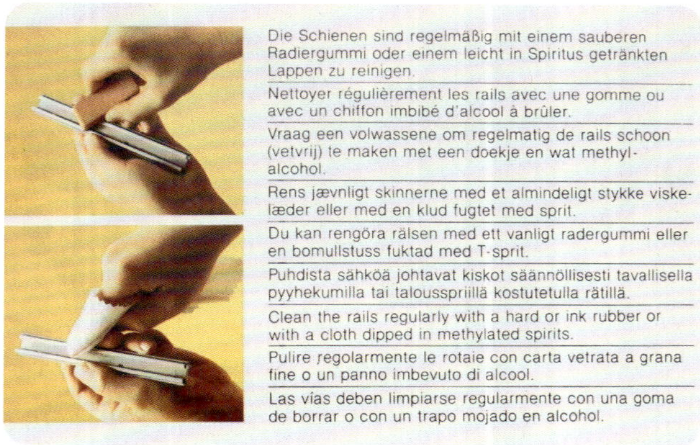
Die Schienen sind regelmäßig mit einem sauberen Radiergummi oder einem leicht in Spiritus getränkten Lappen zu reinigen.

Nettoyer régulièrement les rails avec une gomme ou avec un chiffon imbibé d'alcool à brûler.

Vraag een volwassene om regelmatig de rails schoon (vetvrij) te maken met een doekje en wat methyl-alcohol.

Rens jævnligt skinnerne med et almindeligt stykke viskelæder eller med en klud fugtet med sprit.

Du kan rengöra rälsen med ett vanligt radergummi eller en bomullstuss fuktad med T-sprit.

Puhdista sähköä johtavat kiskot säännöllisesti tavallisella pyyhekumilla tai talousspriillä kostutetulla rätillä.

Clean the rails regularly with a hard or ink rubber or with a cloth dipped in methylated spirits.

Pulire regolarmente le rotaie con carta vetrata a grana fine o un panno imbevuto di alcool.

Las vías deben limpiarse regularmente con una goma de borrar o con un trapo mojado en alcohol.

Solche Reinigungshinweise sind in den Bauanleitungen der 12-V-Eisenbahnsets zu finden.

Kurz erklärt

Sehr hartnäckigen Verschmutzungen und jahrelange Korrosion, die während des Dornröschenschlafs im Keller oder auf dem Dachboden entstanden sind, kann man gut mit Stahlwolle oder feinem Schmirgelpapier entgegenwirken. Fabrikneu werden die Stromführungen dadurch nicht, aber sie sollen ja schließlich ihren Dienst tun und die Motoren mit Strom versorgen.

Die Kontakte unter den Motoren bzw. die gesamte Unterseite der Motoren lassen sich ebenfalls gut mit Spiritus reinigen. Hartnäckigeren Verschmutzungen kann man auch hier mit Stahlwolle und Co. zu Leibe rücken. Auch hier sind Geduld und Ruhe gefragt, mit einer schnellen, zu groben Anwendung kann mehr Schaden als Nutzen entstehen.

Motoren einfahren

Der Zug fährt immer noch nicht! Nach der Reinigung erfolgt das Einfahren der Motoren. Die Kontakte und die Stromführungen müssen sich erst wieder aneinander gewöhnen. Ein kompletter Zug wird kaum im ersten Anlauf eine ruckelfreie Runde drehen können. Wie schon in meiner Kindheit praktiziert, greife ich heute immer noch auf das gleiche Hilfsmittel zurück: nur den Motor auf die Schienen setzen und diesen »einfahren« und auf dem Streckennetz am besten immer in beide Richtungen und anfangs schwungvoll über Weichen. In dieser Phase können auch gut die Lichtsignale bzw. deren Unterbrecherschienen getestet werden.

Wer keine Lust auf ständiges manuelles Anschieben des Motors hat, wenn dieser mal wieder an einer Weiche hängen geblieben ist, greift zu folgendem Trick: Zwei Motoren unter

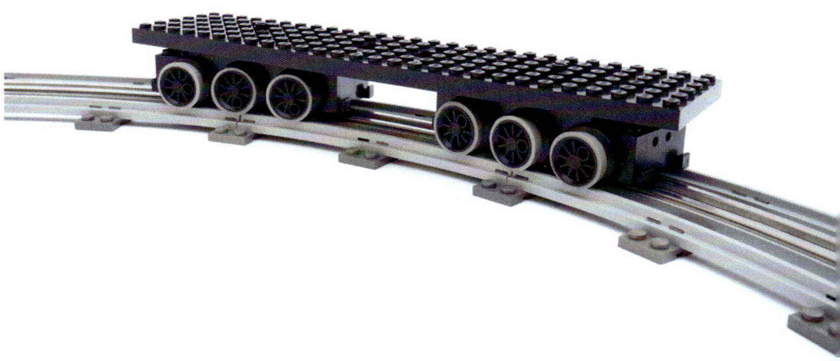

einer großen 6 × 28 Zuggrundplatte helfen sich beim Einfahren gegenseitig, wenn mal einer der beiden Motoren nicht ausreichend Strom bekommt und ins Stocken gerät. So dreht dann diese »Lok ohne Aufbau« immer besser ihre Runden und kommt irgendwann auch ohne Ruckeln und Stocken über das gesamte Streckennetz.

Beim Einfahren kann man auch gleich die Haftreifen überprüfen. Ausgehärtete, spröde Gummiringe fallen von allein ab. Neue Haftreifen von Drittanbietern können relativ dick sein. In Kombination mit abgewetzten Stromkontakten unter dem Motor ist so auch nicht immer ein guter Kontakt zwischen Schiene und Motor garantiert. Hier sollte man besser zu dünneren Haftreifen greifen. Hier sei noch einmal auf Haftreifen aus einem alten Rennradschlauch hingewiesen.

Jetzt wird es Zeit, die Motoren wieder unter die richtigen Züge zu stecken und die Strecke mit richtigen Zügen in Betrieb zu nehmen.

Kurzschlüsse vermeiden

Beim Streckennetz ist drauf zu achten, dass keine Kurzschlüsse durch falsch verlegte Stromführungen entstehen. Wendeschleifen können beispielsweise mit den 12-V-Stromführen – und auch mit den 9-V-Schienen – nicht gebaut werden, da sonst ein Kurzschluss entsteht.

Bei langen Strecken ist es empfehlenswert, den Strom vom Trafo an mehreren Stellen einzuspeisen. Dazu verwendet man mehrere Kabel, die vom Trafo zu weit voneinander entfernten Punkten an der Strecke führen und dort den Strom in die Stromführung einspeisen. Auch hier gilt es, Kurzschlüsse zu vermeiden, daher immer erst nur ein Kabel anschließen, dann prüfen, in welche Richtung der Motor fährt, wenn man den Trafo entsprechend »vorwärts« aufdreht. Dann das zweite Kabel allein testen, bei gleicher Fahrtrichtung am Trafo muss sich der Motor in dieselbe Richtung bewegen. Dazu am besten den Motor an einer Stelle auf die Gleise setzen, die von beiden Einspeisepunkten ungefähr gleich weit entfernt ist. Erst wenn man sich sicher ist, in welcher Polung die Stecker der jeweiligen Kabel zu verbinden sind, werden beide Kabel gleichzeitig am Trafo angeschlossen, und ein erster kurzer Test zeigt, ob sich der Motor immer noch so verhält, wie bei den Tests mit einzelnen Einspeisepunkten.

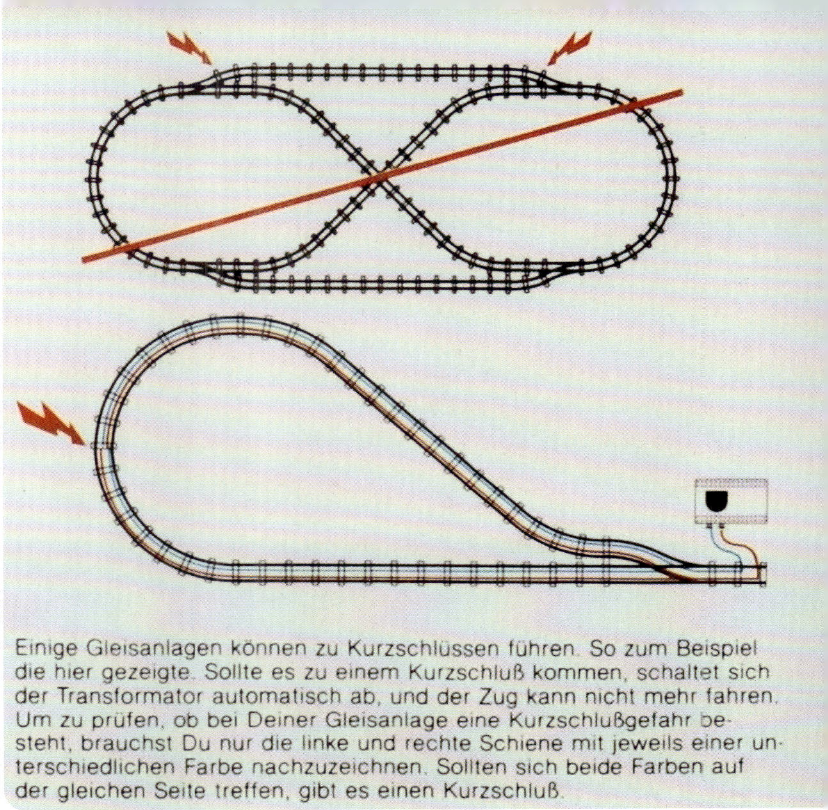

Solche Hinweise zur Kurzschlussgefahr sind in den Bauanleitungen der 12-V-Eisenbahnsets zu finden.

Weitere Fehlerquellen ausschließen

Der Zug fährt immer noch nicht! Die alte Elektronik ist natürlich nicht so störungsfrei wie alte LEGO-Kunststoffbausteine. Alle Komponenten in der Kette – von der Steckdose bis zum Lichtstein in der Lok – können Quelle für weitere Gründe sein, warum es mit dem Fahrbetrieb nicht so klappt, wie man sich das vorstellt. Der Trafo #7864 ist grundsätzlich recht unverwüstlich, aber auch dieser »Klotz« kann nach über 40 Jahren Betrieb oder vielmehr Lagerung nicht mehr so gut funktionieren wie am ersten Tag. Ein Strom- bzw. Spannungsprüfer am geregelten Ausgang zeigt an, wie viel »Saft« der Trafo abgibt. Eventuell sollte der Trafo durch einen anderen Trafo ersetzt werden. Eine Reparatur ist für den elektrotechnischen Laien tabu, lieber sollte man die Finger davonlassen und sich einen Ersatz-Trafo besorgen. Diese werden zwar zahlreich, aber meist sehr teuer angeboten.

Oft bekommt man den Trafo als Beifang, wenn man ein Eisenbahnset oder Konvolut im Secondhand-Handel kauft. Alternativ kann der Fahrbetrieb auch mit einem alten LEGO-Trafo #740 aus der Zeit der Blauen Ära aufgenommen werden. Dieser Trafo aus dem Haus Siemens brummt zwar unüberhörbar, liefert aber auch robuste, geregelte Leistung für den Fahrbetrieb.

Die nächsten Komponenten sind die Kabel und Stecker. Fließt durch das Kabel Strom? Sind die kleinen Schräubchen korrekt angezogen und besteht zwischen dem abisolierten Kabel und dem Stecker eine elektrische Verbindung? Vielleicht ist auch das Kabel gebrochen oder die Stecker sitzen zu lose. Hier testet man verschiedene Kabel nacheinander und verbindet damit einen funktionierenden Trafo mit einem funktionierenden Verbraucher, zum Beispiel einem 12-V-Motor oder 12-V-Leuchtstein. Wenn die Stecker zu locker sitzen, können die vier Viertel mithilfe eines scharfen Messers gut ein wenig auseinandergebogen werden. Danach sitzen die Stecker wieder deutlich fester.

Ob der Motor funktioniert, lässt sich einfach herausfinden, indem man ihn direkt per Kabel mit dem Trafo verbindet. Hier sollten alle Kontakt-möglichkeiten getestet werden. Am Motorgehäuse des 12-V-Eisenbahnmotors befinden sich zwei Anschlüsse für Kabel, zusätzlich kann man den Stecker – am besten einen Doppelstecker verwenden – direkt an die Kontakte an der Unterseite des Motors halten.

Der Zahn der Zeit

Brüchige Schwellen und Schienen – was in den 1980er-Jahren für Stabilität sorgte, bereitet nach über 40 Jahren erhebliche Probleme. Der Weichmacher aus dem Kunststoff der Schwellen hat sich mit der Zeit verflüchtigt und die Schwellen sind sehr, sehr brüchig geworden. Die Schwellen brechen wie dünne Schokoladentäfelchen, und die Klipse bleiben in den Öffnungen der Schienen hängen oder brechen ab.

Für einen häufigen Auf- und Abbau sind diese alten Schwellen nicht mehr geeignet. Ersatz gibt es leider keinen mehr, da diese Schwellen und Schienen mit Auslaufen der Grauen Ära nicht weiter neu produziert wurden. Lediglich normale 2 × 8 Platten kommen als Ersatz in Betracht.

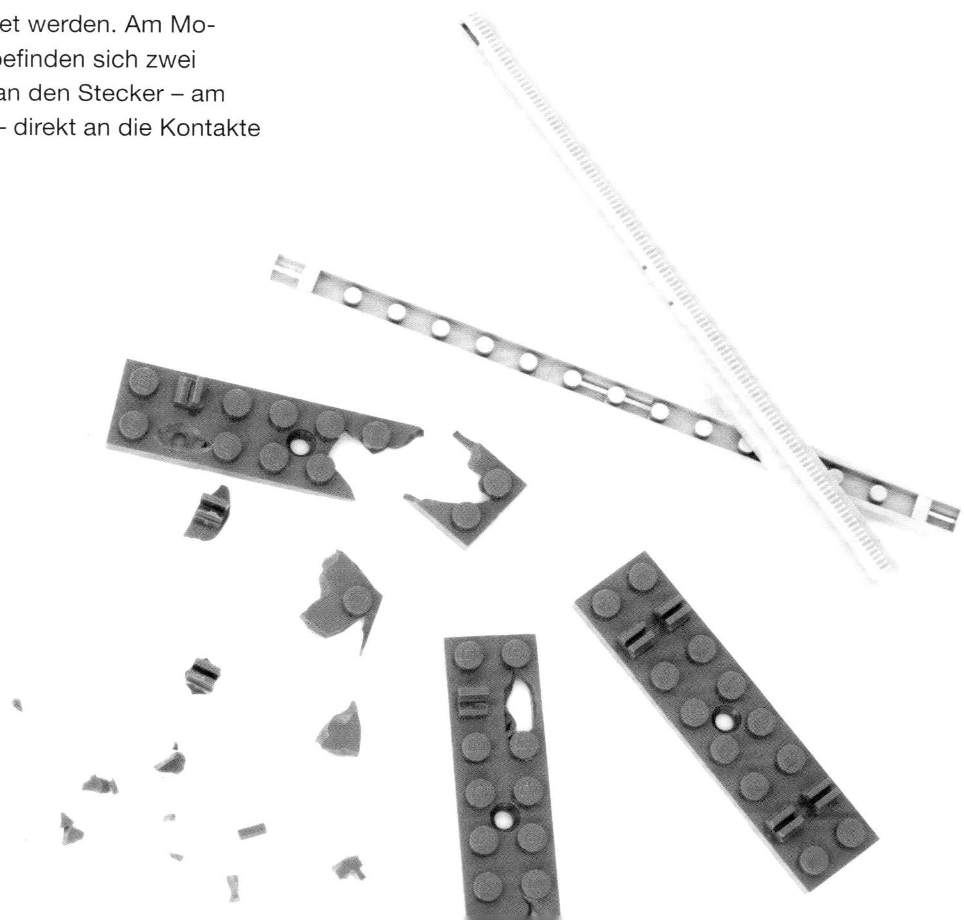

Kompatibilität der Grauen Ära (12 V) mit anderen Epochen

Kurz erklärt

Immer wieder taucht die Frage auf, ob und wie Schienen, Loks und Züge aus anderen LEGO-Eisenbahn-Epochen miteinander kombiniert werden können? Die Spurbreite ist von Beginn an unverändert geblieben. Rollendes Material, egal aus welcher Zeit, fühlt sich auf allen Schienentypen zu Hause.

Bei den Antriebstechniken der verschiedenen Epochen ist es etwas komplizierter. Für die Graue Ära, insbesondere das 12-V-System gilt:

- 4,5-V-Züge der Blauen und Grauen Ära können verwendet, aber nicht vom Trafo gesteuert werden. Diese Züge fahren autark und können nur von Hand, dem mechanischen Signal oder dem Richtungsumkehr-Stein gesteuert werden.
- Die 12-V-Eisenbahnmotoren der Blauen Ära können verwendet werden.
- Der 9-V-Eisenbahnmotor #5300/#10153 kann auf den 12-V-Schienen nicht verwendet werden. Beim 9-V-System versorgen die Metallauflagen in den Schienen den Motor über dessen Räder mit Strom.
- Der Power-Functions-Eisenbahnmotor #88002 bzw. der Powered-Up-Eisenbahnmotor #88011 kann verwendet werden, Empfänger und Batteriebox bzw. der Hub müssen in der Lok bzw. in einem Waggon untergebracht werden. Power-Functions- und Powered-Up-Züge mit Motor und Stromversorgung on-board verhalten sich ähnlich wie 4,5-V-Züge, sie lassen sich aber zusätzlich mit einer Fernsteuerung oder Smartphone-App fernsteuern.
- Die 12-V-Schienen der Blauen und Grauen Ära können gemischt werden. An den Übergängen der Blauen auf die Graue Ära muss eine normale 2 × 8 Platte ohne Klips als Schwelle verwendet werden. Die Verbindung der Stromführungen ist aber identisch geblieben.
- Andere Schienensegmente ab dem 9-V-System können nicht mit den 12-V-Stromführungen nachgerüstet werden. Der Betrieb der 12-V-Eisenbahnmotoren der Blauen und Grauen Ära benötigt die passenden Schienen mit mittleren Stromführungen und 12-V-Weichen und -Kreuzungen.
- Die ferngesteuerten Weichen #7858/#7859 sind mit der Blauen Ära kompatibel, die Fernsteuerung könnte über ein Kabel an einen Trafoausgang mit einer dauerhaften Spannung von 12 V angeschlossen werden. Mit den neueren Schienen und Weichen ab dem 9-V-System sind die 12-V-Weichen nicht mehr kompatibel.
- Das ferngesteuerte Lichtsignal #7860 mit den Unterbrecherschienen ist mit keinem anderen LEGO-Eisenbahnsystem kompatibel.
- In den ferngesteuerten Bahnübergang #7866 können problemlos auch andere Schienensegmente eingebaut werden. Zum Betrieb des Bahnübergangs ist aber ein 12-V-Trafo #7864 erforderlich.
- Die ferngesteuerte Entkupplungsanlage #7862 entkuppelt nur Magnetkupplungen mit senkrechtem Steg, diese gab es nur in der Grauen Ära.

Zum Systemwechsel 1991 auf das neue 9-V-System bewarb ein extra Faltblatt (921762-D) die – sehr begrenzte – Kompatibilität zwischen dem alten 12-V-System und dem neuen 9-V-System. Zubehör und Servicetüten für das 12-V-System wurden im Direktvertrieb noch bis 1993 angeboten, das Faltblatt konnte gleich als Bestellformular verwendet werden. Der Hinweis *»Du kannst einige der neuen 9 Volt Modelle auch bei Deiner Anlage verwenden.«* bezieht sich bei genauerem Hinsehen auf den Bahnhof #4554 und rollendes Material. Kleingedruckt heißt es dann weiter: *»Die Waggons Deiner 12 Volt LEGO Eisenbahn passen auch zum neuen 9 Volt System, während Deine Schienen, Signale, Lichter, Weichen und Kreuzungen ausschließlich mit 12 Volt funktionieren.«* Faktisch wurde damit das 12-V-System zu Grabe getragen.

Züge auf 12 V umrüsten

Die Umrüstung neuerer Züge auf das 12-V-System ist denkbar einfach. Der bisherige Motor, entweder ein 9-V-Eisenbahnmotor oder ein Power-Functions- oder Powered-Up-Eisenbahnmotor, wird ausgebaut, und ein 12-V-Eisenbahnmotor wird eingebaut. Das Motorgehäuse hat sich über all diese Epochen von seinen Abmessungen her nicht verändert, und der mittlere Pin als Drehzapfen ist auch geblieben. Die Räder am 12-V-Motor sind etwas kleiner als die Nachfolger. Dieses unterschiedliche Design der Eisenbahnräder mag den optischen Eindruck stören, eine umgerüstete Lok sollte dann auch an den nicht angetriebenen Achsen klassische Graue-Ära-Eisenbahnräder bekommen.

Grundvoraussetzung ist ein funktionsfähiges 12-V-Streckennetz, auf dem der 12-V-Eisenbahnmotor auch gut betrieben werden kann.

Die Umrüstung der Zugbeleuchtung, wie sie beispielsweise beim 9-V-Metroliner #4558 vorhanden ist, oder der moderneren LED-Nachrüstbeleuchtung auf 12 V ist nicht möglich. Wenn aktuelle Züge mit Zugbeleuchtung auf das 12-V-System umgerüstet werden sollen, sind doch einige Umbauten notwendig, um die 12-V-Zugbeleuchtung einzubauen.

Graue-Ära-Züge modernisieren

Grundsätzlich ist eine Modernisierung der Züge der Grauen Ära möglich. Die Eisenbahnräder aus dem 9-V-System haben deutlich weniger Rollwiderstand und ähneln einem realen Eisenbahnrad deutlich mehr als die 12-V-Zugräder, die eher wie Felgen ohne Reifen anmuten. Wer eine Durchmischung der Epochen nicht scheut, erzielt mit den neueren Eisenbahnrädern deutlich mehr Fahrkomfort.

Der Umstieg von 12 V auf 9 V funktioniert vergleichsweise gut. Beide Systeme beziehen den Strom aus den Schienen, in den Loks muss nur der Motor untergebracht werden. Der 9-V-Eisenbahnmotor passt ohne Probleme auch unter Züge und Loks der Grauen Ära. Nur bei der Zugbeleuchtung hapert es dann, es gibt kein offizielles Kabel mit 9-V-Steckerplatte an der einen Seite und klassischen 12-V-Steckern an der anderen Seite. Wer handwerklich geschickt ist, wird so ein Kabel leicht selbst herstellen können. Allerdings würde die Zugbeleuchtung auch nur mit 9 V Spannung versorgt werden und entsprechend schwach leuchten.

Aufwendiger ist der Umbau eines 12-V-Zugs der Grauen Ära auf die neusten Systeme Power Functions und seinen Nach-

Alte 6 × 28 Zuggrundplatte (4093b) mit 1 × 2 Aussparungen

E-Lok aus dem Ideenbuch #7777 mit Power-Functions-Antrieb

Kurz erklärt

folger Powered Up. Beide Systeme basieren auf dem Prinzip, dass der Zug seine Stromversorgung in Form von Akkus oder Batterien mit an Bord hat und die Steuerung per Infrarot- oder Bluetooth-Fernbedienung erfolgt. Solchen Zügen ist es egal, auf welchen Gleisen sie fahren, die Herausforderung besteht aber beim Einbau der zusätzlichen Komponenten. Bei Powered Up kommen der Infrarot-Empfänger und die Batteriebox bzw. der Akku dazu. Bei der Umrüstung auf Powered Up muss der Hub, der Batteriebox und Bluetooth-Empfänger kombiniert, in der Lok bzw. im Zug untergebracht werden. Die kleinen Dampf- und Dieselloks der Grauen Ära scheiden daher für einen Umbau aus. Im Aufbau ist kein Platz für die notwendigen zusätzlichen Komponenten. Die großen E-Loks aus #7740, #7745 bzw. #7777 oder der Triebzug #7725 bieten genug Platz für diese Komponenten. Und wer mag, baut sich um die Batteriebox bzw. den Hub einen eigenen Batteriewagen ganz im Stil der Batteriewagen aus den 4,5-V-Sets #7720 und #7722.

Erschwerend kommt hinzu, dass die Power-Functions- bzw. Powered-Up-Stecker deutlich dicker sind und nicht durch die 1 × 2 große Aussparung in den alten Zuggrundplatten passen. Neuere Zuggrundplatten haben daher auch eine 2 × 2 große Aussparung und einen flachen Bereich, damit das am Motor befestigte Kabel gut mitdrehen kann. Eine schwarze 6 × 28 Zuggrundplatte mit großen Aussparungen (92339) war nur in zwei Sets (#3677 und #10219) enthalten und wird zu astronomischen Preisen auf Bricklink angeboten. Daher lohnt wahrscheinlich doch der Griff zum Dremel, um die kleine Aussparung einer vorhandenen Zuggrundplatte zu vergrößern.

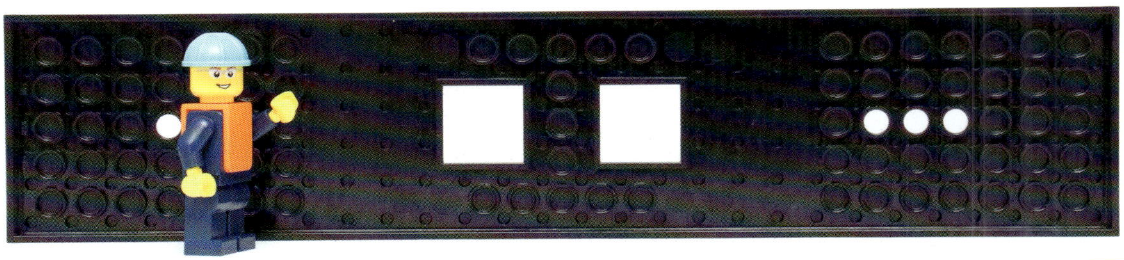

Neue 6 × 28 Zuggrundplatte (92339) mit 2 × 2 Aussparungen

MOC | Personenzug #7740 neu interpretiert

Wie würde der legendäre Passagierzug #7740 heute aussehen? Farben und Formen, die es in den 1980er-Jahren noch nicht gab, bieten die Möglichkeit, die Lok und die Wagen realistischer zu bauen. Die Nähe zur realen E-Lok der Baureihe 103 war schon vor über 40 Jahren gegeben, aber die typisch runde Frontpartie war doch ziemlich klobig. Bogensteine, Platten mit Rundungen und abgerundete Fliesen bieten hier heute viel mehr Möglichkeiten. Meine Interpretation der BR 103 basiert auf einem MOC des Niederländers Fauke Boss, das von Jacob Billenkamp in der klassischen Farbgebung Gelb-Rot als 12-V-Lok umgesetzt wurde.

Meine gelb-rote E-Lok BR 103 ist mit Powered Up ausgestattet, der Hub befindet sich mittig zwischen den beiden Führerständen und versorgt einen Powered-Up-Eisenbahnmotor und eine Powered-Up-Beleuchtung. Die beiden LEDs stecken in den 1 × 1 Lampensteinen und beleuchten die gelb-transparenten Platten von hinten. Dazu muss dazwischen eine runde, rote 1 × 1 Platte mit Loch verwendet werden. Hinter dem Lampenstein befindet sich ein 1×2 Panel und gibt der LED genug Platz. Die seitlichen Haltestangen sind um eine halbe Noppe nach innen versetzt und

stehen somit kaum nach außen ab. Die Türen sind nur angedeutet, der Lokführer muss somit über das abnehmbare Dach einsteigen. Die Stromabnehmer erinnern an die Graue Ära.

Noch näher ans Vorbild kommt die Farbgebung Beige-Dunkelrot. Die Teile, aus der die Lok gebaut ist, sind auch in diesen neueren Farben erhältlich. Passend zur beige-dunkelroten BR 103, die mit Power Functions ausgestattet ist, habe ich drei Wagen mit verlängerter Zuggrundplatte gebaut. Wie im Set #7740 gibt es einen Großraumwagen und einen Speisewagen. Ergänzt wird der Zug durch einen Panoramawagen mit seiner markanten Glaskuppel.

DB
7740

Bauanleitung | E-Lok BR 103

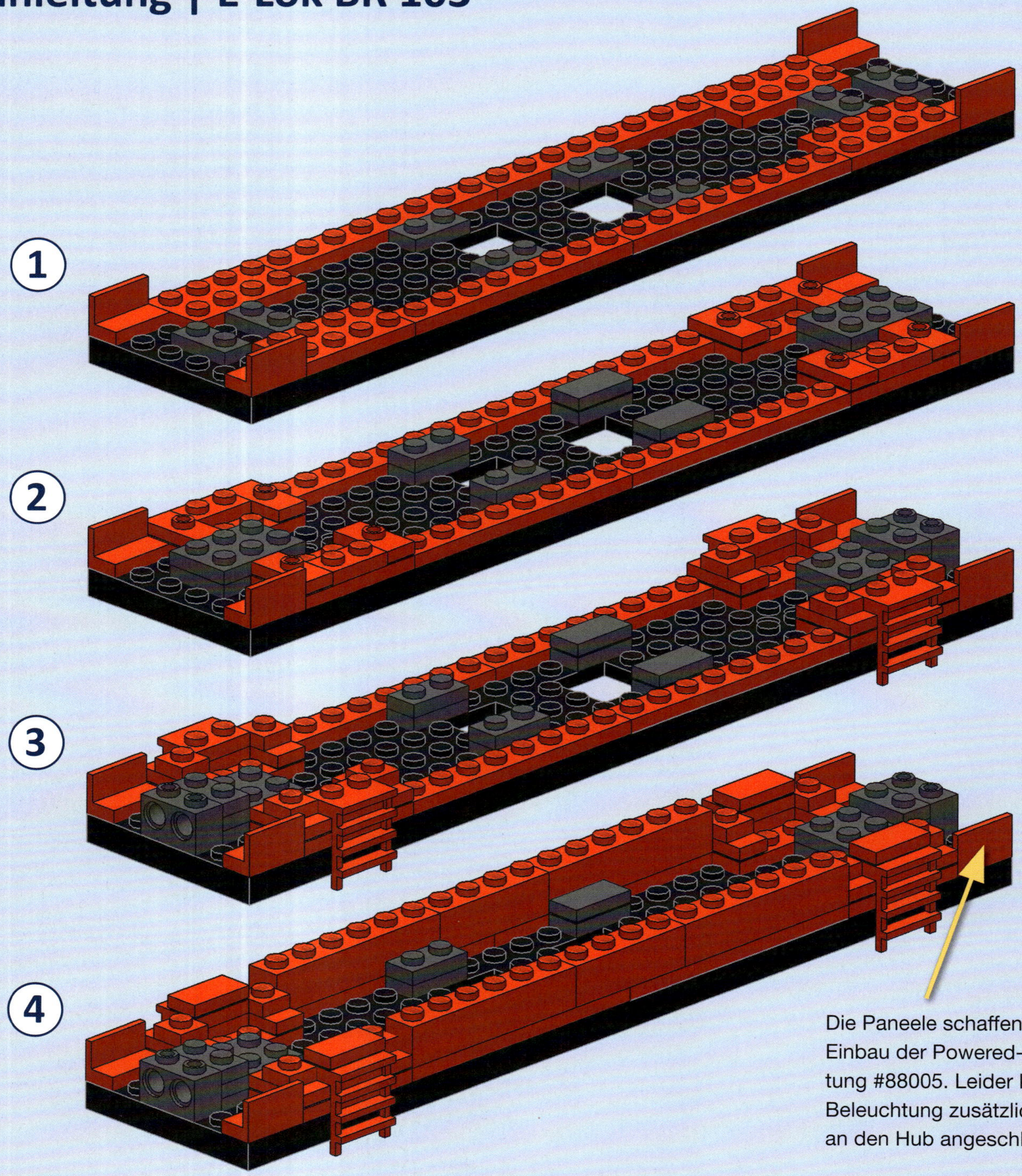

Die Paneele schaffen Platz für den Einbau der Powered-Up-Beleuchtung #88005. Leider kann nur eine Beleuchtung zusätzlich zum Motor an den Hub angeschlossen werden.

5

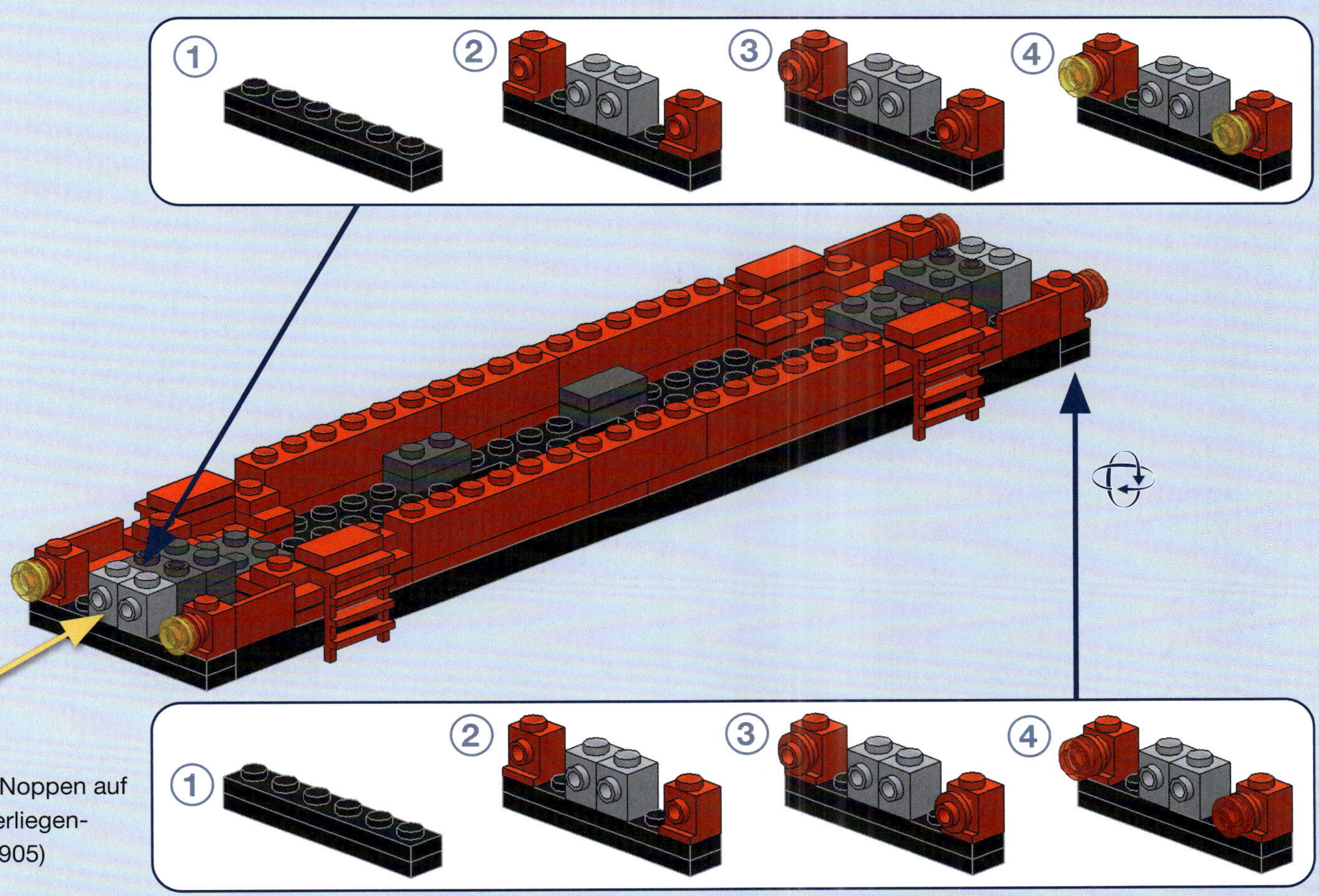

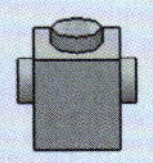

1 × 1 Stein mit Noppen auf zwei gegenüberliegenden Seiten (47905)

6

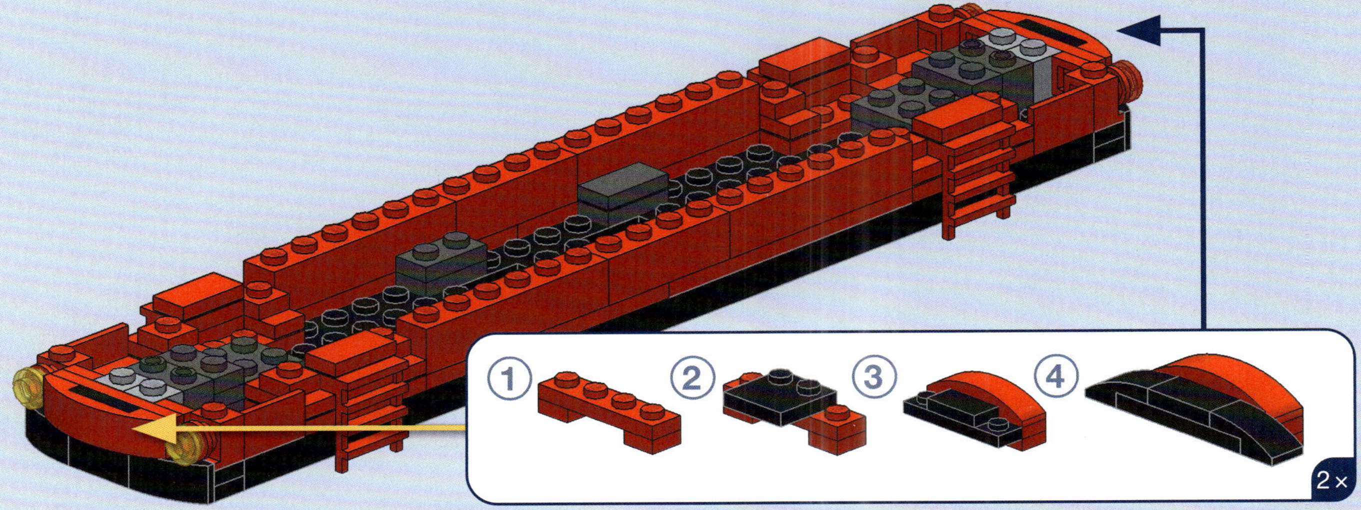

7

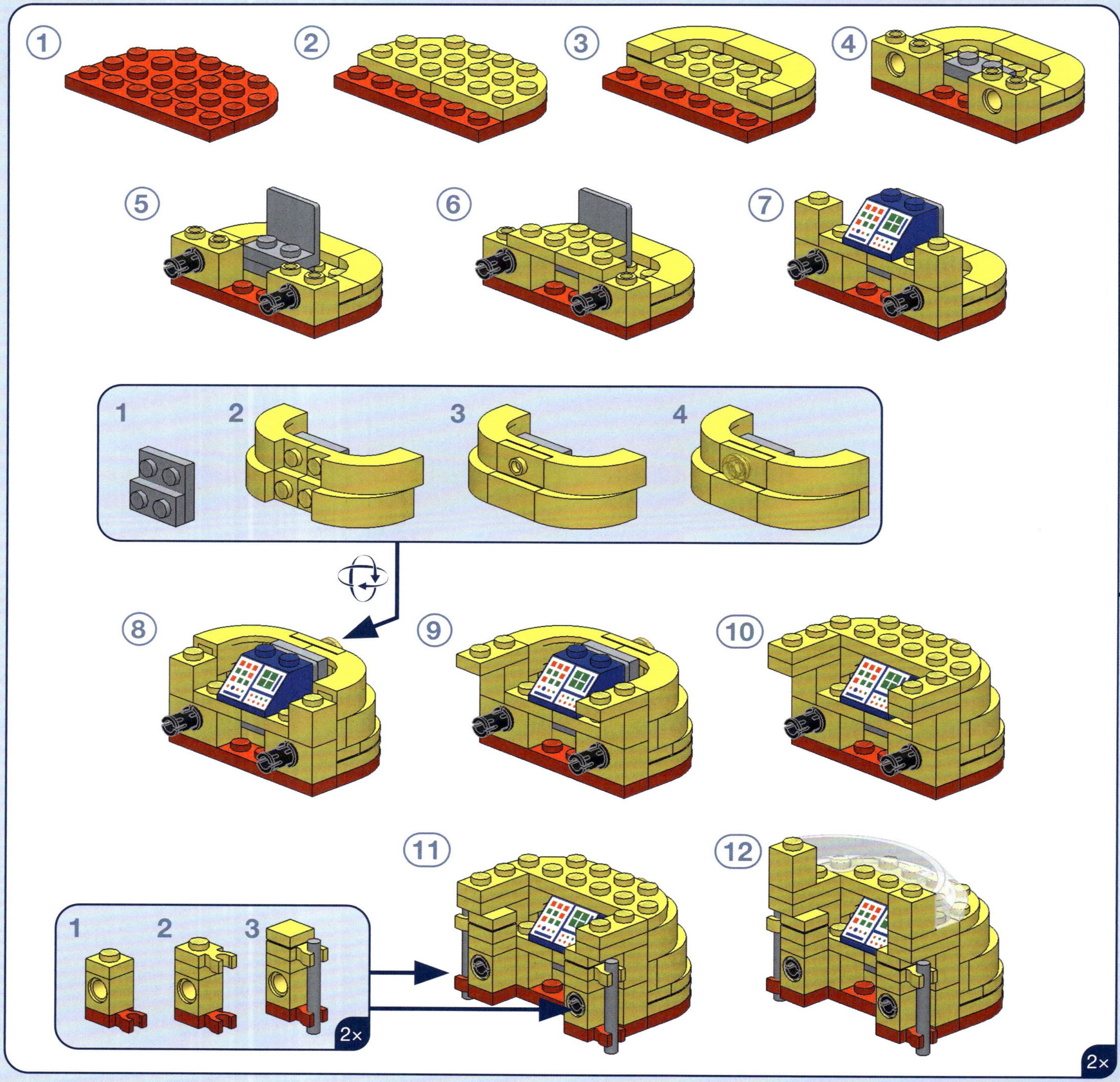

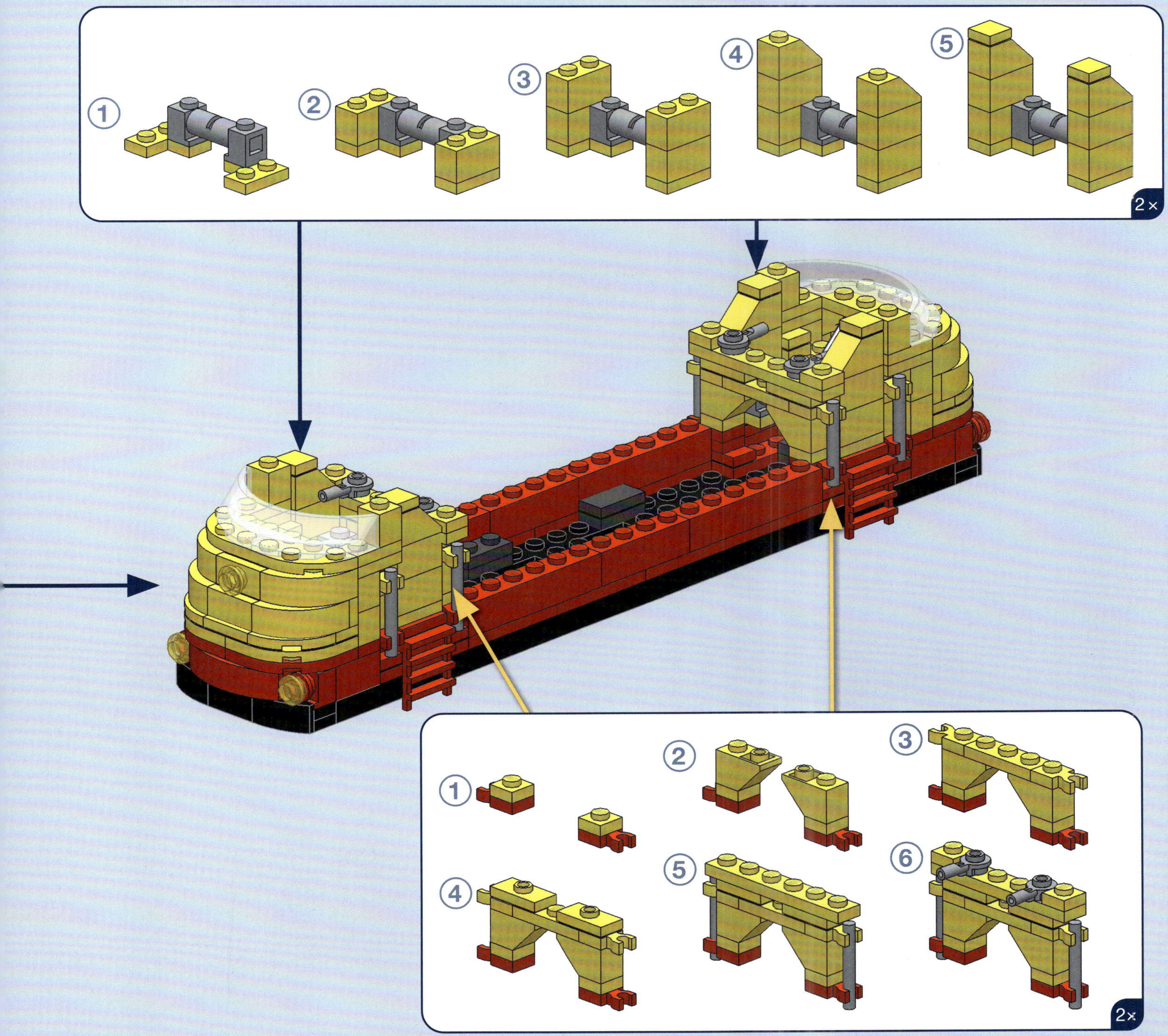
1
2
3
4
5
2×
1
2
3
4
5
6
2×

8

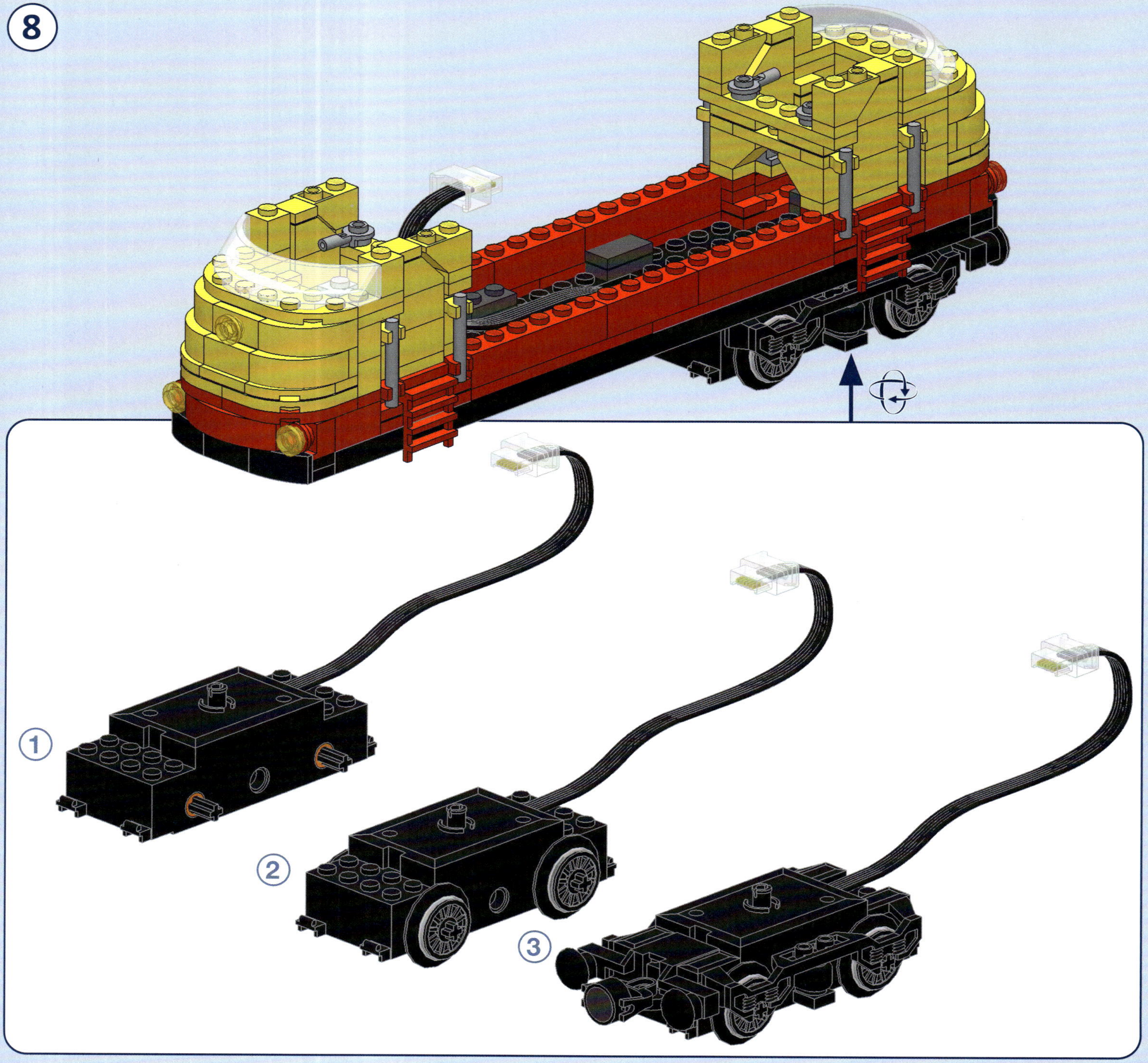

9

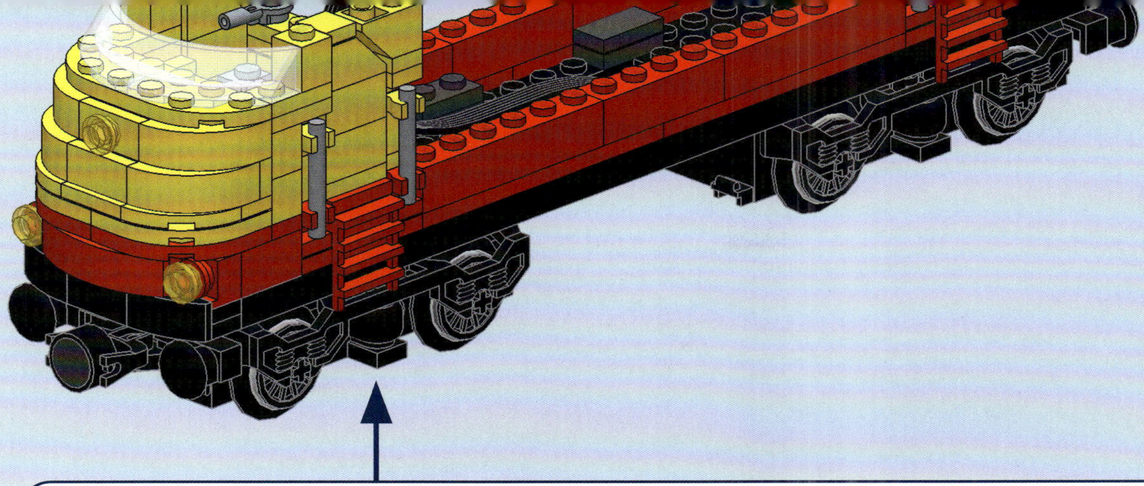

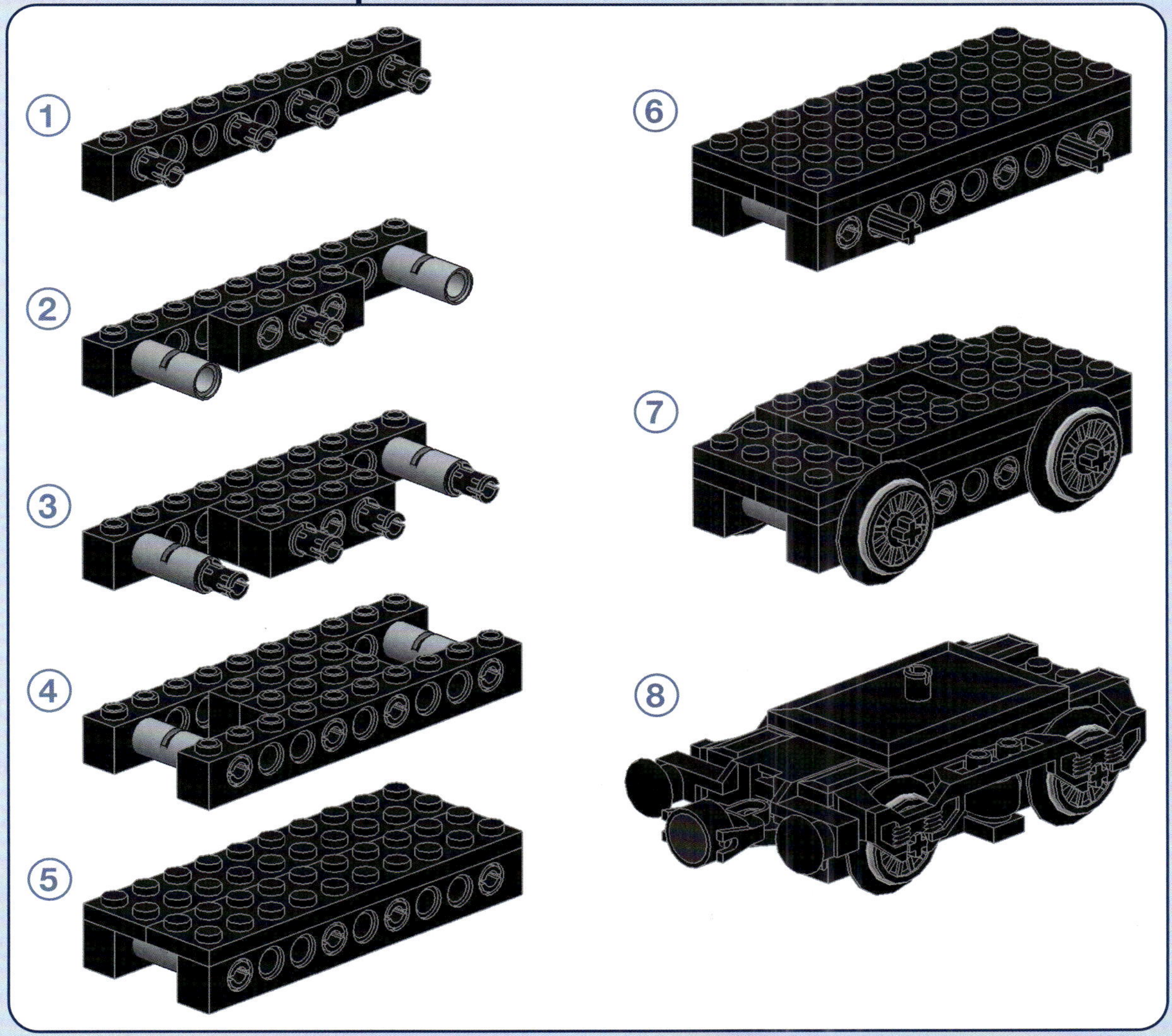

10

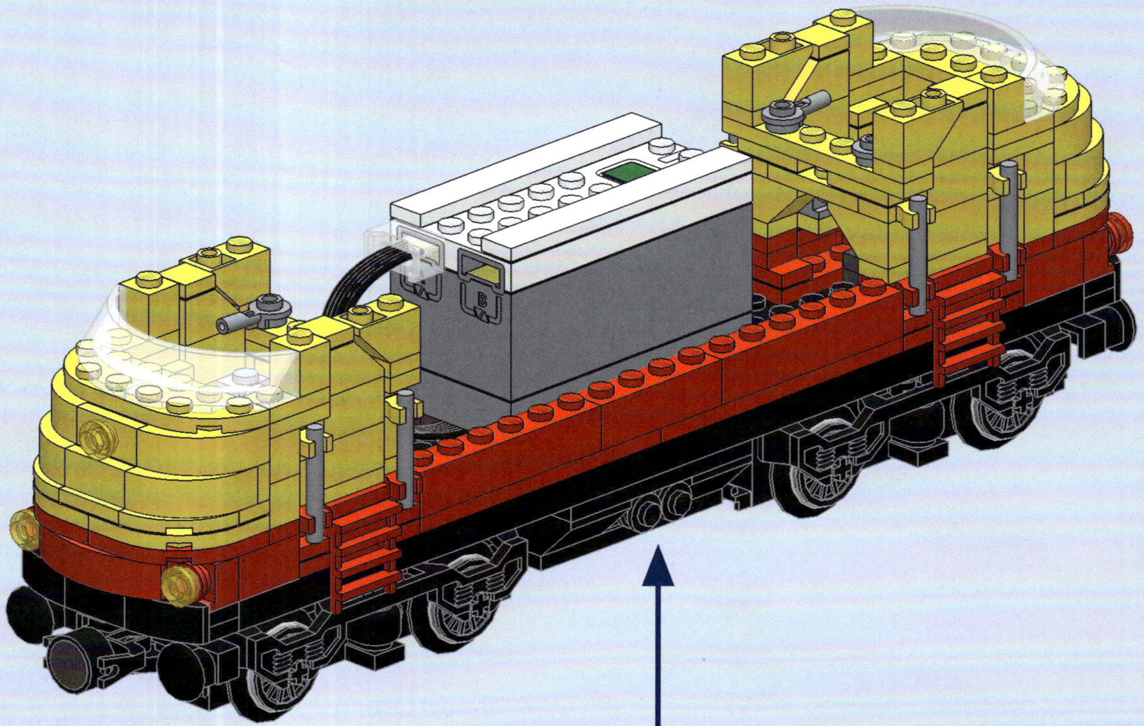

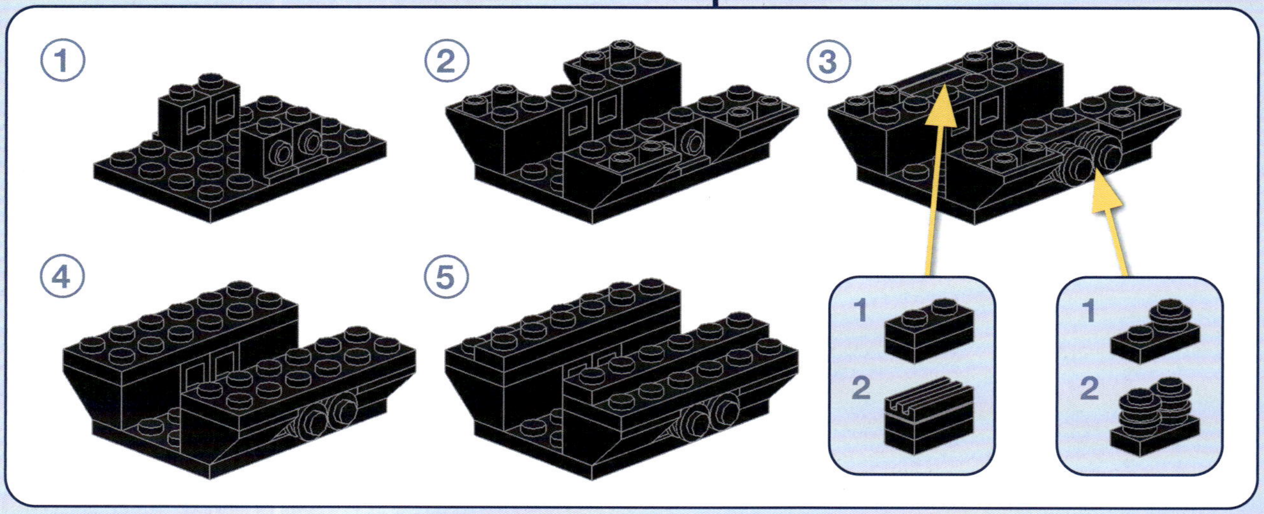

11

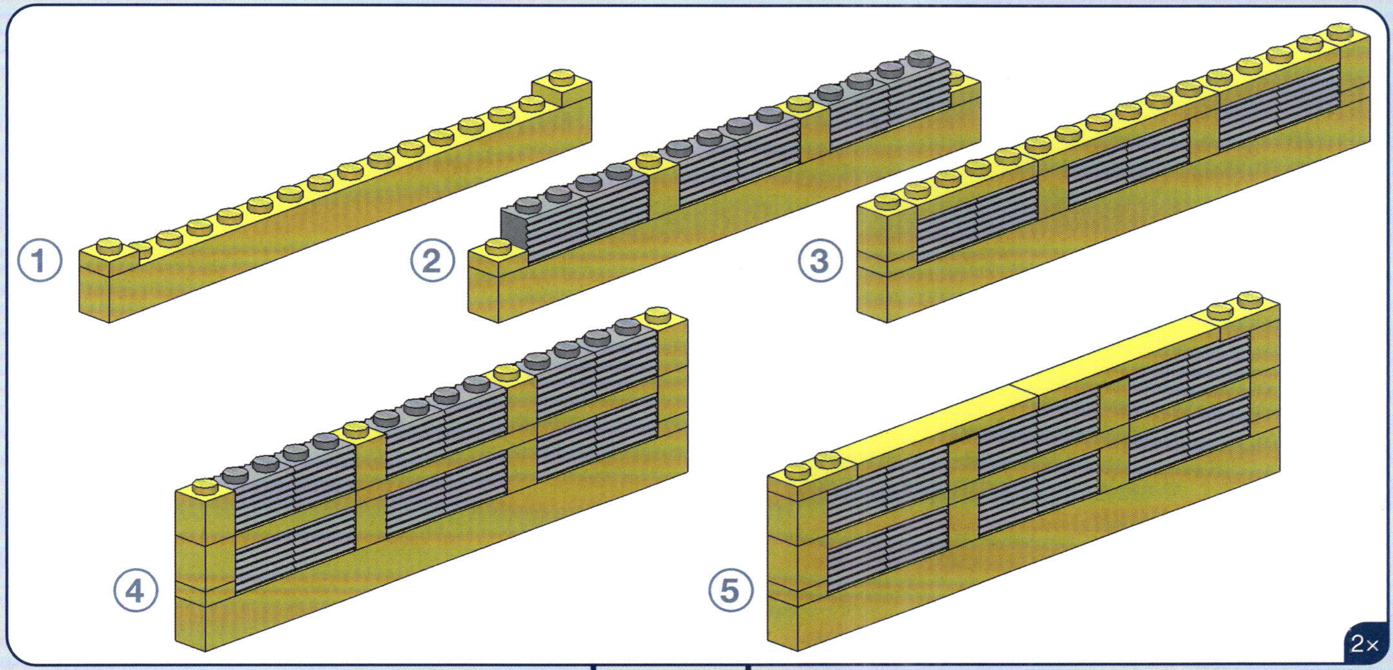

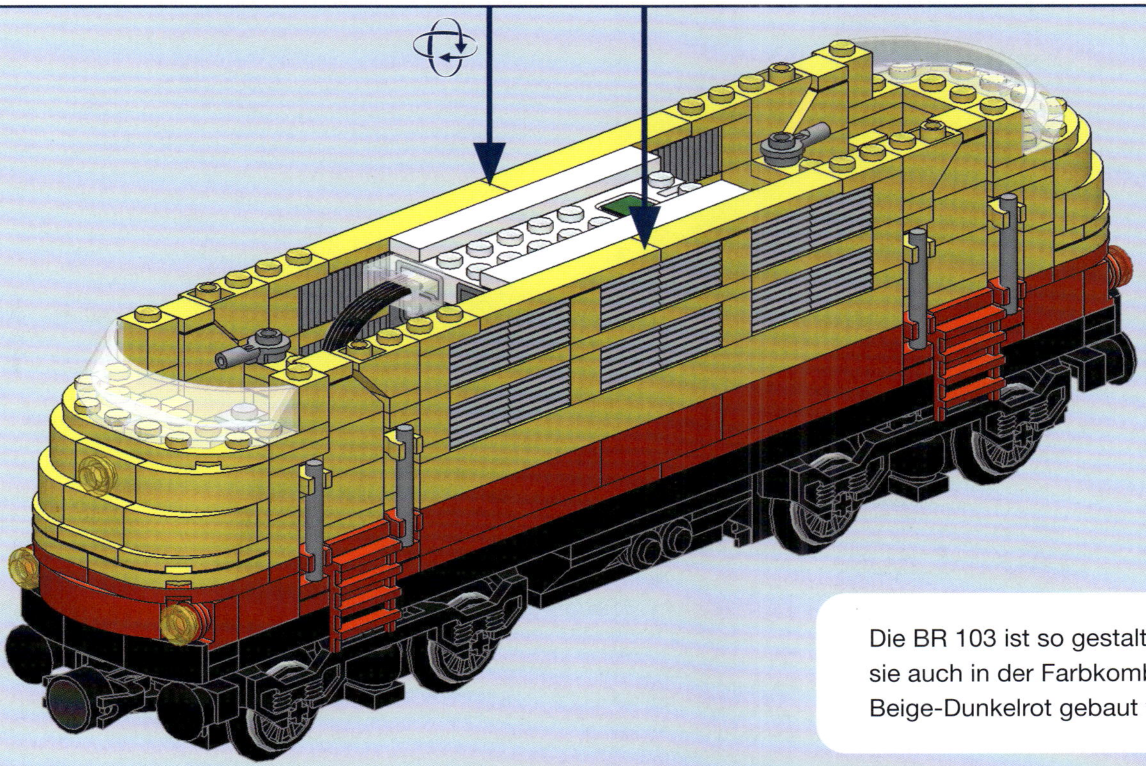

Die BR 103 ist so gestaltet, dass sie auch in der Farbkombination Beige-Dunkelrot gebaut werden kann.

12

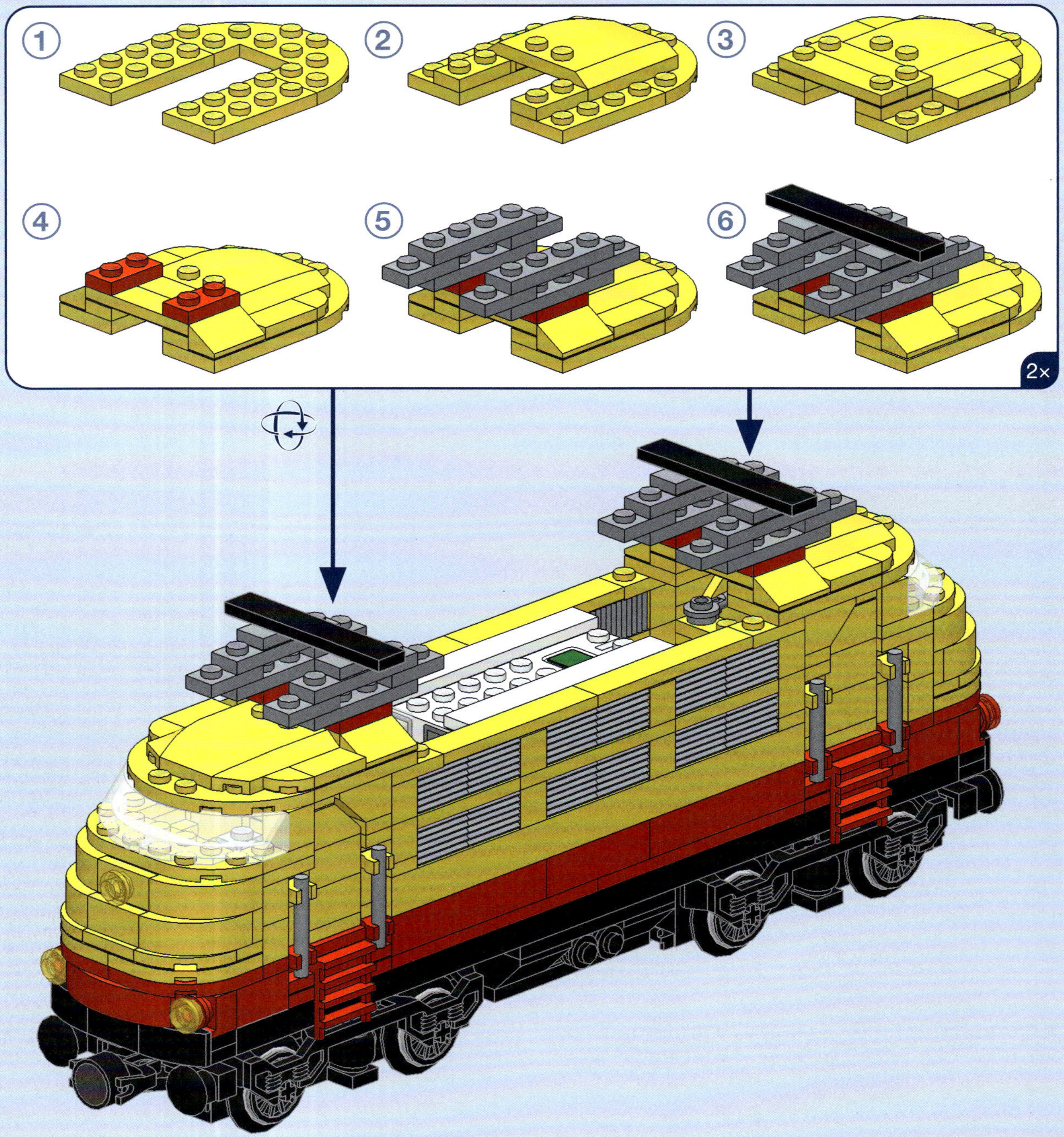

13

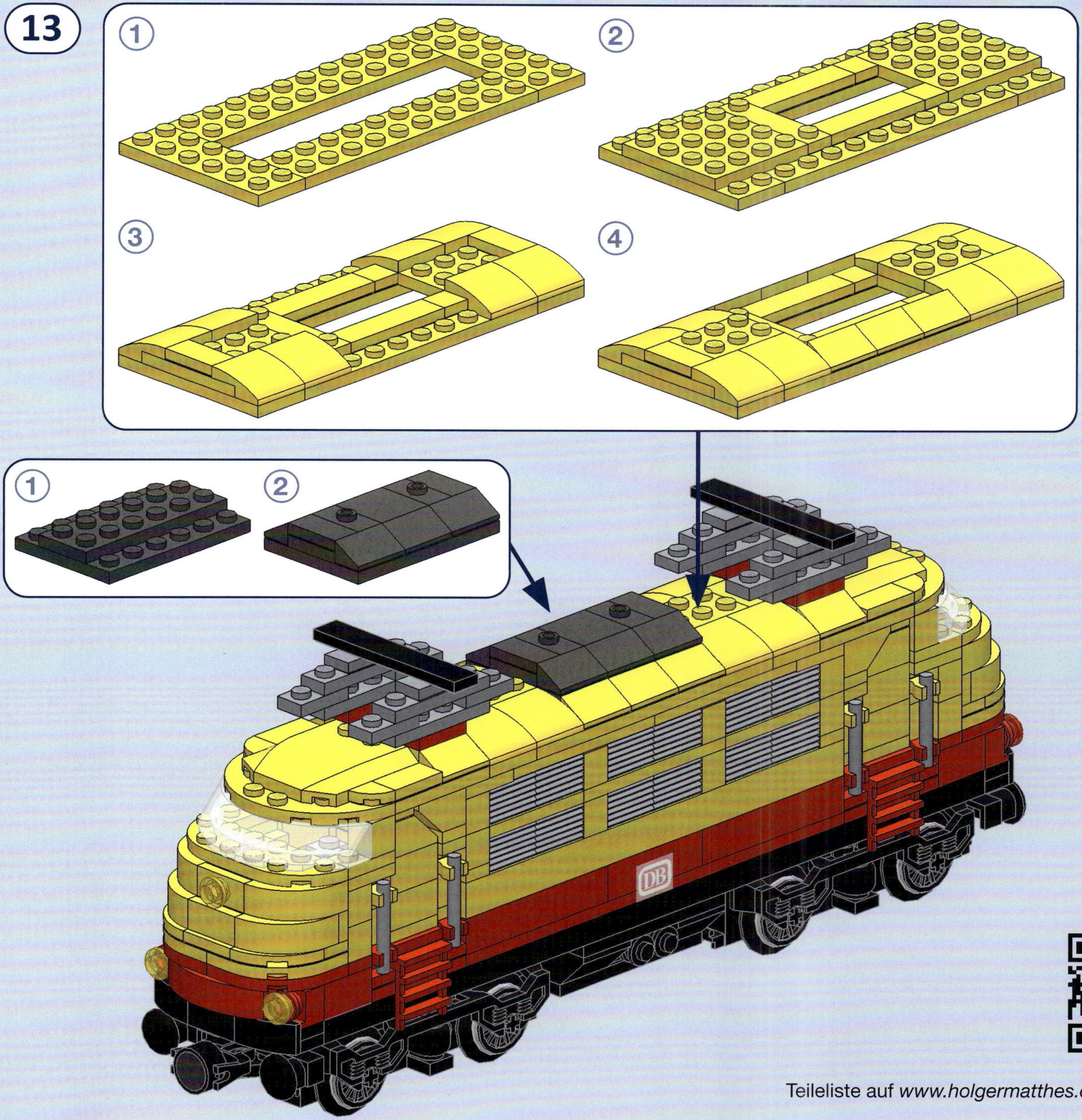

Teileliste auf *www.holgermatthes.de/teilelisten*

Bauanleitung | Panoramawagen

1

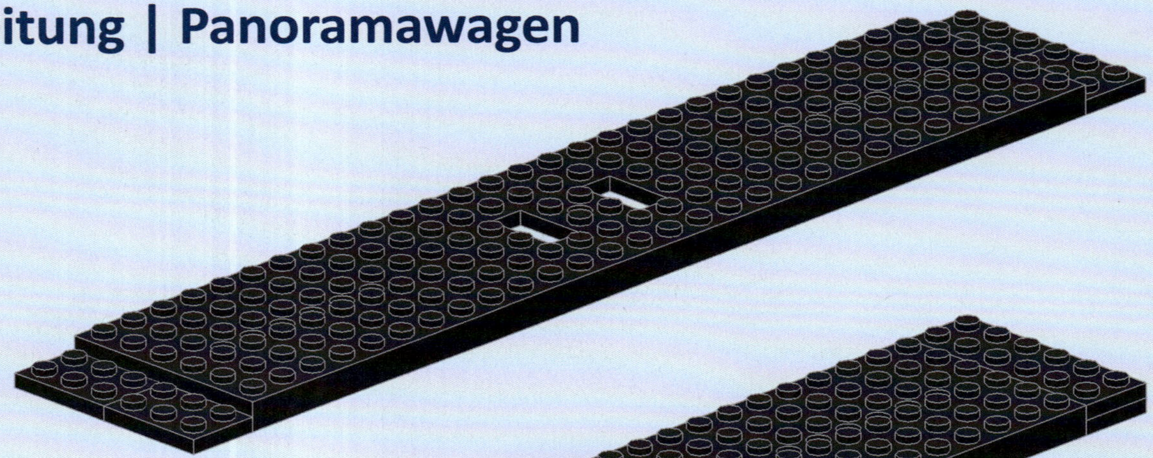

2

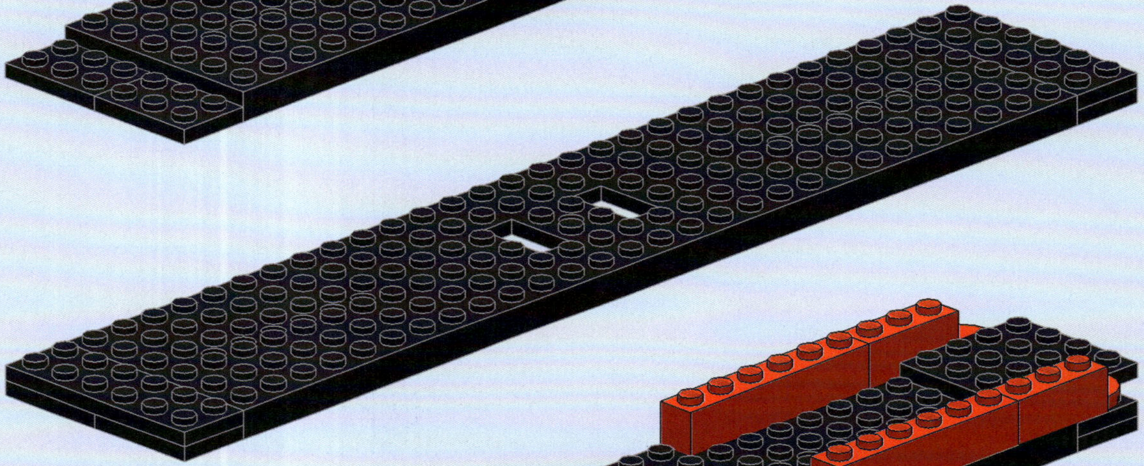

3

4

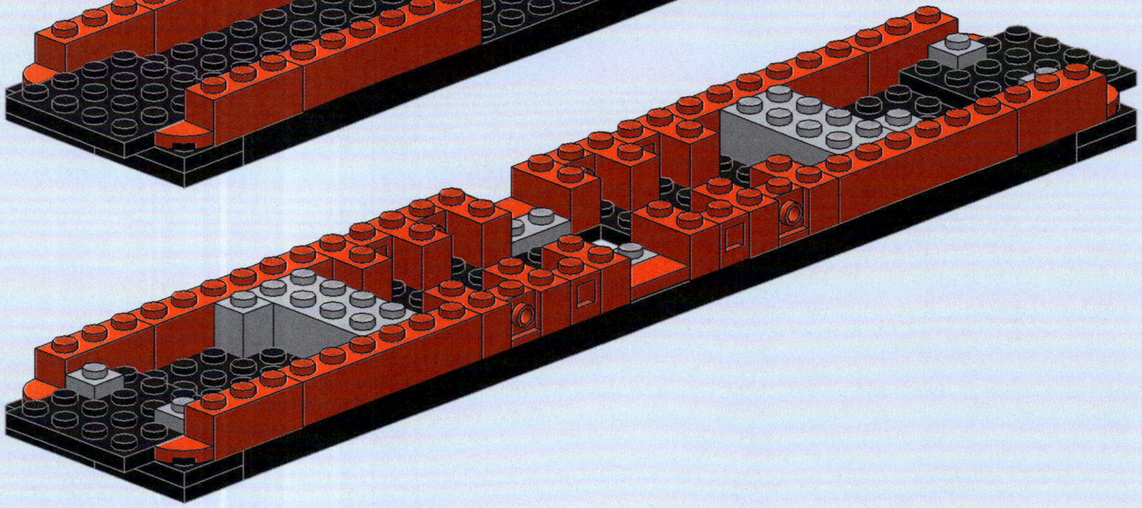

5

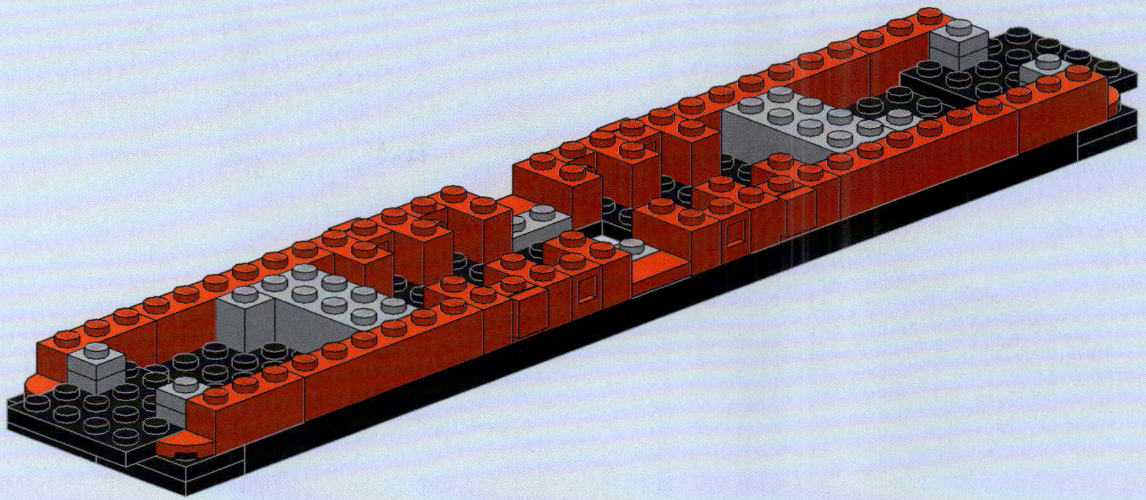

6

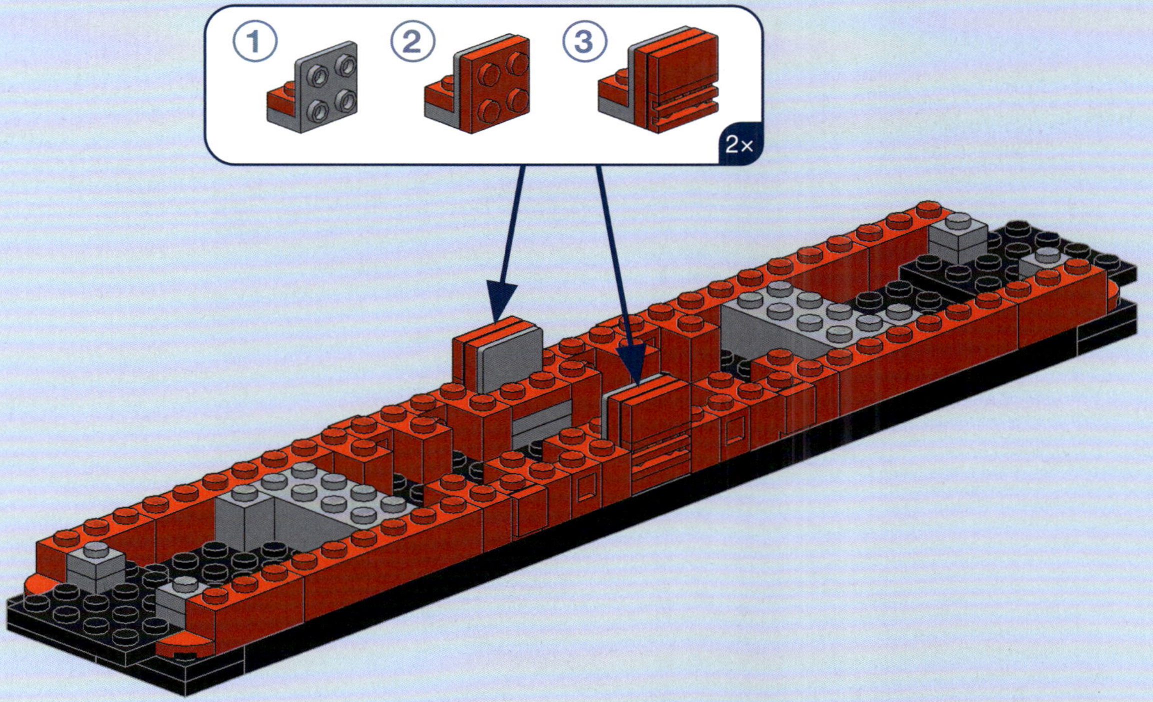

7

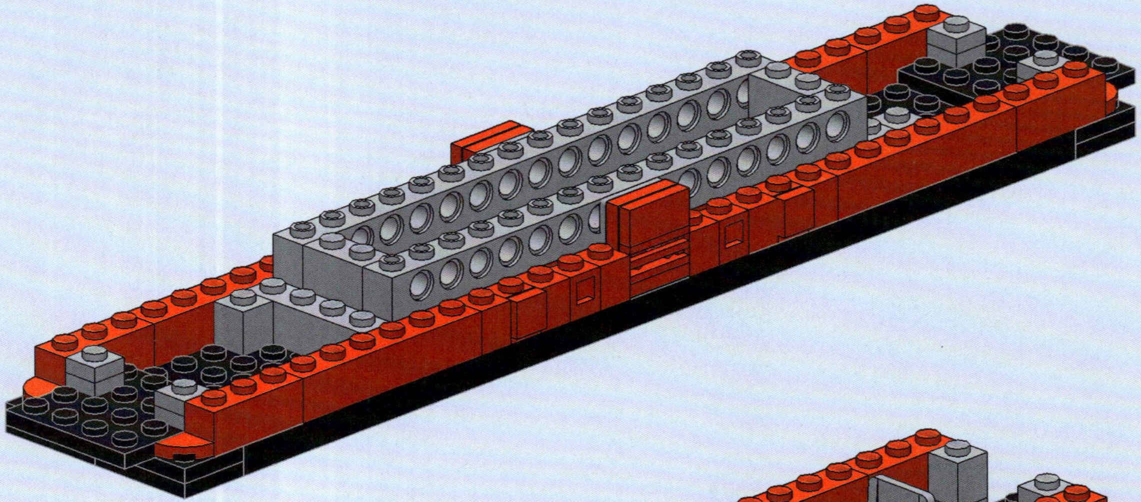

8

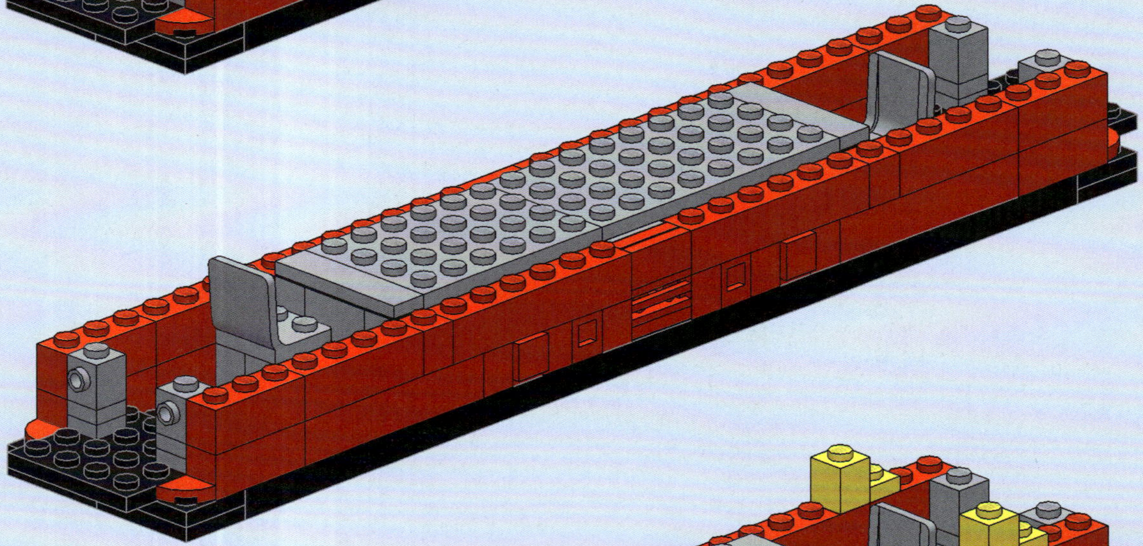

9

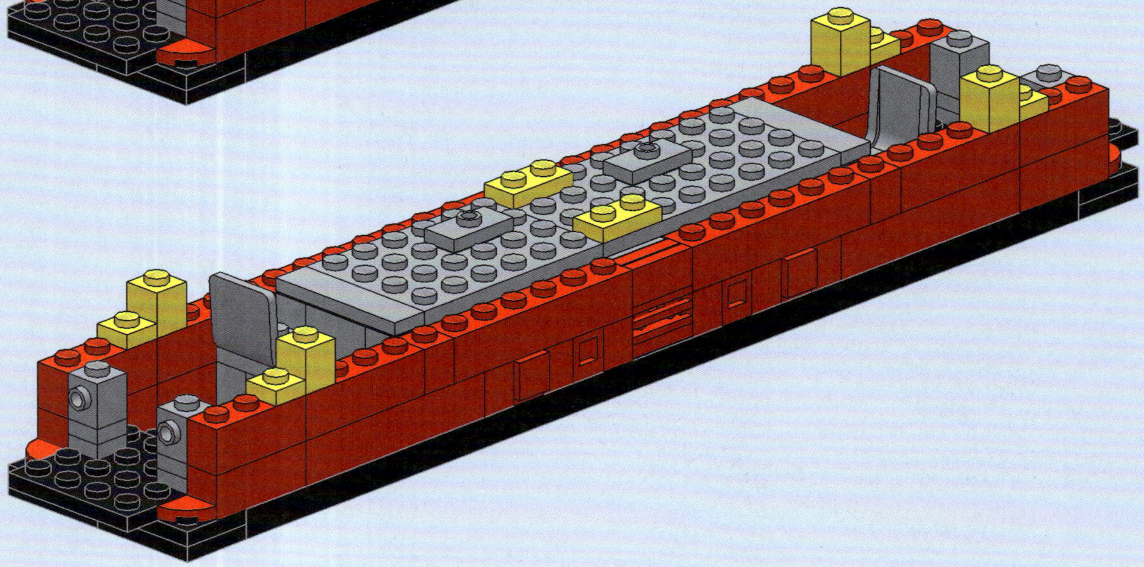

10

11

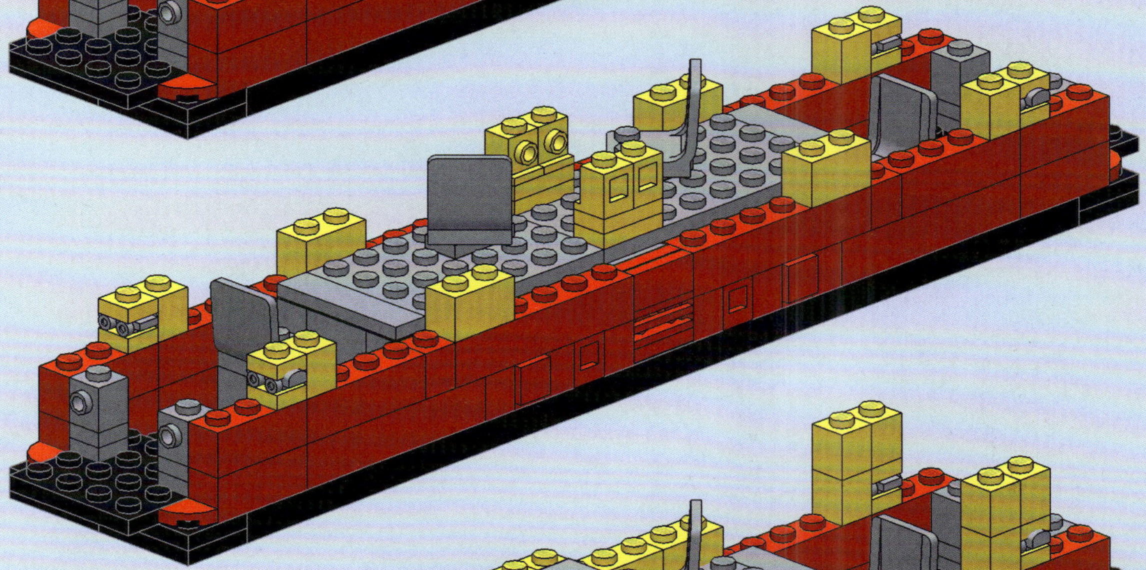

12

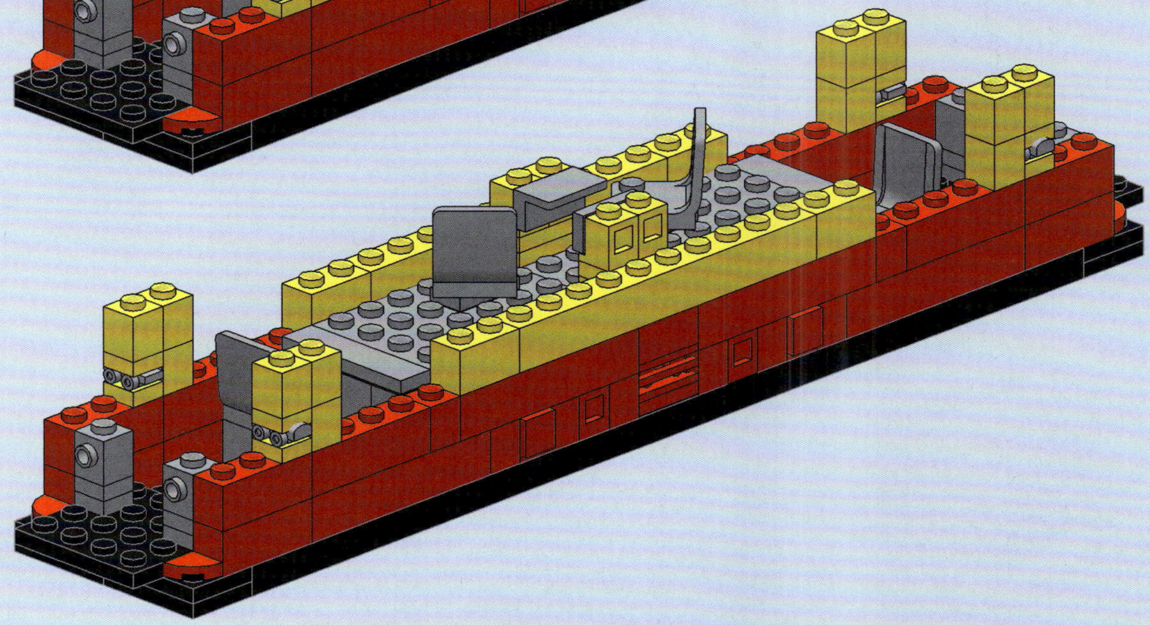

13

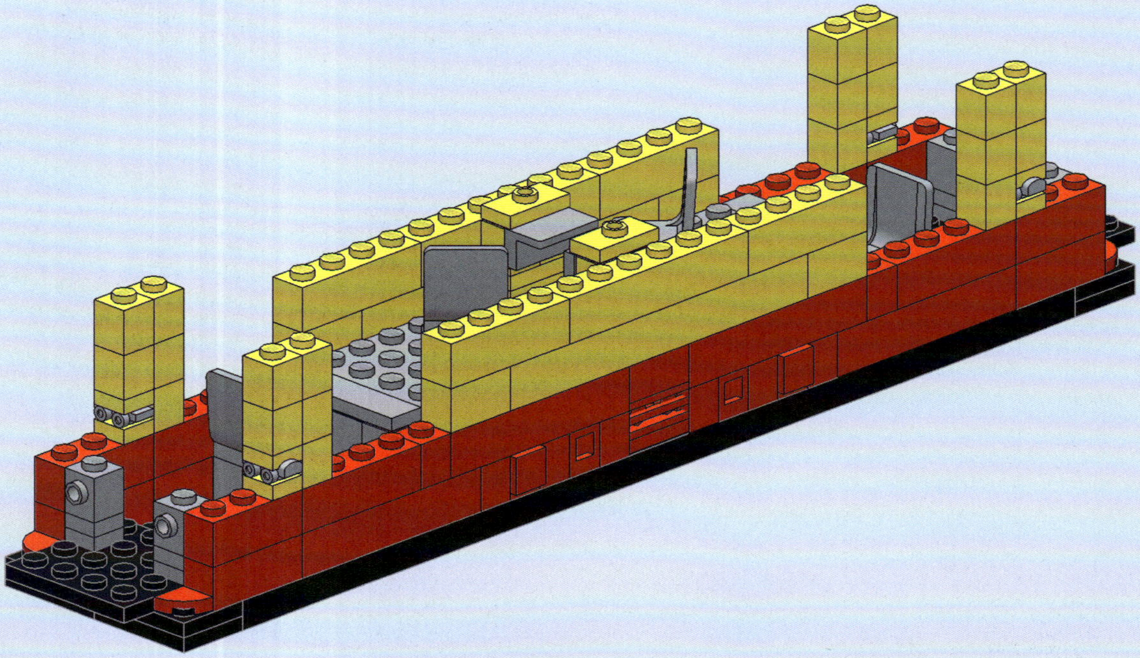

14

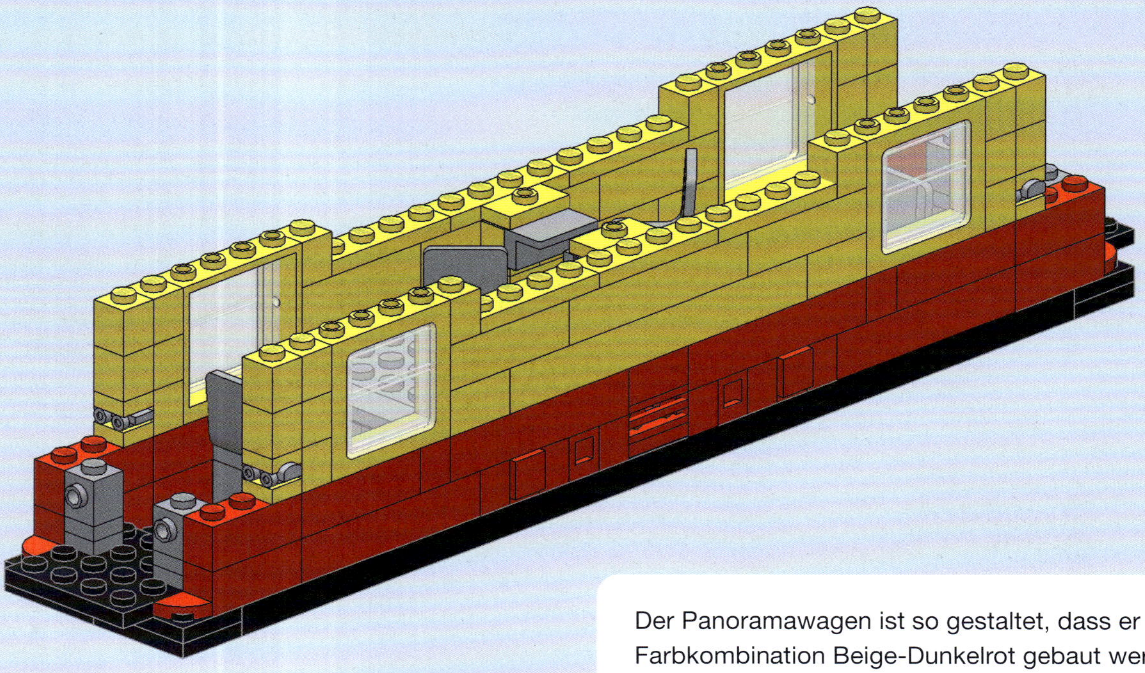

Der Panoramawagen ist so gestaltet, dass er auch in der Farbkombination Beige-Dunkelrot gebaut werden kann.

15

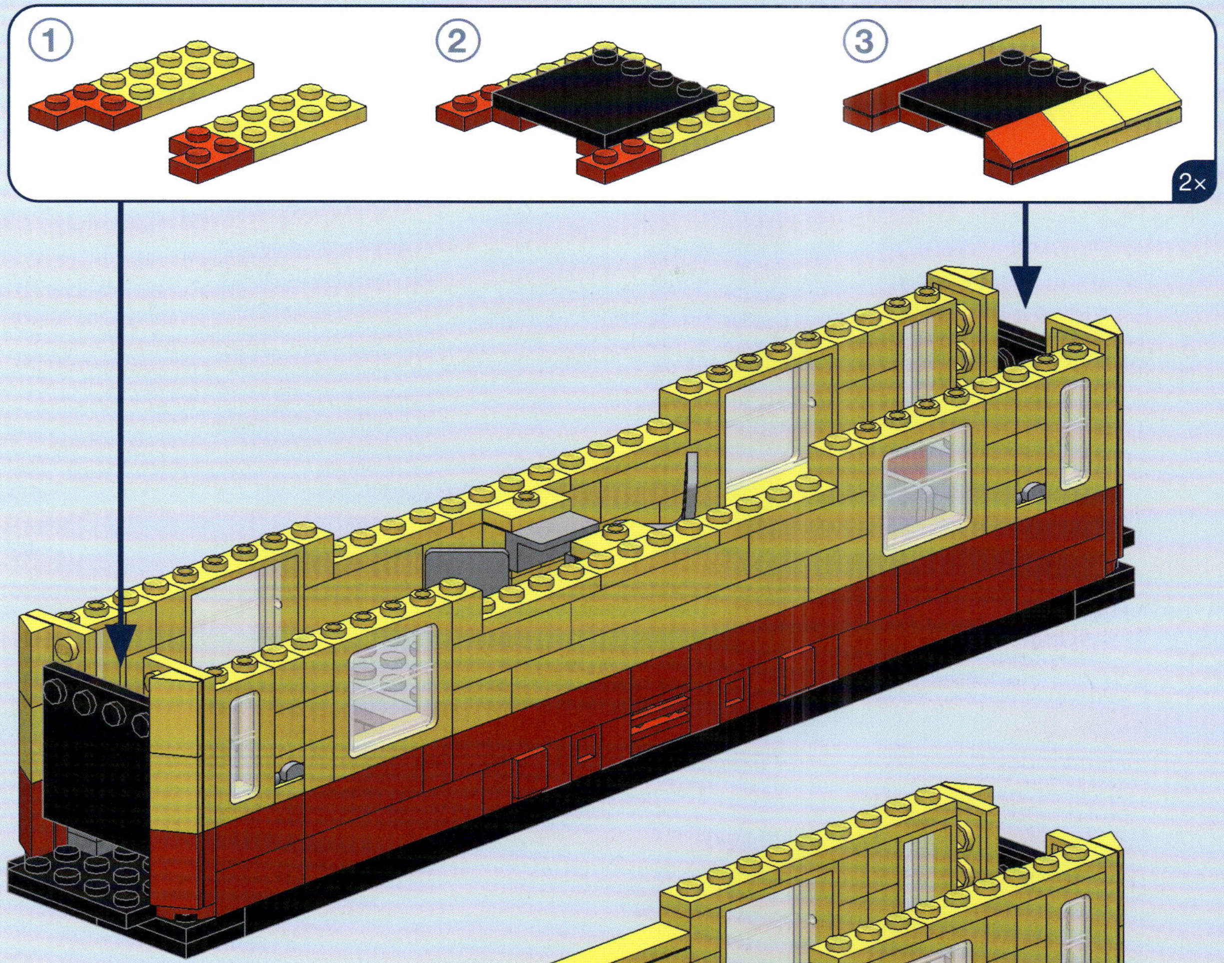

16

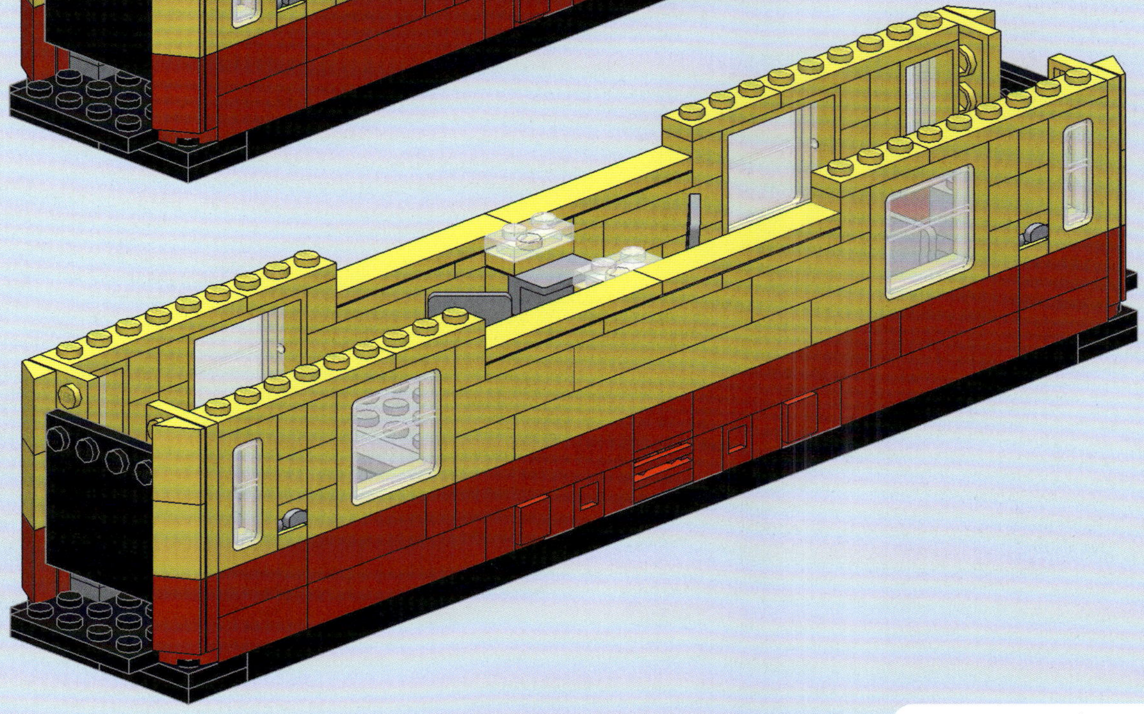

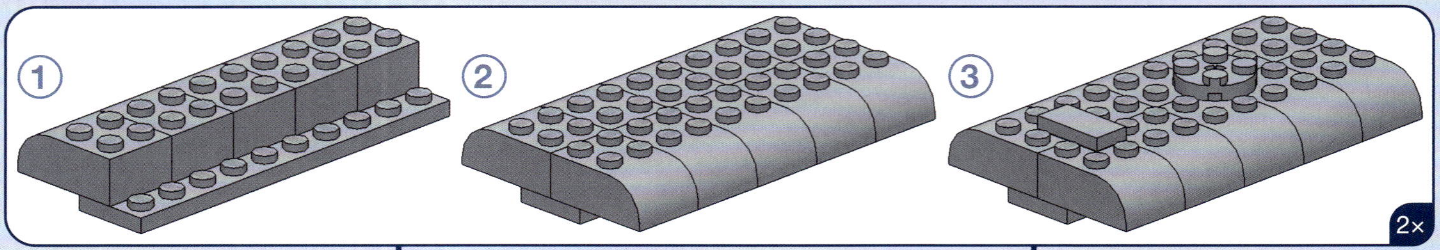

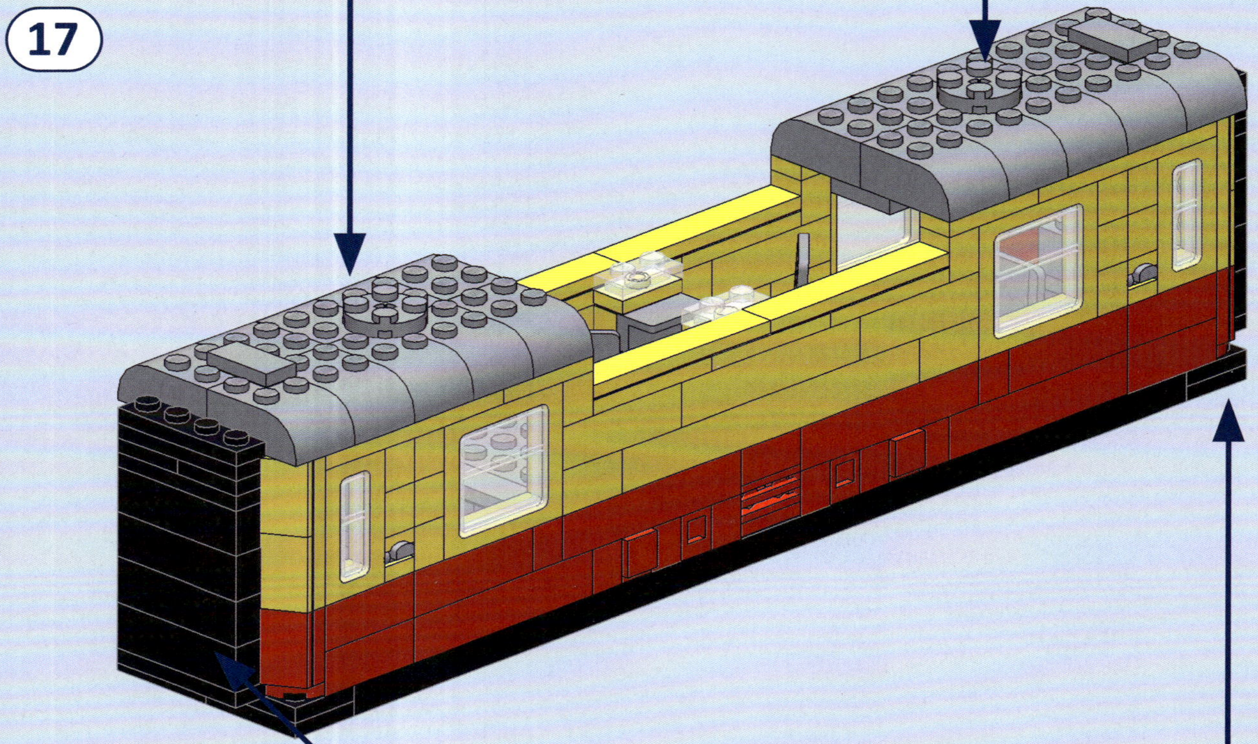

Du kannst den Panoramawagen auch klassisch und passend zum #7740 TEE mit gelb-roten Eisenbahntüren, schrägen 33°-Dachelementen und 12-V-Eisenbahnrädern bauen.

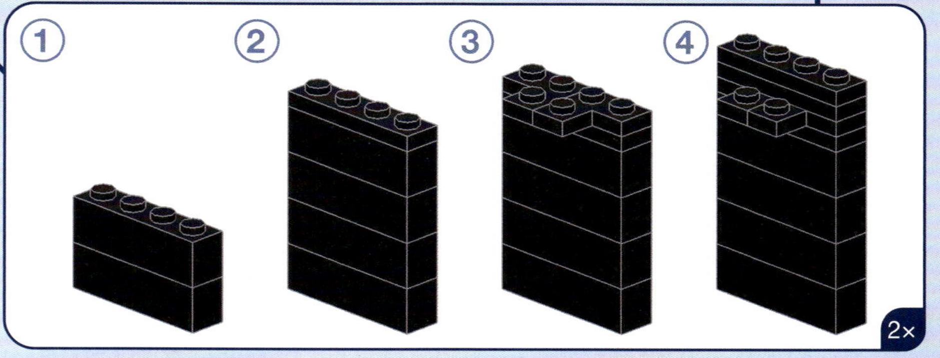

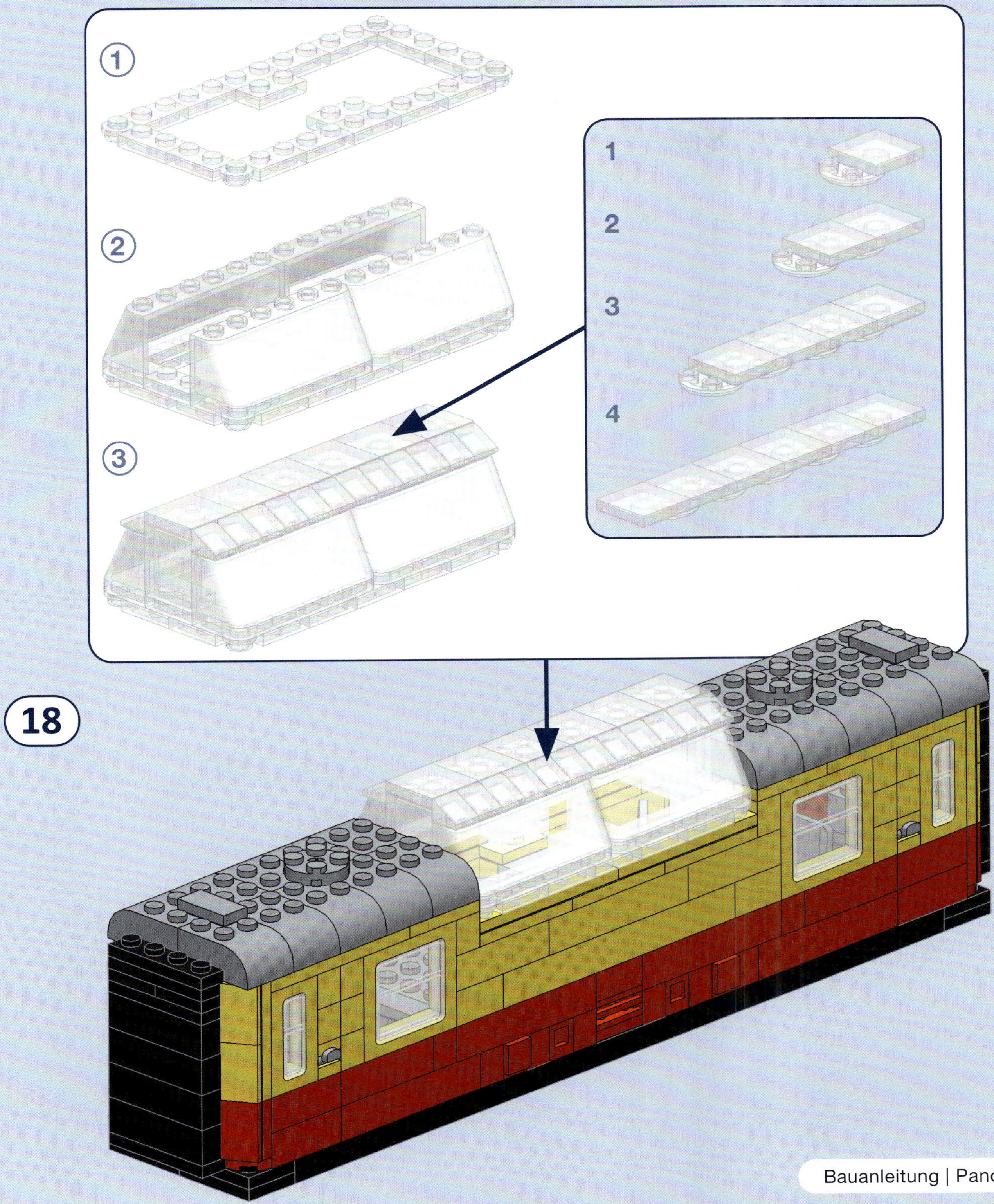
1
2
3
1
2
3
4
18

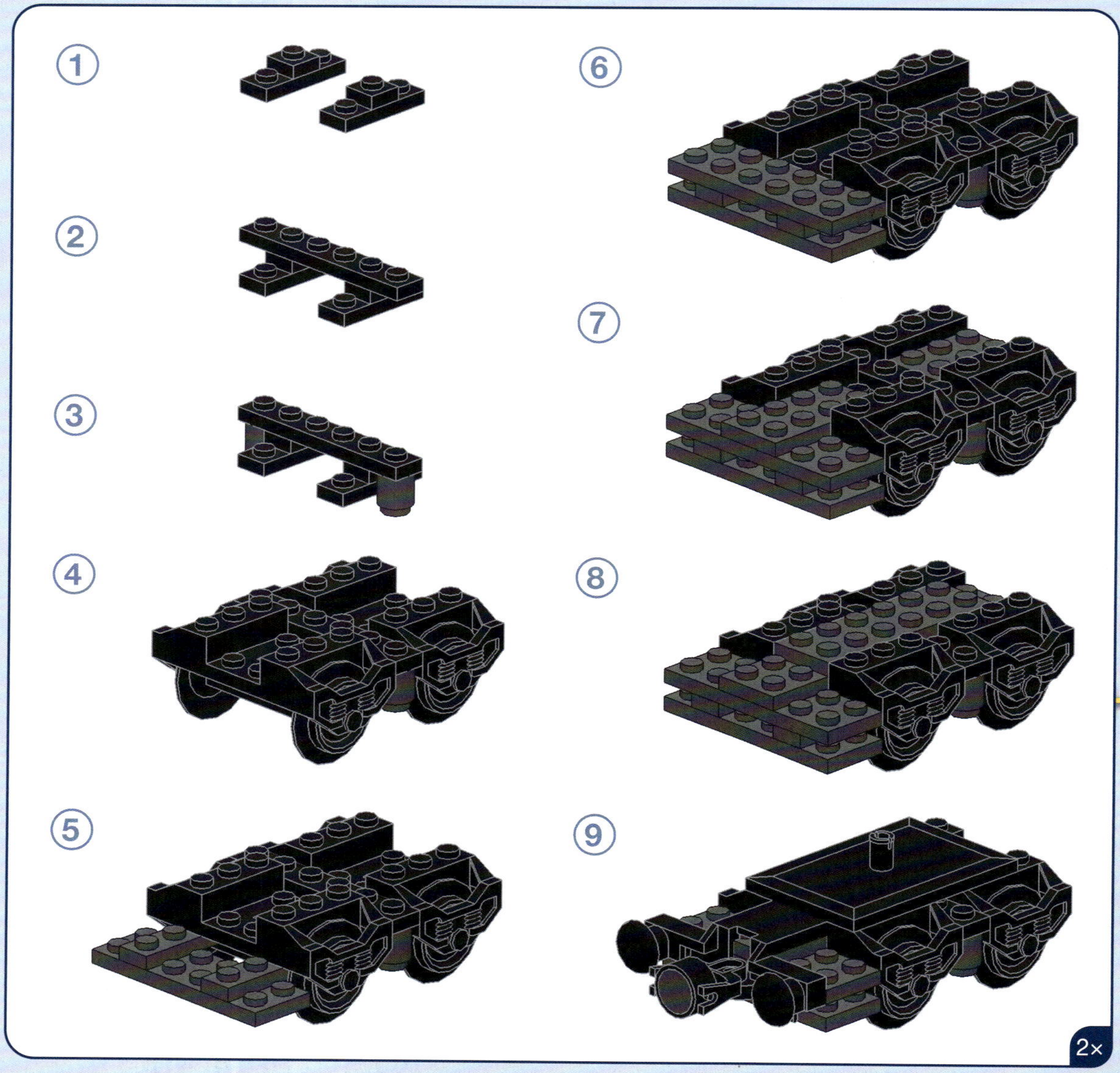

Teileliste auf *www.holgermatthes.de/teilelisten*

19

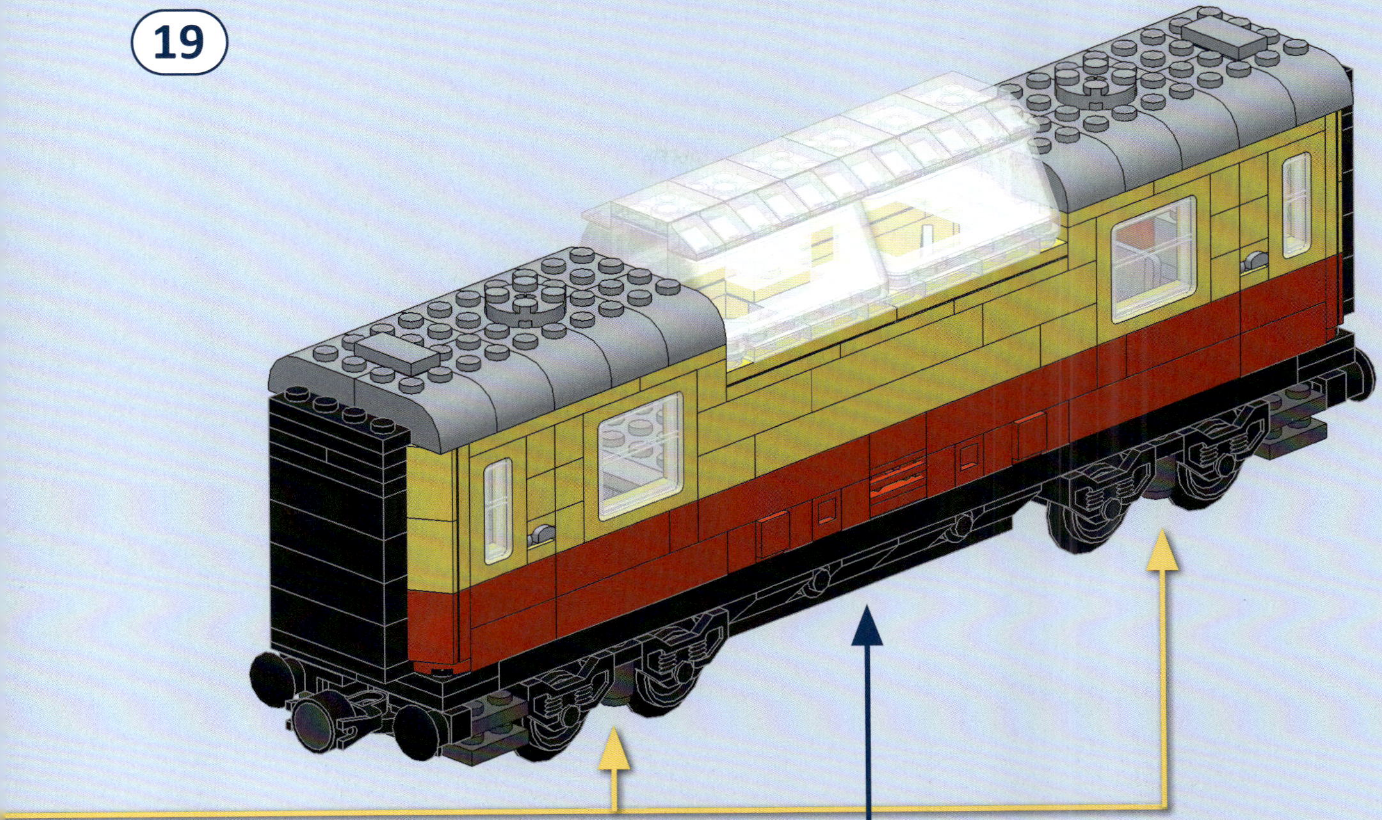

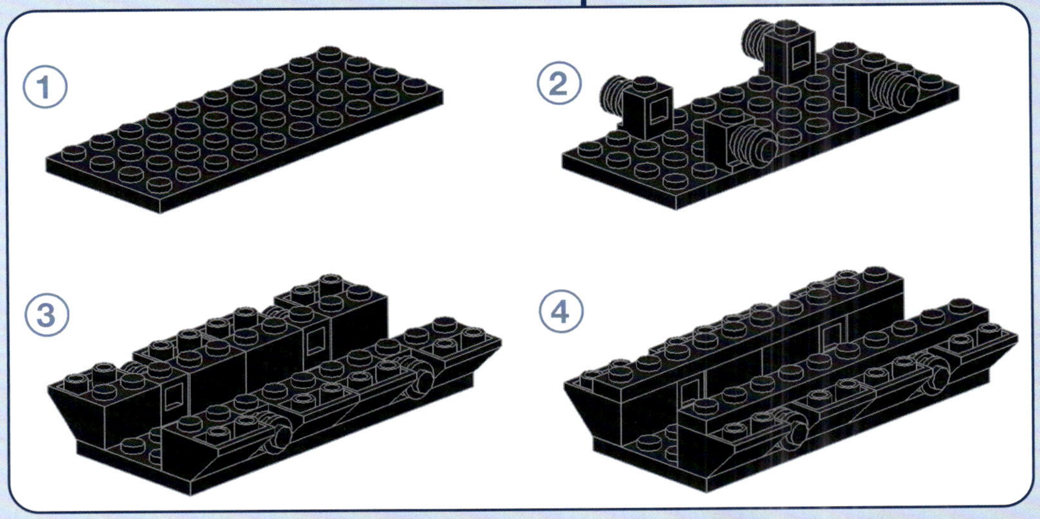

MOC | BR 103 – unterwegs

SPEISEWAGEN

Index